実験医学別冊
最強のステップUPシリーズ

発光イメージング実験ガイド

機能イメージングから細胞・組織・個体まで
蛍光で観えないものを観る！

［編集］永井健治・小澤岳昌

表紙写真解説

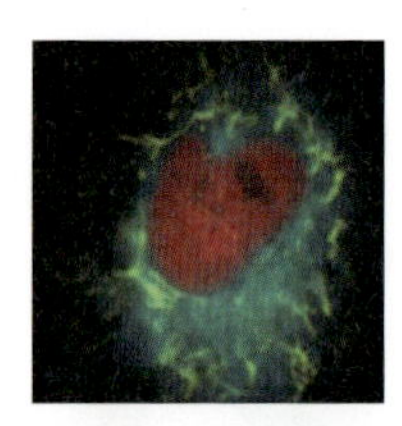

核・ミトコンドリア・小胞体が異なる色で発光する細胞.
画像提供：永井健治

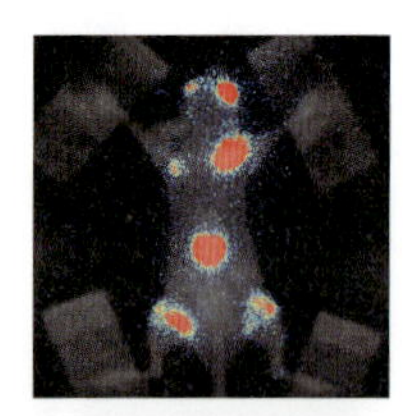

骨転移した乳がん細胞のTGF-βシグナルの生体発光イメージング. 詳細はプロトコール編9図3A参照.

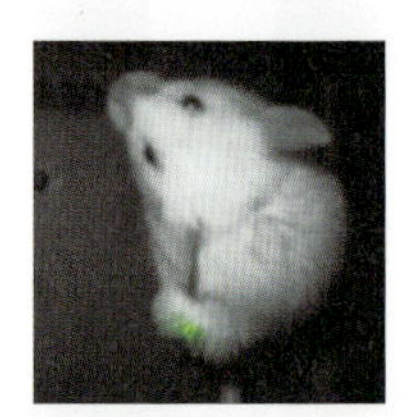

動き回るマウスの体内で発光するYNL（左脚，緑色）.
画像提供：齊藤健太

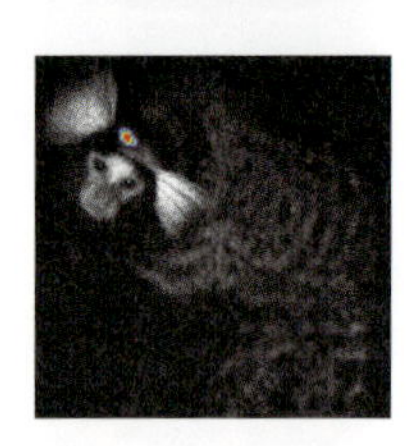

A FIRE-MONKEY. マーモセット脳深部からのAkaBLIシグナル（非侵襲・自由行動下）.
画像提供：岩野　智

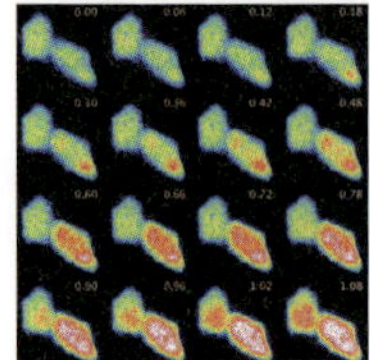

高速発光イメージングで捉えた細胞内カルシウム波の伝播.
画像提供：永井健治

序
──発光イメージングの新たな夜明け──

バイオイメージングの発展は，生命科学・医学研究の原動力となってきた．生細胞中で生体分子やイオンがリアルタイムで観えるインパクトは絶大であり，特に蛍光イメージングは多くの研究者に必須の技術となっている．蛍光イメージングは蛍光タンパク質や有機蛍光色素で観察したい細胞やタンパク質などを標識し，励起光を照射して生じる蛍光シグナルを観察する．しかしながら，この励起光の照射は思いのほか細胞に負荷を与え，細胞活動にさまざまな影響をもたらす．また，細胞にはもともと蛍光性を有する分子が存在し，それらが放つ自家蛍光がノイズとなり高感度な観察を妨げてしまう．このような蛍光イメージングに付随する課題を解決する方法として，近年「発光」を利用したイメージングが注目されはじめた．発光とは，ルシフェラーゼなどの発光酵素（本書ではより広義の意味で「発光タンパク質」と称する）が発光基質を酸化することで生じる化学発光である．したがって，励起光を照射する必要がなく，高感度な計測が可能となる．このような特性を有するため，発光は遺伝子発現をモニターするための高感度レポーターとしてもっぱら利用されてきた．しかし蛍光と比較すると発光のシグナルは弱く，イメージングへの利用は限定的で，組織や個体に対して高感度カメラを用いて行う*in vivo*観察に限られてきた．ただし，高感度カメラを用いても，時間分解能は分オーダーであるため，速い生命現象を追跡することは困難であった．そのためか，発光では蛍光イメージングのような観察は不可能という先入観を多くの研究者が有している．ところが近年，発光シグナルの弱さを改善した高輝度発光タンパク質が開発され，動き回る動物個体のみならず顕微鏡を用いた1細胞の観察も可能になりはじめた．したがって，現在では発光は，蛍光と並ぶイメージング法の選択肢として大きな可能性を秘めているといっても過言ではない．

シグナル強度の改善とともに発光の可能性が拡大した要因として，2005年からはじまった「光遺伝学」の急速な普及がある．光遺伝学は神経活動の人為的制御を目的とした技術開発が発端となって広まった研究手法である．光照射によって活性が変化する光感受性タンパク質を細胞に発現させて，光刺激によって細胞機能やタンパク質機能を操作する．近年では，光刺激を行った後にリアルタイムに何が起きるかを蛍光イメージングで調べるという解析法が広がりつつある．ただし，ここでも問題となるのが蛍光標識した試料に対する励起光の影響である．チャネルロドプシンなど多くの光遺伝学ツールは500 nm未満の波長の光で活性化するため，緑色蛍光タンパク質GFPなどを励起した際に光遺伝学ツールの光応答が起きる．したがって，蛍光観察と同時に光遺伝学ツールを操作する際には，励起光の影響がない組合わせに限定される．また生体深部への光刺激は，組織の光透過性の問題から非常に困難となる．

先にも述べたように，発光は励起光を必要としないため，光遺伝学との相性がよい．さらには高輝度発光タンパク質の利用により，生体深部で光遺伝学ツールを制御する光源としても注目されている．このような背景も手伝って，2017年には米国のブラウン大学に「Bioluminescence Hub」が設立された．このHubでは神経科学研究における発光の利便性に注目し，そのツール開発も含めた研究活動がさかんに行われている．このように，生物を対象としたイメージングの時代の潮流は，発光の特性が活かされる方向へと確実に進んでいるといえよう．

しかしながら，この発光イメージングの有用性に反して，現状では発光イメージングを行う研究者は（特にわが国では）ごくわずかしかいない．編者らはこの国内の状況を危惧するとともにその原因について深く検討した．その結論として1つ目に，発光のイメージング応用が難しいという先入観が依然としてあること，2つ目に，発光イメージングを行う研究者が少ないがゆえに，発光イメージングに関するプロトコールが圧倒的に不足していることがあげられる．

本書は，発光イメージングを広く普及させることを目的として，発光の基本知識からイメージングを行ううえでの準備・方法，さらには実際のイメージング例について紹介する．生物発光現象の研究者や，発光ツールの開発者，さらには発光イメージングを利用して生物学・医学研究を行うさまざまな分野の研究者に執筆を依頼した．これまでの生物発光そのものの研究においては，日本が誇る生物資源や日本人研究者が大きく貢献してきたという誇るべき歴史がある．したがって日本には，海外勢の一歩先ゆく発光イメージングを実現する研究土壌が醸成されており世界を先導する研究者が豊富である．本書を片手に発光イメージングをはじめる研究者，海外勢の一歩も二歩も先に行く研究者が増えることを大いに期待したい．

2019年8月

永井健治，小澤岳昌

発光イメージング実験ガイド

機能イメージングから細胞・組織・個体まで **蛍光で観えないものを観る!**

Ⅱ. 機能を可視化するセンサープローブ

Ⅲ. 発光イメージングならではの応用実験

発展編 Coming Next Technologies

執筆者一覧

◆編　集

永井健治　大阪大学産業科学研究所

小澤岳昌　東京大学大学院理学系研究科

◆執筆者［五十音順］

安東頼子　名古屋大学大学院工学研究科バイオメカニクス研究室

伊藤（三輪）久美子　名古屋大学大学院理学研究科

稲垣成矩　九州大学大学院医学研究院

今村健志　愛媛大学大学院医学系研究科分子病態医学講座/愛媛大学医学部附属病院先端医療創生センター

岩野　智　理化学研究所脳神経科学研究センター細胞機能探索技術研究チーム

上田　宏　東京工業大学科学技術創成研究院化学生命科学研究所

浦野泰照　東京大学大学院医学系研究科/東京大学大学院薬学系研究科/AMED-CREST

近江谷克裕　産業技術総合研究所バイオメディカル研究部門

太田和美　理化学研究所脳神経科学研究センター

大場裕一　中部大学応用生物学部

大室有紀　東京工業大学科学技術創成研究院化学生命科学研究所

小江克典　オリンパス株式会社 R&D機能 生体評価基盤技術 技術2

尾崎倫孝　北海道大学大学院保健科学研究院生体応答制御医学分野/北海道大学大学院保健科学研究院健康イノベーションセンター生体分子・機能イメージング部門

小澤岳昌　東京大学大学院理学系研究科

小山時隆　京都大学大学院理学研究科

風間北斗　理化学研究所脳神経科学研究センター/東京大学大学院総合文化研究科

川上良介　愛媛大学大学院医学系研究科分子病態医学講座

菊地和也　大阪大学工学研究科/免疫学フロンティア研究センター

小嶋良輔　東京大学大学院医学系研究科/JSTさきがけ

近藤孝男　名古屋大学大学院理学研究科

齊藤健太　東京医科歯科大学大学院医歯学総合研究科

齋藤　卓　愛媛大学大学院医学系研究科分子病態医学講座/愛媛大学医学部附属病院先端医療創生センター

鈴木和志　東京大学大学院総合文化研究科

鈴木浩文　オリンパス株式会社

髙木（槌本）佳子　理化学研究所脳神経科学研究センター

永井健治　大阪大学産業科学研究所

中島芳浩　産業技術総合研究所 健康工学研究部門 細胞光シグナル研究グループ

二宮寛子　愛媛大学大学院医学系研究科分子病態医学講座

芳賀早苗　北海道大学大学院保健科学研究院生体応答制御医学分野

初谷紀幸　パナソニック株式会社 資源・エネルギー研究所

服部　満　大阪大学産業科学研究所

樋口ゆり子　京都大学大学院薬学研究科

牧 昌次郎　電気通信大学・大学院情報理工学研究科基盤理工学専攻/脳・医工学研究センター

松田知己　大阪大学産業科学研究所

蓑島維文　大阪大学工学研究科

宮脇敦史　理化学研究所脳神経科学研究センター細胞機能探索技術研究チーム

村中智明　京都大学生態学研究センター

吉村英哲　東京大学大学院理学系研究科

Damien Mercier　理化学研究所脳神経科学研究センター

Israt Farhana　大阪大学産業科学研究所

Ken Berglund　Department of Neurosurgery, Emory University School of Medicine

Matthew A. Stern　Department of Neurosurgery, Emory University School of Medicine

Robert E. Gross　Department of Neurosurgery, Emory University School of Medicine

Steven Ripp　490 BioTech Inc.

レビュー編

発光イメージングの現状

レビュー編

発光イメージングの歴史

近江谷克裕

発光クラゲ由来の蛍光タンパク質GFPは蛍光イメージングの世界に革新をもたらしたが，それ以前に発光クラゲ由来発光タンパク質は生体内のCaイオンの発光イメージングで活用されていた．しかし発光イメージングが本格化したのはGFPよりも遅く2000年以降である．また，その歴史も*in vivo*から*in vitro*へとGFPとは異なる流れである．一方，蛍光イメージングでは難しい定量性という観点で発光イメージングは注目されつつある．本稿では発光イメージングの世界を時間の流れという視点でたどってみる．

はじめに

紀元前384年に生まれた，ギリシャの哲学者アリストテレス（Aristotle）は死んだ魚が光ることや光るキノコがあることを知っていた．そして，彼はこの光を「冷光（Cold Light）」と記述した．まさに，生物の光（生物発光：Bioluminescence）の本質は熱を生み出さない「冷光」であり，一般に，ルシフェリン・ルシフェラーゼ反応によって生み出される[1]．よって，この反応を光らない植物や動物などの細胞内で再現するのが発光イメージングである．冷光ゆえに，細胞を傷つけることはない．また，蛍光のように光をあてる必要もない．

古くから多くの研究者が発光イメージングの有効性に気づいていた．なかでもHastingsらは1960年代から発光性渦鞭毛藻類の光に注目し，その光は体内時計が制御しており，ルシフェリン・ルシフェラーゼ反応自体が体内時計の表現型であることを明らかにした[2]．一方，1990年前後に多くの研究グループにより発光バクテリアの光が*lux*オペロンによることが解明された[3]．1992年，近藤らが*lux*オペロンの一部をシアノバクテリアに導入し，シアノバクテリアの体内時計を光で可視化することに成功した[4]．これは，発光性渦鞭毛藻類の光にインスパイアされたのだろう．

前述のように発光イメージングを可能にしたのは分子生物学の力である．歴史的に前後するが，1985年，de Wetらの手により北米産ホタルルシフェラーゼの遺伝子が世界ではじめてクローニングされた[5]後，1986年Owらがタバコにホタルルシフェラーゼ遺伝子を導入し，世界ではじめて光る植物の作製に成功した．その研究成果はサイエンス誌の表紙を飾った[6]．

発光イメージングの世界を歴史的に俯瞰するなら，①*in vivo*から*in vitro*や*ex vivo*へ，②単色可視光から多色，そして近赤外光へ，③定性から定量的な発光イメージングへ，と変遷しつつある．本稿では，3つの流れで発光イメージングの歴史を紐解いてみる．

Yoshihiro Ohmiya（産業技術総合研究所バイオメディカル研究部門）

*in vivo*から*in vitro*, *ex vivo*へ

初期の発光イメージングはルシフェラーゼや発光タンパク質※1（photoprotein）を直接用いた．例えば，発光クラゲ由来の発光タンパク質イクオリンはCaイオンが結合し発光することから，1980年代初頭にはイクオリンを直接筋肉細胞内に注入し，動きに伴うCaイオン量の変化をモニターした[7]．また，ホタルの発光にはATPが必要であることから，がん組織切片にホタルルシフェリン・ルシフェラーゼを加え，直接ATP量を発光イメージングした例もある[8]．直接ルシフェラーゼ遺伝子をがん細胞に導入，発光がん細胞によるイメージングが本格化するのは2000年代である．

1. *in vivo*発光イメージング

2000年前後から発光イメージングの世界は急激に進歩するが，これは検出器の進歩に呼応するものである．カメラの高感度化なくして発光がん細胞の追跡は難しかった．2000年，Rehemtullaらは9L細胞にホタルルシフェラーゼ遺伝子を導入，高発光量のがん細胞をマウスに移植して，がん細胞への薬効評価を行い，発光イメージングの可能性を証明した[9]．また，2002年，ContagらはPETやラジオグラフィとの比較を論じ，発光イメージングの特徴をまとめている[10]．

がん細胞の発光イメージングだけでなく，発光する骨髄細胞を用いれば，再生過程をイメージング可能である．秋元らはホタルルシフェラーゼ遺伝子が発現するトランスジェニック（TG）マウスよりとり出した骨髄細胞を野生型のマウスに移植，その後，脳内にLPSを投入し，炎症を起こし，その再生過程をモニターした．実験では頭蓋骨の一部を切開したマウスにLPS投与後，数日間で発光シグナルが検出され，時間の経過とともにシグナルが大きくなることを観察し，骨髄細胞から脳内に細胞の浸潤が起こり，脳内の細胞が再生されることを証明した（図1）[11]．同様なことをGFPが発現する骨髄細胞を導入したマウスでも行ったが，浸潤が脳内深部で起こるため蛍光シグナルの増加を観察できなかった．

ホタルの発光にはATPが必要である．ATPは生体のエネルギーである一方，デンジャーシグナルの1つでもある．相場らはセファロースビーズにホタルルシフェラーゼを結合させ，それをマウス皮下に導入し，テープ脱着による皮膚の炎症，アレルギー反応によるATPの増加を可視化した[12]．これらの例にあるように，*in vivo*発光イメージングは単なるがん細胞の追跡から再生や炎症のイメージングに用いられ，蛍光タンパク質では難しい臓器深部の*in vivo*イメージングで強みを発揮した．

2. *in vitro*発光イメージング

当初，発光イメージングが最も貢献したのが体内時計の研究分野である．体内時計遺伝子の1つ*per*遺伝子が解明された後，Takahashiらのグループは*per*遺伝子プロモーター下流に北米産ホタルルシフェラーゼ遺伝子を導入したTGマウスを作製した．このマウスは*per*遺伝子の発現の表現型として24時間周期で発光量が増減する．このマウスからとり出された組織を用いれば，1週間以上，体内時計関連遺伝子の日内変動をモニターできる[13]．また，さらに同様の遺伝子を線維芽細胞であるRat-1細胞に導入し，1細胞における体内時計の発信をモニターすることに成功した[14]．2017年には体内時計研究にノーベル賞が授与されたが，発光イメージングの果たした役割は大きい．

2000年代後半になると1細胞あるいは細胞小器官の発光イメージングが可能になった．1つの理由は従来の北米産ホタルルシフェラーゼは細胞内で半減期が短く，量子収率※2も0.41と低かったが[15]，量子収率が

※1 発光タンパク質
狭義には発光クラゲ由来のイクオリンを指し，下村脩はphotoproteinとした．広義にはルシフェラーゼを含む発光反応にかかわる酵素，タンパク質全般を指すこともある．本書では広義の意味で用いる．

※2 量子収率
ルシフェリンが酸化され，蛍光性をもつ励起状態のオキシルシフェリンが発光体となり，それが基底状態に戻る際に光を発する．その際の，ルシフェリン1分子から1光子が生まれる確率（生成効率）である．

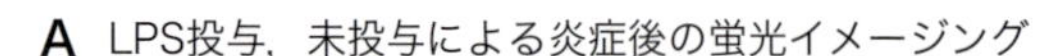

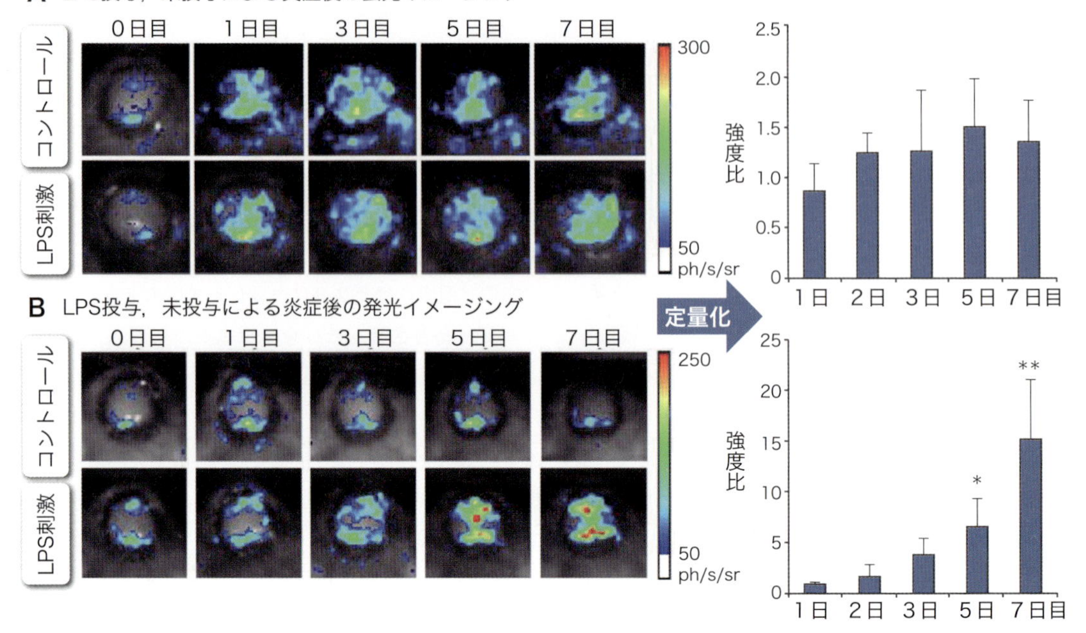

図1　再生過程の蛍光/発光イメージング

A) 蛍光TGマウス由来骨髄細胞を移植したマウスを用いた，LPS投与，未投与による炎症後の蛍光イメージング（左図）．右図は画像処理し蛍光量の経時変化を表示．**B)** 発光TGマウス由来骨髄細胞を移植したマウスを用いた，LPS投与，未投与による炎症後の発光イメージング（左図）．右図は画像処理し発光量の経時変化を表示．文献11より転載．

0.6で半減期も長い南米産のヒカリコメツキルシフェラーゼ（ELuc）が実用化されたことにある[16]．これによって，細胞小器官の動きも長時間にわたり発光イメージング可能になった[17]．また，星野らはウミシイタケルシフェラーゼとGFPの融合タンパク質では発光量が増強されることを見出し，細胞内のクロマチンの可視化に成功した[18]．さらに発光強度が増加したナノランタン（NanoLuc）により1細胞発光イメージングも有用であることが証明された[19]．

3. *ex vivo* 発光イメージング

ルシフェラーゼは多種多様なものがある．そのなかでも細胞外に分泌するルシフェラーゼがある．井上らはウミホタルルシフェラーゼ遺伝子を細胞に導入した．ウミホタルルシフェラーゼは，細胞外に分泌され培地中のルシフェリンと反応して光を放つので分泌阻害剤の影響を発光イメージングした[20]．

分泌ルシフェラーゼをもつ発光細胞をマウスに移植した場合，分泌されたルシフェラーゼは血中や尿中に排出され，細胞外で発光量を測定できる．例えば，ウミホタルルシフェラーゼとホタルルシフェラーゼを共発現するがん細胞を移植することで，体外（*ex vivo*）ではウミホタルルシフェラーゼの発光量で，あるいはホタルルシフェリンをマウス個体に注入することで体内（*in vivo*）でがん細胞の大きさや転移を評価できる[21]．体外でがん細胞の大きさなどを評価することから小動物への負担を軽減できる．同様の方法はガウシアルシフェラーゼでも可能である[22]．

単色可視光から多色，そして近赤外光へ

2000年代後半，単に光の強さをベースとした発光イ

メージングの世界から光の波長の違いを利用する多色発光技術へと進化を遂げた．この流れはまさに日本のオリジナルである．日本の強みは光検出技術，基質ルシフェリン類縁体の化学合成技術，あるいは酵素ルシフェラーゼの改変技術である．

1．多色発光イメージング

ホタルの発光色は発光体であるオキシルシフェリンの励起状態によって異なり，発光色を決めるのはルシフェラーゼの活性部位である．中南米産のヒカリコメツキや鉄道虫，日本産のイリオモテボタルのルシフェラーゼは緑色から赤色まで発光色が異なり，その発光スペクトルは周囲の温度やpHに影響されず同じである．この性質を利用し緑，橙，赤色発光色のマルチレポーターアッセイが開発され[23]，東洋紡社から市販されている．緑色と赤色ルシフェラーゼ遺伝子を利用することで1細胞内の2つの遺伝子発現を長時間にわたりイメージングできる[24]．さらに，細胞小器官レベルに移行させることで核と細胞質を2色に発光させ，1細胞で免疫応答をイメージングした例もある[25]．

また，ルシフェラーゼに蛍光体を付けることでルシフェリンの酸化により生まれた光が励起光となり蛍光体にエネルギー移動※3し，発光より長波長の蛍光を生み出すことで多色化した例もある．レニラルシフェラーゼや変異体の青や緑色の光は黄色や橙色の光に変換され，細胞小器官をイメージングできる[26]．

2．近赤外発光イメージング

生物の体内には「生体の窓」※4とよばれる波長域があり，その領域の光ならヘモグロビンや水などの影響が可視光領域よりも低く，光が吸収されにくいため生体深部からの光が透過しやすい．2009年，呉らはウミホタルルシフェラーゼの糖鎖の先端に蛍光色素を化学的に結合させ，ウミホタルの青色発光を近赤外発光へと変換させることに成功，さらにこのタンパク質と抗体を融合させることで，がん細胞膜上の抗原を*in vivo*イメージングすることに成功した（図2）[27]．一方，岩野らはホタルルシフェリン類縁体およびホタルルシフェラーゼの変異体の組合わせを最適化することで近赤外発光する系を開発し，サルの脳内深部の発光イメージングに成功した[28]．

定量的な発光イメージングへ深化

発光と蛍光の違いは何か？ 蛍光は励起光が必要であり，励起光に相応した光が生み出される．よって，その定量性を担保することは容易ではない．一方，発光は化学反応に応じて光子が生み出され，絶対量として数値化でき，定量性が確保できる．そのために必須なことが装置の校正である．校正には国家標準に準拠し，測定装置に適応する標準発光光源が必要である．しかし，細胞が発する光はごく微弱であるため，吉田らは光子数を正確にカウントできる10 μWから10 fWレベルまで可変可能な平面型標準LED光源を開発した[29]．この光源をベースにATTO社より35 mmディッシュフォーマットの標準LED光源KohshiUniが市販されている．

2018年，榎本らは，*in vitro*発光イメージング装置をKohshiUniで校正することにより，ルシフェラーゼを発現する1細胞はaW（アトワット）レベルの光であり，1秒間あたり数千〜数万の光子を発することを明らかにした（図3）[30]．今後，抗体と融合したルシフェラーゼを用いれば，発光イメージングによって抗原の数を定量できるようになるなど，その応用範囲はさらに広がるだろう．

※3 エネルギー移動

正式には生物発光共鳴エネルギー移動BRET（bioluminescence resonance energy transfer）．発光体と蛍光体が10〜100 Å以内に存在すれば，発光体の光エネルギーは蛍光体を励起し，蛍光体は光を発する．

※4 生体の窓

生体を透過しやすい光の波長域（近赤外領域650〜1,000 nm）を指す．650 nm以下の光はヘモグロビンなどのヘムタンパク質に吸収される一方，1,000 nm以上では水の吸収による熱発生が伴う．

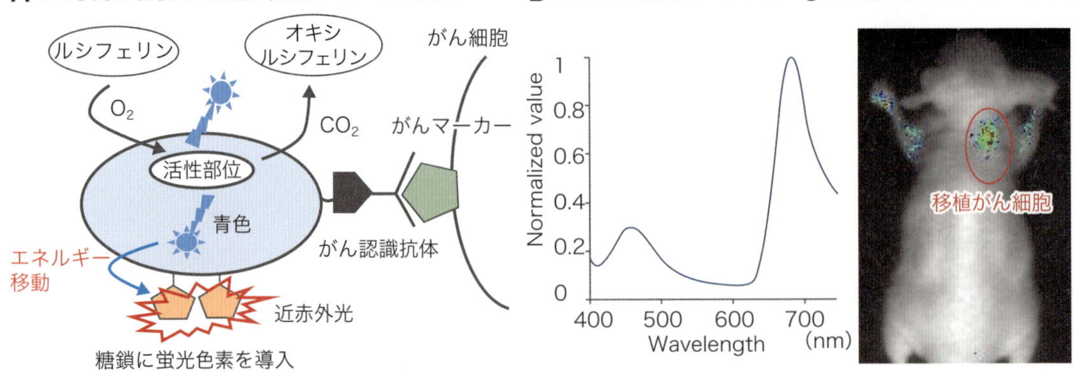

図2　ウミホタルルシフェラーゼをベースとした近赤外発光プローブ

A) がん抗原を認識する近赤外発光プローブでは青色発光が糖鎖に結合した蛍光色素を励起し，近赤外光を発する模式図．**B)** 血中での近赤外発光プローブの発光スペクトル．**C)** DLK-1抗体と融合した近赤外発光プローブが抗原に集積した*in vivo*イメージングの結果（文献27より転載）．

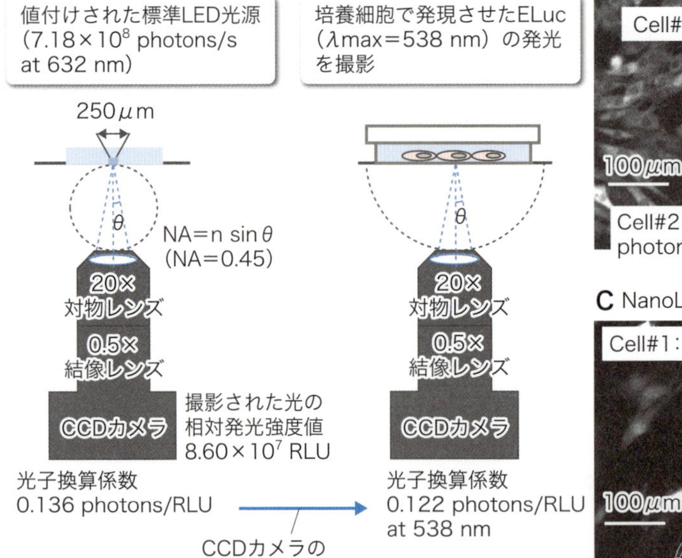

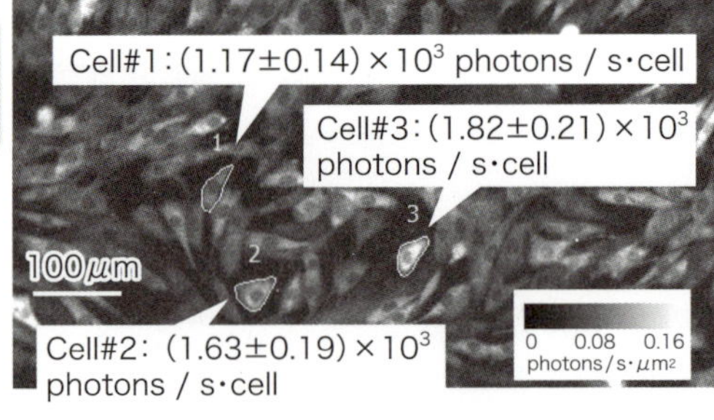

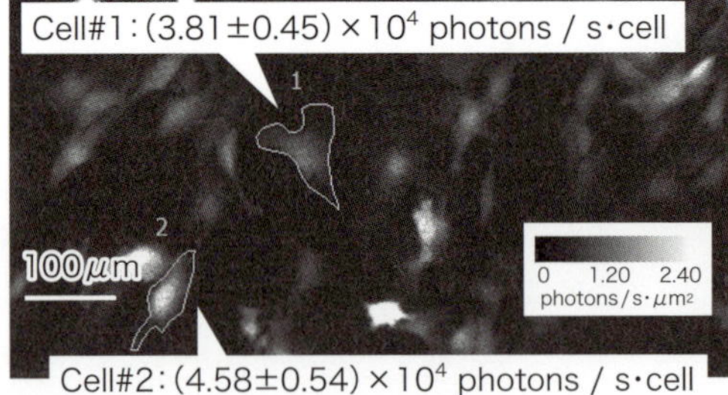

図3　標準発光光源を用いた校正の原理と1細胞発光量の計測

A) 標準発光光源（ATTO社KohshiUni）による校正の実際．**B)** ELuc発現細胞の1細胞あたりに計測された光子数の例．**C)** NanoLuc発現細胞の1細胞あたりに計測された光子数の例（文献30より引用）．

おわりに

発光イメージングが生まれておよそ30年，サイエンス誌の表紙を飾った発光する植物の世界は大きく広がりつつある．今後，細胞内のイベントを絶対数で考える定量的な生物学時代の強い味方になろう．

◆ 文献

1）「A History of Luminescence: From the Earliest Times Until 1900」（Harvey NE），Dover Publications, 2005
2）Broda H, et al：Cell Biophys, 8：47-67, 1986
3）Baldwin TO, et al：J Biolumin Chemilumin, 4：326-341, 1989
4）Kondo T, et al：Proc Natl Acad Sci U S A, 90：5672-5676, 1993
5）de Wet JR, et al：Proc Natl Acad Sci U S A, 82：7870-7873, 1985
6）Ow DW, et al：Science, 234：856-859, 1986
7）Trube G, et al：Biophys J, 36：491-507, 1981
8）Mueller-Klieser W, et al：Cancer Res, 50：1681-1685, 1990
9）Rehemtulla A, et al：Neoplasia, 2：491-495, 2000
10）Contag CH & Ross BD：J Magn Reson Imaging, 16：378-387, 2002
11）Akimoto H, et al：Biochem Biophys Res Commun, 380：844-849, 2009
12）Takahashi T, et al：J Invest Dermatol, 133：2407-2415, 2013
13）Wilsbacher LD, et al：Proc Natl Acad Sci U S A, 99：489-494, 2002
14）Welsh DK, et al：Curr Biol, 14：2289-2295, 2004
15）Ando Y, et al.：Nat Photonics, 2：44-47, 2008
16）Niwa K：Chem Lett, 39：291-293, 2010
17）Nakajima Y, et al：PLoS One, 5：e10011, 2010
18）Hoshino H, et al：Nat Methods, 8：637-639, 2007
19）Saito K, et al：Nat Commun, 3：1262, 2012
20）Inouye S, et al：Proc Natl Acad Sci U S A, 89：9584-9587, 1992
21）Morita N, et al：Anal Biochem, 497：24-26, 2016
22）Wurdinger T, et al：Nat Methods, 5：171-173, 2008
23）Nakajima Y, et al：FEBS Lett, 565：122-126, 2004
24）Kwon H, et al：Biotechniques, 48：460-462, 2010
25）Yasunaga M, et al：Anal Bioanal Chem, 406：5735-5742, 2014
26）Takai A, et al：Proc Natl Acad Sci U S A, 112：4352-4356, 2015
27）Wu C, et al：Proc Natl Acad Sci U S A, 106：15599-15603, 2009
28）Iwano S, et al：Science, 359：935-939, 2018
29）Yoshita M, et al：Rev Sci Instrum, 88：093704, 2017
30）Enomoto T, et al：Biotechniques, 64：270-274, 2018

発光生物の発光メカニズム

大場裕一

世界には，バクテリアから魚類までの14門882属およそ7,000種の発光生物が知られている．それぞれの分類群に含まれる発光種は基本的に異なる発光メカニズムを使って発光しているが，反応の詳細が明らかになっている生物はそのごく一部にすぎない．本稿では，新しい発光イメージングツールとなりうるシーズ発掘を意識しながら，さまざまな発光生物の発光メカニズムが現在どこまで明らかになっているのかを概観する．

はじめに：発光生物とは

発光生物とは，「観察できるレベルの強い可視光をみずから放出し，かつ，それがその生物にとって何らかの適応的意義を見出せるような生物種」[1] の総称である．図1は，生物分類群ごとの発光する「属」の数を円グラフにしたものである．このグラフを見ると，実にさまざまな分類群に多くの発光種がいることが見てとれるだろう．

ただし，それぞれの分類群に含まれるすべての種が発光するわけではない．むしろほとんどの分類群においては，発光するのはほんの一部で，あとは非発光種が占めている（例外は有櫛動物門Ctenophora，いわゆるクシクラゲ類で，その大部分の種が発光する）．このことはすなわち，それぞれの分類群が独立に発光形質を進化させてきたことを意味する．したがって，発光反応に関与する化学物質やタンパク質も，分類群が異なれば基本的にはそれぞれ独自のものが使われているのは当然といえる[2]．

筆者のおおまかな感覚では，例外はあるものの，だいたい目レベルで異なっている生物ならば発光メカニズムは別モノと考えてよいように思われる．

発光反応様式

生物の発光反応は，酵素基質反応に基づく「ルシフェリン・ルシフェラーゼ型」と，この様式に従わない「フォトプロテイン型」の2タイプに分けられる．そのどちらにも当てはまらない生物発光（例えばタンパク質の関与しない反応）は，今のところ見つかっていない．

なお，生物発光のバイブル的著書『Bioluminescence』[3] によると，ルシフェリン（図2）とは「発光生物の中にある有機化合物で，通常は特異的なルシフェラーゼによって酸化されることにより発光のエネルギーを提供するものの総称」，ルシフェラーゼとは「ルシフェリンの酸化反応を触媒する酵素」と定義される．また，フォトプロテインの定義は，「発光生物の中にあって，そのタンパク質量に比例した光を放出する，生物

Yuichi Oba（中部大学応用生物学部）

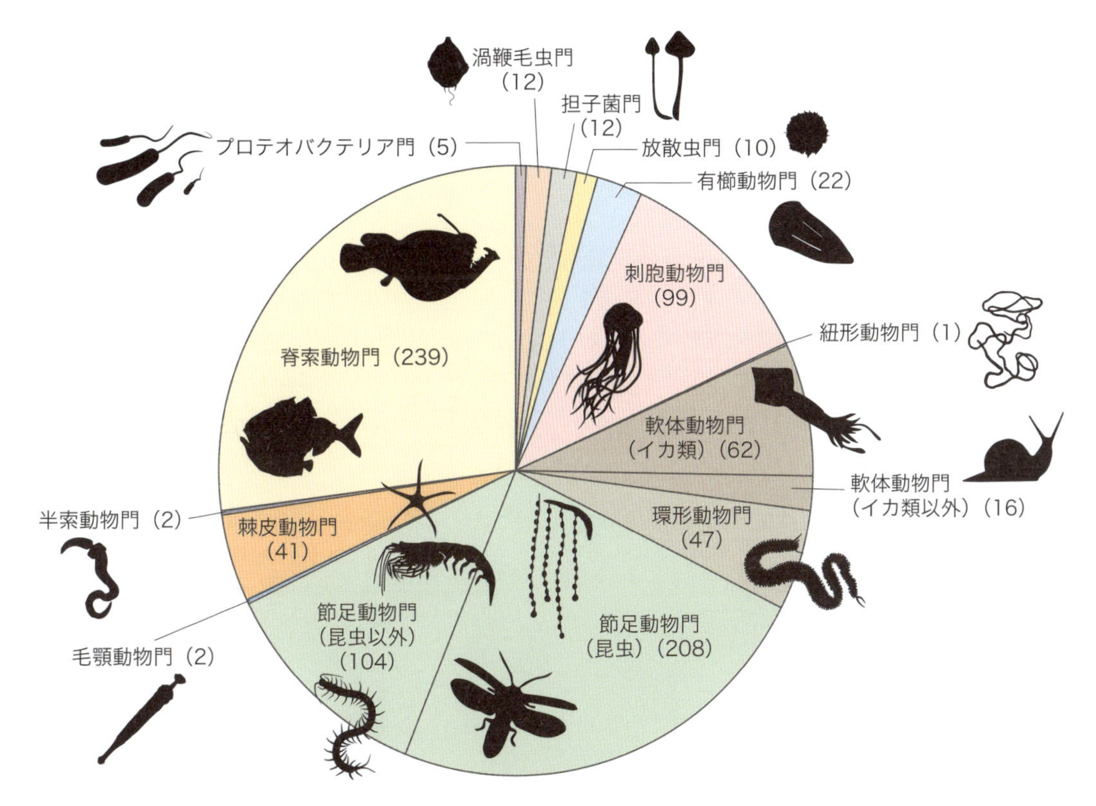

図1　発光種を含む全882属を「門」ごとに分けた円グラフ（カッコ内の数字は属の数）
属の数とその内訳は，文献1・2をベースに筆者が独自に数え直したもの．軟体動物門に占めるイカ類の割合と節足動物門に占める昆虫の割合はとりわけ大きいので，分けて示した．

発光にかかわるタンパク質の総称」と説明されている．

ただし，フォトプロテインは「ルシフェラーゼとルシフェリンが結合したまま反応が進まず安定に存在している状態」とみなすこともできる．フォトプロテインの中にはルシフェリンに相当する有機化合物（クロモフォアとよばれる）（図2）が結合していて，これに対して何らかのトリガーが与えられると，止まっていた反応が進行して光が放出されるのである．例をあげると，フォトプロテインの代表であるオワンクラゲ*Aequorea*のイクオリンは，タンパク質（アポイクオリン）の中でセレンテラジンがクロモフォアとして結合した複合体である．これにCaイオンが結合すると，トリガーが引かれて反応が進行し，青色の発光が生じる．

発光メカニズムが解明済みの生物

ルシフェリン（もしくはフォトプロテインのクロモフォア）の化学構造が決定済み，かつ，ルシフェラーゼ遺伝子（もしくはフォトプロテイン遺伝子）がクローニングされていて，*in vitro*で発光が完全に再現できる発光生物を「発光メカニズムが解明済みの生物」とよぼう．

現在までに発光メカニズムが解明済みの生物としては，バクテリア，渦鞭毛藻類，クシクラゲ，ウミエラ目（ウミシイタケ*Renilla*，ウミサボテン*Cavernularia*），軟クラゲ目（オワンクラゲ類，ウミコップ*Clytia*他），キノコ，ウミホタル科の貝虫類（*Vargula*,

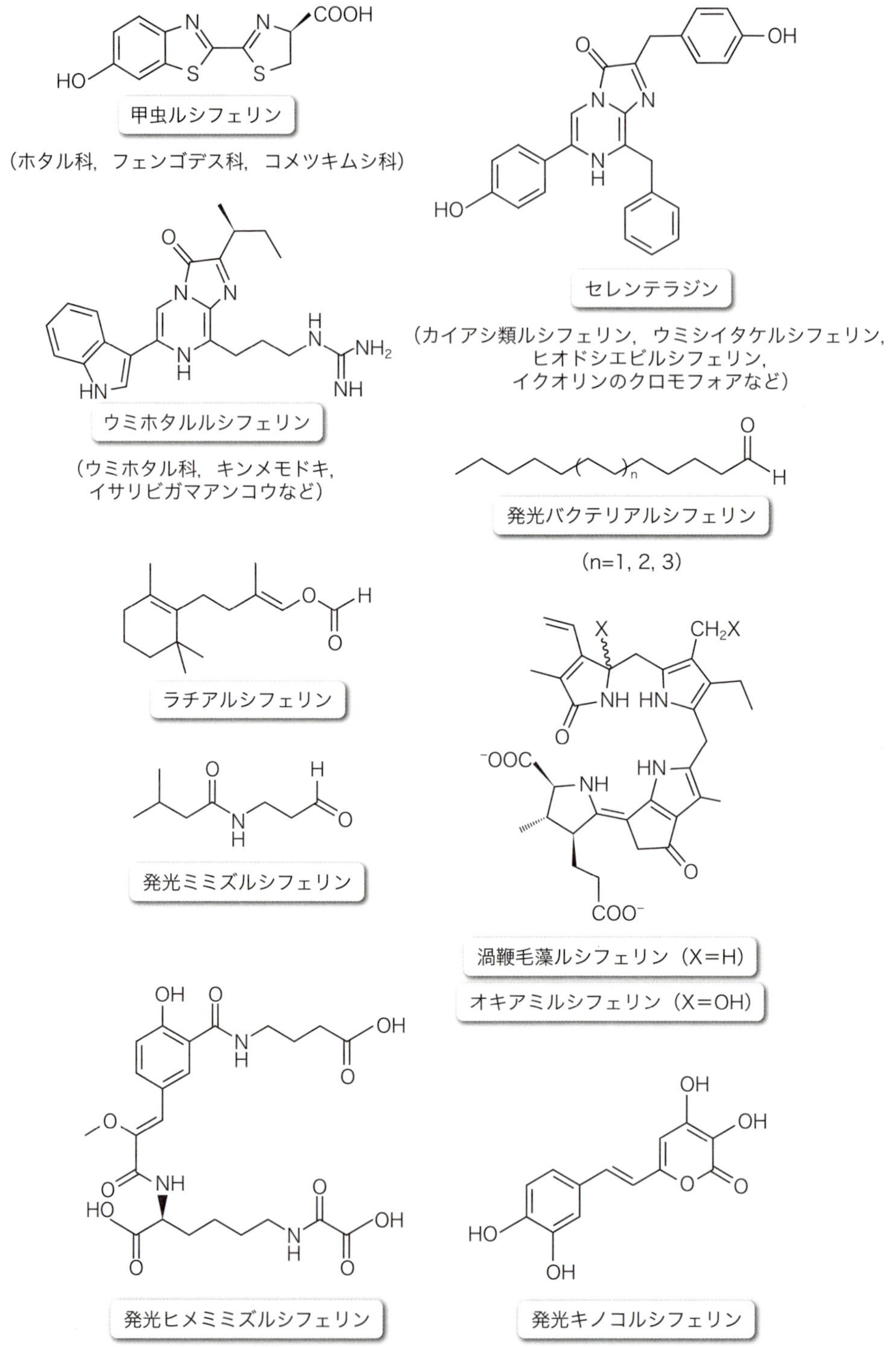

甲虫ルシフェリン

（ホタル科，フェンゴデス科，コメツキムシ科）

セレンテラジン

（カイアシ類ルシフェリン，ウミシイタケルシフェリン，ヒオドシエビルシフェリン，イクオリンのクロモフォアなど）

ウミホタルルシフェリン

（ウミホタル科，キンメモドキ，イサリビガマアンコウなど）

発光バクテリアルシフェリン

（n=1, 2, 3）

ラチアルシフェリン

発光ミミズルシフェリン

渦鞭毛藻ルシフェリン（X=H）

オキアミルシフェリン（X=OH）

発光ヒメミミズルシフェリン

発光キノコルシフェリン

図2　現在までに明らかになっているルシフェリン（もしくはフォトプロテインのクロモフォア）の化学構造

Cypridina），甲虫目（ホタル科，フェンゴデス科，コメツキムシ科）（図3A），ヒオドシエビ *Oplophorus*，カラヌス目のカイアシ類（*Gaussia*，*Metridia* 他），トビイカ（*Sthenoteuthis*，syn. *Symplectoteuthis*），ヒカリニオガイ *Pholas* がある．

これらのうち，バクテリア，渦鞭毛藻類，キノコ，ウミホタル科の貝虫類，甲虫目は，それぞれ異なるルシフェリン分子を使って発光しているが，それ以外はみなセレンテラジン（トビイカにおいてはデヒドロセレンテラジン）を使って発光している（図2）．発光生物の大原則「1つの生物群に1つのルシフェリン分子」に対する，セレンテラジンの場合のような興味深い顕著な例外は，カイアシ類が産生するセレンテラジンが食物連鎖を通じてさまざまな海洋生物に行き渡り，その生物がカイアシ類のセレンテラジンを使って発光するからだと説明されている[4]．

ルシフェリンが特定されている生物

発光メカニズムの解明が不完全である生物のなかで「ルシフェリンが特定されているが，ルシフェラーゼ遺伝子が特定されていない」ものがいくつもある．例えば，ヒメミミズ *Fridericia*，ミミズ（*Dioplocardia*，*Microscolex* 他）（図3B），淡水カサガイの一種ラチア *Latia*，オキアミ科（*Euphausia*，*Meganyctiphanes*）は，それぞれ他の発光生物とは違う独自のルシフェリン分子を発光に使っていることがわかっているが（図2），ルシフェラーゼ遺伝子は単離されていない．

セレンテラジンを使って発光していることはわかっているがルシフェラーゼ（もしくはフォトプロテイン）の遺伝子が特定されていない生物は，サクラエビ科（*Lucensosergia* 他），オオベニアミ科（*Gnathophausia* 他），ハロキプリス科の貝虫類（*Discoconchoecia* 他），ハダカイワシ類を含む深海発光魚類など，分類群を越えて非常に多い．放散虫やクモヒトデ，オタマボヤ，ヤムシなどの発光種もセレンテラジンを使って発光していると考えられている．ホタルイカのルシフェリンは硫酸基の付いたセレンテラジンである．

キンメモドキやイサリビガマアンコウなどの浅海性の発光魚の一部は，ウミホタルと同じルシフェリンを使っている．これも，ウミホタル類の捕食による食物連鎖の結果だと考えられる[4]．

ルシフェリンの化学構造が決定していれば，最近の分析技術の進歩により，あとは生物材料さえ確保できればルシフェラーゼ遺伝子の特定は比較的容易になってきている．例えば，発光キノコは，ルシフェリンの化学構造が決定されたあと発現クローニング法により直ちにルシフェラーゼ遺伝子が特定された（発展編-8を参照）[1]．ルシフェリンがすでにわかっている前述の生物たちも，ほどなくルシフェラーゼ遺伝子が解明され，新しい発光イメージングツールとして登場する日も近いかもしれない．

ルシフェラーゼが特定されている生物

一方，ルシフェリンの化学構造が不明なままルシフェラーゼ遺伝子だけが先に決定することはほとんどない．ルシフェラーゼの精製には純粋なルシフェリンが必要であり，純粋なルシフェリンが得られれば天然物有機化学者はまずルシフェリンの化学構造を決定するからである．しかし，最近の質量分析技術や網羅的遺伝子解析技術の進歩により，ターゲット遺伝子を決定することが容易で迅速になり，発見の順序が逆になるケースが出てきている．その最初の例といえるのがシリス科のゴカイの一種クロエリシリス *Odontosyllis undecimdonta*（図3C）であろう[5][6]．

クロエリシリスのルシフェラーゼ遺伝子は，まずルシフェリンが精製され，ルシフェリンの構造を決定する前にこれをアッセイに用いてルシフェラーゼが部分精製された．次に，SDS-PAGE上で発光活性の強さに比例する濃さを示すタンパク質バンドを質量分析することによりその部分アミノ酸を決定し，RNA-seqデー

図3　いろいろな発光生物

A) ヘイケボタル*Aquatica lateralis*．最近，本種の全ゲノムが解読された．**B)** ホタルミミズ*Microscolex phosphoreus*．ルシフェリンはわかっているが，ルシフェラーゼ遺伝子はわかっていない．**C)** クロエリシリス*Odontosyllis undecimdonta*とその発光の様子（右下）．ルシフェリンの化学構造はまだ報告されていない．**D)** ヒカリマイマイ*Quantula striata*．有肺類で唯一の発光種である．発光メカニズムについてはほとんど情報がない．

タから遺伝子が特定された．最後に，リコンビナントタンパク質を作製し，精製ルシフェリンに対する発光活性が確認され，これにより，ルシフェラーゼ遺伝子が特定されたのである[5)]．

今後も，このようにルシフェリンが決定する前にルシフェラーゼ遺伝子が決定されるケースは増えてくると思われる．ただし，ルシフェラーゼの精製をはじめる際には，まず純粋に精製したルシフェリンを用意しないと，ときに結果を見誤る可能性があるという点には注意が必要である[3)]．

さらに将来的には，比較RNA-seqやRNAiによって，ルシフェラーゼタンパク質の精製を全く行わずにルシフェラーゼ遺伝子ターゲットを絞り込むような研究も可能であり，すでにそうした試みがいくつか行われはじめている．

なお，念のために付け加えると，新しい発光生物のルシフェラーゼを探すにあたり既知のルシフェラーゼに配列のよく似た遺伝子を見つけてきても，それが目的とする生物のルシフェラーゼ遺伝子である可能性はほとんど期待できない．このことは，同じセレンテラジンを基質として発光するカイアシ類とヒオドシエビ（どちらも甲殻類）のルシフェラーゼ遺伝子にアミノ酸の相同性が全くないことからも明らかである．

発光メカニズムが部分的に特定されている生物

発光メカニズム解明の第一歩は，*in vitro*で発光反応を再現できるかどうかにかかっている．例えば，発光生物を冷水バッファー中と熱湯（もしくは有機溶媒）中で抽出したあと両者を混ぜ合わせる「古典的ルシフェリン－ルシフェラーゼ反応テスト」で発光がみられれば，ルシフェリンの精製やルシフェラーゼの精製を先に進めることができる．発光反応がフォトプロテイン型であった場合は，この古典的ルシフェリン－ルシフェラーゼ反応が適用できないが，下村博士がオワンクラゲで行ったように，フォトプロテインの発光トリガー（オワンクラゲのイクオリンの場合はCaイオン）が特定されれば，フォトプロテインであっても精製が可能となる．

このように，ルシフェリン－ルシフェラーゼ反応がポジティブである，もしくは，フォトプロテインのトリガー物質がわかっているなど，発光メカニズムが部分的に解明されている発光生物としては，ヒカリキノコバエ（*Arachnocampa*, *Orfelia*），ギボシムシ，ウロコムシ，フサゴカイ，クモヒトデ，北米産ヤスデ*Motyxia*などがあげられる[3]．

おわりに：発光メカニズムが不明な生物

さいごに，発光メカニズムが全く不明なままの生物をいくつか紹介して，本稿を終わりたい．たとえば発光性のサメ，カタツムリ（図3D），ヤスデ，ムカデ，トビムシ，ウミウシなどは，発光メカニズムがほとんど何もわかっていない．こうした未知の発光メカニズムへのチャレンジは1990年代くらいまではさかんに行われていたが，現在ではそれに取り組んでいるグループは世界的に見てもわずかである．そのようななか，ロシア科学アカデミーが急速に成果をあげつつあることは，希望の光である．そのグループリーダーIlia Yampolskyからは「ロシアには発光生物がほとんどいないから，日本が羨ましいよ」といつもいわれる．発光イメージングに注目が集まりつつあるなかで，かつては日本のお家芸ともいわれた生物発光の基礎研究に日本からも再び光が当たることを期待したい．

◆ 文献

1） Herring PJ：J Biolumin Chemilumin, 1：147-163, 1987
2） Haddock SH, et al：Ann Rev Mar Sci, 2：443-493, 2010
3）「Bioluminescence: Chemical Principles and Methods 3rd Edition」（Shimomura O & Yampolsky IV），World Scientific Pub Co Inc, 2019
4） Oba Y & Schultz DT：「Bioluminescence: Fundamentals and Applications in Biotechnology Volume 1」（Thouand G & Marks R, eds），pp3-36, Springer-Verlag Berlin Heidelberg, 2014
5） Schultz DT, et al：Biochem Biophys Res Commun, 502：318-323, 2018
6） Mitani Y, et al：Sci Rep, 8：12789, 2018

3 生物発光の原理

安東頼子

現在まで，蛍光分光測定，X線結晶構造解析，計算化学などを用いた基礎研究により，さまざまな生物発光の分子メカニズムが解明されてきた．一方，ホタルを代表とする生物発光は，ライフサイエンス分野においてなくてはならないツールとして活用されている．生物発光を応用する場合にも，基本原理について理解しておくことがたいへん重要である．そこで本稿では，あらためて発光現象としての生物発光を概説する．

はじめに

1．発光とは

発光（ルミネッセンス）とは，物質がエネルギーを吸収し，そのエネルギーが緩和する際，一部のエネルギーを光子として放出する現象のことである．物質の励起方法の違いによって，光で励起することにより生じる蛍光・燐光，電界を印加することにより生じるエレクトロルミネッセンス，摩擦・機械的作用により生じるトライボルミネッセンス，熱により生じる熱ルミネッセンス，そして化学反応による化学発光などがあげられる．

2．化学発光とは

化学発光とは，化学反応によりある分子が励起状態を経て，基底状態の生成物を生じる際に，エネルギーの一部を光子として放出する現象のことである．化学発光の場合，そのほとんどの場合が酸化反応であり，分子はこの酸化反応により励起される．発光過程は，①化学反応による中間体分子の形成，②中間体分子から遷移状態を経由して励起状態分子の生成，③励起状態から基底状態への遷移に伴う光の放出からなる（図1）．直接発光として放射される場合と，共存する蛍光分子などにエネルギーを移動させて蛍光を放射する場合がある．

生物発光

化学発光のなかでも，発光生物が酵素反応などにより光を放出する現象は特に「生物発光[2) 3)]」とよばれている．1916年にHarveyによってはじめて生物発光（Bioluminescence）という言葉が用いられた[4)]．生物発光の反応機構は，化学発光と同様であり，酸化反応である．化学発光では通常大部分が熱エネルギーとして放出されるのに対し，生物発光ではより効率よくエネルギーの一部が光子として放出される．つまり生物発光の特徴として，化学発光と比較して高い発光量子収率（後述）を有することがあげられる．なお，本書では特別な理由がなければ，「生物発光」「化学発光」を「発光」と記載する．

Yoriko Ando（名古屋大学大学院工学研究科バイオメカニクス研究室）

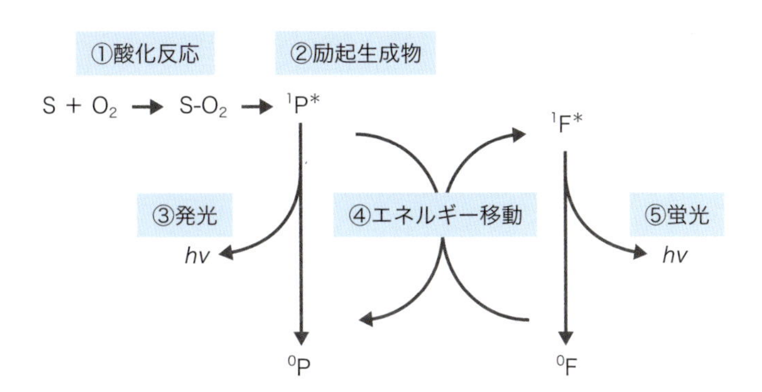

図1　化学・生物発光メカニズム概念図

S：基質，^{0}P：基底状態生成物，^{1}P*：一重項励起状態生成物，^{0}F：基底状態蛍光分子，^{1}F*：一重項励起状態蛍光分子をあらわす．文献1をもとに作成．

表1　生物発光の発光量子収率

生物発光	発光量子収率
Firefly（*Photinus pyralis*）	0.41～0.48[6) 7)]
Coelenterazine（*Oplophorus* luciferase）	0.34[8)]
Aequorea	0.17[9)]
Cypridina	0.30[10)]
Bacteria（Long-chain Aldehydes）	0.10～0.16[11)～13)]
化学発光	
Luminol	0.01[14) 15)]

1. ルシフェリン−ルシフェラーゼ反応

多くの場合，生物発光反応には2種類の物質，「ルシフェリン」と「ルシフェラーゼ」が必要である．ルシフェリンは，ルシフェラーゼの触媒作用により酸化される有機化合物の総称であり，ルシフェラーゼは，ルシフェリンの酸化反応を触媒する酵素の総称である．発光反応では，ルシフェラーゼの触媒作用によりルシフェリンが酸化され，励起状態の酸化物（オキシルシフェリン）になる．オキシルシフェリンが基底状態に遷移する際，エネルギーの一部を光子として放出する（ただし，ルシフェリンの酸化物が励起酸化物になる場合と，それ以外の物質である場合がある）．この発光反応は，ルシフェリン-ルシフェラーゼ反応（L-L反応）とよばれる（L-L反応によらない生物発光については後述する）．発光量は，反応したルシフェリン量に比例する．生物発光の分子メカニズムを解明するには，反応中間体や励起生成物であるオキシルシフェリンの単離，同定が必要となるが，通常それらは不安定なことが多く容易ではない．

2. 発光量子収率

化学・生物発光反応における効率を示す指標として，発光量子収率がある（表1）．発光量子収率とは，発光反応において，1つの生成物分子が1つの光子を放出する確率のことであり，式（1）であらわされる（図2）．

$\phi_{CL\ or\ BL}$は化学発光または生物発光の発光量子収率，

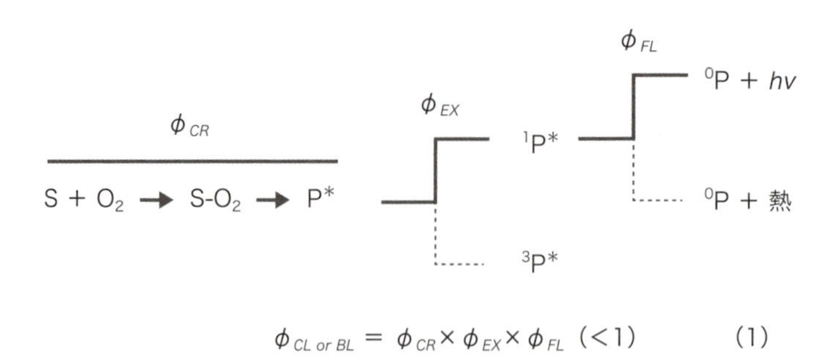

$$\phi_{CL\ or\ BL} = \phi_{CR} \times \phi_{EX} \times \phi_{FL}\ (<1) \qquad (1)$$

図2　化学・生物発光の発光量子収率

S：基質，^{0}P：基底状態生成物，^{1}P＊：一重項励起状態生成物，^{3}P＊：三重項励起状態生成物．

ϕ_{CR}は発光反応の化学反応効率，ϕ_{EX}は励起生成物が一重項励起状態に励起される効率，ϕ_{FL}は励起生成物の蛍光量子収率を示す．発光量子収率は，放出された全光子数と，化学反応で消費された基質分子数を求め，その比率を算出することで得られる．1959年，はじめて北米産ホタル（*Photinus pyralis*）の発光量子収率が報告され，その値は0.88[5]とされていたが，近年異なるグループにより再測定され，0.41〜0.48[6)7)]であると報告された．

3. 生物発光強度[16)]

生物発光の発光強度は，L-L反応で放出される全光子数（I_{BL}）の時間密度であらわされる．I_{BL}はミカエリス・メンテン式※1を用いて式（2）のようにあらわされる．

$$I_{BL} = \phi_{BL} \times [E] \times v = \frac{\phi_{BL} \times [E] \times V_{max}}{1 + \frac{K_m}{[S]}} \qquad (2)$$

ϕ_{BL}は生物発光の発光量子収率，［E］は酵素濃度，vは酵素反応速度，［S］は基質濃度，V_{max}は基質濃度を無限大としたときの酵素反応速度，K_m※2はミカエリス・メンテン定数を示す．通常の酵素反応では，［S］はK_mと比較して十分に大きいので，式（2）は式（3）と近似することができる．

$$I_{BL} = \phi_{BL} \times [E] \times V_{max} \qquad (3)$$

したがって，生物発光の発光強度はϕ_{BL}，［E］，V_{max}に依存することがわかる．

生物発光反応

1. ホタルのL-L反応

ホタルのL-L反応はアデノシン三リン酸（ATP），マグネシウムイオン，酸素の存在下で二段階の化学反応からなり，ホタルルシフェラーゼは二機能性的な酵素として働く（図3A）．まず，基質であるホタルルシフェリン（a1）は，酵素であるルシフェラーゼの触媒作用によりアデニル化され，ルシフェリン−AMP（a2）になる．続いて，さらなるルシフェラーゼの触媒作用によりルシフェリン−AMPは酸化され，ジオキセタノン※3中間体（a3）を経由し，脱炭酸とともに励起状態のオキシルシフェリン（a4-1またはa4-2）になり，基底

※1　ミカエリス・メンテン式

酵素の反応速度を示す．

$$v = \frac{V_{max} \times [E]}{K_m + [S]}$$

※2　K_m

ミカエリス・メンテン定数であり，$v = V_{max}/2$（最大速度の半分の速度）を与える基質濃度をあらわす．

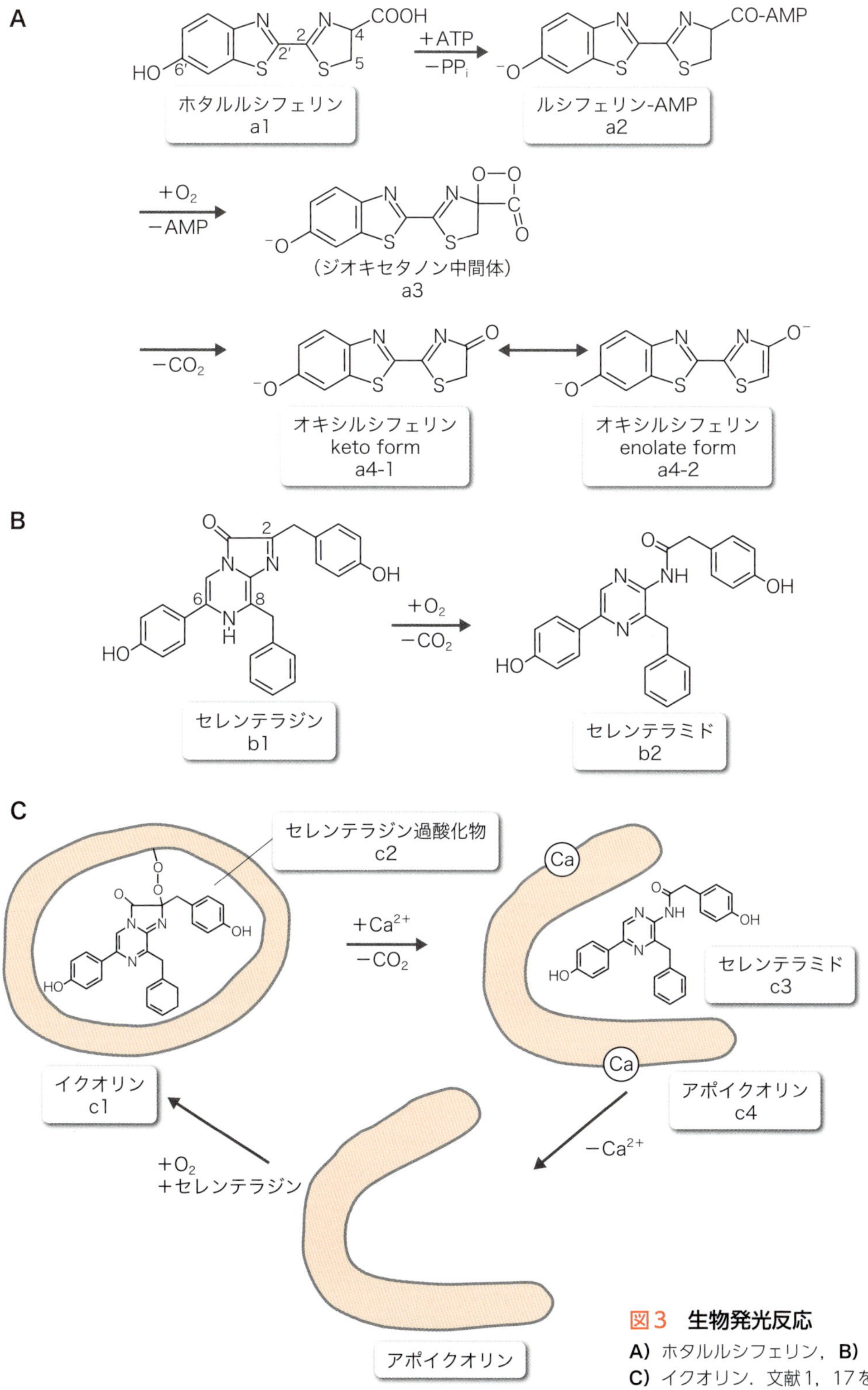

A

ホタルルシフェリン
a1

+ATP
−PP_i

ルシフェリン-AMP
a2

$+O_2$
−AMP

（ジオキセタノン中間体）
a3

$-CO_2$

オキシルシフェリン
keto form
a4-1

オキシルシフェリン
enolate form
a4-2

B

セレンテラジン
b1

$+O_2$
$-CO_2$

セレンテラミド
b2

C

セレンテラジン過酸化物
c2

$+Ca^{2+}$
$-CO_2$

セレンテラミド
c3

イクオリン
c1

アポイクオリン
c4

$-Ca^{2+}$

$+O_2$
+セレンテラジン

アポイクオリン

図3　生物発光反応

A） ホタルルシフェリン，**B）** セレンテラジン，**C）** イクオリン．文献1，17をもとに作成．

状態に戻る際，光子を放出する．

発光色

ホタルの発光色が変化することは古くから知られており，今から200年程前に，ホタルを温めると発光色が黄色から赤色に変化することが報告されている[18]．またCoblentzらは，50年程前に35種類のホタルの発光スペクトルを測定し，種類によって546〜594 nm（緑色〜黄色〜橙色）の範囲で発光ピーク波長が異なることを示した[19]．その後，より精度が高く，波長感度特性が校正された分光測定装置を用いた発光スペクトル計測が行われ，その詳細が明らかとされている．例えば，ミヤコマドボタル（*Pyrocoelia miyako*）の発光ピーク波長は554 nm，北米産ホタルは562 nm，欧州産ホタル（*Luciola mingrelica*）は571 nmといった具合である[6) 15]．さらに，南米産の鉄道虫（*Phrixothrix hirtus*）は，頭部に赤色（628 nm）の発光器，体側に並ぶ黄緑色（542 nm）の発光器を有する[20]．

また，ホタル科のルシフェラーゼはpHや温度，金属イオン濃度に依存して，発光スペクトルが変化することが知られている[5) 21]．北米産ホタルルシフェラーゼは中性（pH 7.6）では黄緑色（562 nm），酸性（pH＜5.6）では赤色（616 nm）の発光を示す．一方，ホタル科以外の発光甲虫ルシフェラーゼには，pH（pH 6〜8）に依存しないものも存在する[16) 22]．ホタルルシフェリンは近縁種を含めすべて同一である．したがって，発光色や発光特性は，ルシフェラーゼの活性中心のタンパク質構造（アミノ酸基）に依存して決まると考えられている．

2. セレンテラジン

セレンテラジン（Coelenterazine）は，はじめに発光タンパク質であるイクオリン（Aequorin）の部分構造として下村らにより予測され[23]，井上らが合成に成功したことにより同定された[24]．その後多くの海洋発光生物のルシフェリン，またはその前駆体であることが明らかとなった．セレンテラジンは比較的酸化されやすい不安定な分子であるが，生体内では安定化した状態で保存されていることが多い．発光反応は，ルシフェリン，ルシフェラーゼと酸素のみで行われ，その他第三の物質を必要としない（図3B）．セレンテラジン（b1）はルシフェラーゼの触媒作用による酸化反応により，励起状態のセレンテラミド（b2）になり，基底状態に戻る際に青色発光（450〜500 nm）を放出する．

3. 発光タンパク質

L-L反応に該当しない発光系に，発光タンパク質（Photoprotein）があげられる．1962年，下村らが発見したオワンクラゲ（*Aequorea*）の発光物質イクオリン[25]がその代表格である．イクオリンは，カルシウム結合タンパク質ファミリーに属し，その中央にセレンテラジン過酸化物を安定化した形で含んでいる[26]．したがって，発光する際には酸素を必要とせず，カルシウムイオンがイクオリン（c1）の外部に接合することによりタンパク質の変形が起こり，セレンテラジン過酸化物（c2）が分解される過程で生じる励起カルボニル基が基底状態に遷移する際に，青色発光（465 nm）を放出する（図3C）．イクオリンは，ルシフェリンがチャージされた状態のルシフェラーゼとも考えることができる．発光後のタンパク質部分である．アポイクオリン（Apoaequorin）（c4）は，セレンテラジンの酸化反応を触媒し，イクオリンを再生することができる．実際のオワンクラゲは青色ではなく緑色に（508 nm）光るが，これはオワンクラゲの発光細胞中にイクオリンと緑色蛍光タンパク質（GFP）が共存しており，イクオリンの発光反応によるエネルギーが転移し，GFPを励起した結果である．この過程は，BRET（Bioluminescence Resonance Energy Transfer：生物発光共鳴エネルギー転移）とよばれている．

※3　ジオキセタノン

2個の酸素原子と2個の炭素原子からなる四員環分子を含む分子．ホタルのL-L反応では，四員環のO-O結合とC-C結合が分裂し，カルボニル物質と炭酸ガスになる際に発生したエネルギーにより発光する（図3A）．

おわりに

より明るい，または，発光色のパレットのようにさまざまな発光ピーク波長をもつ発光プローブが開発されているが，その際，生物発光反応メカニズムを理解していることがたいへん重要となる．未知の生物発光系もまだ多数存在していることから，今後の基礎研究が期待される．多様性に富む生物発光の分子メカニズムは，ライフサイエンス分野において新たな光技術を提供するだろう．

◆ 文献

1) Ohmiya Y：Jpn J Appl Phys pt1, 44：doi：10.1143/JJAP.44.6368, 2005
2) 「Bioluminescence Chemical Principles and Methods」(Shimomura O), World Scientific Pub Co Inc., 2012
3) 「Bioluminescence, the Nature of the Light」(Lee JW), University of Georgia Libraries, 2017
4) Harvey EN：Science, 44：208-209, 1916
5) Seliger HH & McElroy WD：Biochem Biophysical Res Commun, 1：21-24, 1959
6) Ando Y, et al：Nat Photonics, 2：44-47, 2008
7) Niwa K, et al：Photochem Photobiol, 86：1046-1049, 2010
8) Shimomura O, et al：Biochemistry, 17：994-998, 1978
9) Shimomura O：Biochem J, 234：271-277, 1986
10) Shimomura O & Johnson FH：Photochem Photobiol, 12：291-295, 1970
11) Shimomura O, et al：Proc Natl Acad Sci U S A, 69：2086-2089, 1972
12) McCapra F & Hysert DW：Biochem Biophys Res Commun, 52：298-304, 1973
13) Lee J & Murphy CL：Biochemistry, 14：2259-2268, 1975
14) O'Kane DJ & Lee J：Methods Enzymol, 305：87-96, 2000
15) Ando Y, et al：Photochem Photobiol, 83：1205-1210, 2007
16) Niwa K, et al：Seikagaku, 87：675-685, 2015
17) Shimomura O：「Bioluminescence and Chemiluminescence Progress and Perspectives」(Tsuji A, et al, eds), pp27-34, World Scientific, 2005
18) 「Light: Physical and Biological Action」(Seliger HH & McElroy WD), Academic Press, 1965
19) Biggley WH, et al：J Gen Physiol, 50：1681-1692, 1967
20) Viviani VR, et al：Biochemistry, 38：8271-8279, 1999
21) Seliger HH & McElroy WD：Proc Natl Acad Sci U S A, 52：75-81, 1964
22) Ohmiya Y, et al：Science report of the Yokosuka City Museum, 47：31-38, 2000
23) Shimomura O, et al：Biochemistry, 13：3278-3286, 1974
24) Inoue S, et al：Chemistry Letters, 4：141-144, 1975
25) Shimomura O, et al：J Cell Comp Physiol, 59：223-239, 1962
26) Shimomura O & Johnson FH：Proc Natl Acad Sci U S A, 75：2611-2615, 1978

◆ 参考図書

1) 「光る生物の話」(下村 脩/著)，朝日新聞出版，2014
2) 「光る生き物」(大場裕一/監)，学研プラス，2015
3) 「バイオ・ケミルミネセンスハンドブック」(今井 一洋，近江谷 克裕/著)，丸善，2006

発光タンパク質と発光基質の総覧

齊藤健太

近年の発光イメージングの飛躍的発展は，検出器や光学系の発展もさることながら，発光タンパク質，発光基質およびそれらを応用した発光性プローブの新規開発によるところが大きい．本稿では近年に開発された主要な発光タンパク質，発光基質，発光性プローブについて解説する．

はじめに

発光イメージングは，研究対象の生体内（細胞・組織・個体）で発光を起こすことで実現できる．これは，例えば発光タンパク質の遺伝子を生体に導入して発現させたうえで，発光基質を生体の培地に加える，あるいは個体ならば注射して血流に入れることで達成できる．励起光照射が不要なため，個体深部の観察，光感受性のサンプルの観察，定量的な計測の有用性は長らく認識されていた．発光量が小さいためその利用範囲は限定的であったが，近年，発光量の増大と発光波長の多色化が実現された．これは発光タンパク質（ルシフェラーゼ）と発光基質（ルシフェリン）の新規開発によるものである．発光性プローブへの応用も進められている．そこで本稿では，近年に発展を遂げた発光タンパク質と発光基質，それらを応用した発光性プローブについて紹介する．本稿の内容より前に確立された技術に関しては良書[1]を参照いただきたい．

発光概論

新規に開発された発光タンパク質・発光基質を理解するために，発光について知っておくべき基本事項を確認しておく．まず，発光は発光基質の化学反応として説明できる．この化学反応において発光タンパク質は酸化酵素であり，発光基質の酸化を触媒する．酸化された発光基質は，エネルギーの高い状態（励起状態）となる．これは蛍光分子の励起状態と同様に考えられる．励起状態の発光基質が基底状態に戻る際に光子を放出する．以上から，発光量を決める主要因が想像できる．これは発光タンパク質と基質の親和性K_m，代謝回転速度k_{cat}，酵素の安定性，発光量子収率である．これら主要因を改善する方法の1つが，発光タンパク質・発光基質の改変である．また，発光量だけでなく多色観察や個体でのイメージングのために色変異体を開発し，発光波長を変えるという需要もある．発光波長を変える場合も発光タンパク質・発光基質の改変で実施できる．しかし，この改変に伴い発光量に関係する主要因が悪影響を受ける場合も多い．発光イメージングの利用者・開発者どちらも注意すべき点となる．

また，前述のことから発光（化学反応）に必要なの

Kenta Saito（東京医科歯科大学大学院医歯学総合研究科）

は発光タンパク質・発光基質・酸素だけといえる（補因子を要する場合あり）．通常の実験環境下では酸素は十分にあるので，精製された発光タンパク質と発光基質さえあれば，発光を試験管内で再現できる．この際，再現した発光色と元の発光生物で観察される発光色が異なる場合がある．これはフェルスター共鳴エネルギー移動（Förster resonance energy transfer：FRET）で説明できる＊1．例えば，発光生物ウミシイタケの発光器では，発光タンパク質RLucとウミシイタケGFP（以降rGFP）が強く結合していると考えられている[2]．両者がそれぞれFRETのドナー分子＊2，アクセプター分子となり，ほぼ100％の効率でFRETが起こる．こうしてウミシイタケ発光器からの発光色はrGFPに由来する緑色に変換されるため，試験管内で発光タンパク質と発光基質だけを混合して再現される青色とは異なる．さらに，色の変換だけでなく，FRETにより発光量子収率（以降QY）もrGFPのそれに変換される点も重要である．RLucのQY（0.05）が，100％のFRET効率で蛍光タンパク質のQY（0.3）にそっくり変換されるため，約6倍の発光量増大になる[3]．FRETによるQYと発光色の変換は，発光量に関する他の要因にほぼ悪影響を与えない．発光タンパク質・発光基質の改変に比べてこれは大きな利点である．このため，FRETによるQYと発光色の変換は近年開発された実に多くの発光タンパク質で利用されている．実際，以降で紹介する発光タンパク質の半分以上はFRETを利用したものである．FRETは発光タンパク質ベースの発光プローブの多くでも利用されている．

表1に発光イメージングで利用される発光タンパク質と組合わせて使われる主要な発光基質を載せた．表2に発光タンパク質ベース，表3に発光基質ベースの発光性プローブについて載せた．発光タンパク質については数が多いので，大きく以下の3つ，ウミシイタケ発光タンパク質RLuc（1.1～1.9），改変型深海エビ発光タンパク質NLuc（1.10～1.21），北米産ホタル発光タンパク質FLuc（1.22～1.28）に分ける．以下に解説する．

＊1　発光エネルギー移動（BRET）の用語が利用される場合もある．物理的な原理はいずれも同じである．

＊2　ここでは発光タンパク質をFRETのドナー分子として説明している．他の文献でも同様に説明されることが多い．しかし，これは発光基質を省略した簡略化した説明であることに注意いただきたい．厳密にはFRETのドナー分子は「発光タンパク質と発光基質の複合体」や「発光タンパク質の酵素活性部位で触媒（酸化）された発光基質」とするのが妥当である．実際は，発光基質は励起状態を経て基底状態に戻るまでの間は発光タンパク質と結合している．そのため，発光タンパク質をFRETのドナー分子として（発光基質を省略して）考えて実用上は問題ない．

RLucベースの発光タンパク質（1.1～1.9）

RLucはcoelenterazineを発光基質とする．発光に補因子を必要とせず，分子量が比較的小さい（36 kDa）という優れた性質をもつ（1.1）．その一方，発光量が小さく青色で発光することから，個体でのイメージングに使用しにくいのが欠点であったため，RLucの改変から発光量を増大する試みがなされた．近縁酵素との相同配列をもとに改変されたRLuc8はRLucの4倍の発光量を示した（1.2）．さらなる改変で長波長化したRLuc8.6-535は，540 nmまで赤色偏移した（1.3）．さらに，発光基質アナログcoelenterazine-vとの組合わせで570 nmまで赤色偏移した（1.4）．それ以降の改善にはFRETが利用された（1.5～1.9）．Yellow Nano-lantern（YNL）はRLuc8とVenusを融合した構造をしている（図1C）．RLuc8のQY（0.05）から，明るい蛍光タンパク質VenusのQY（0.7）へのFRETで発光量を増大した（1.5）．発光色も青色から黄色に変換された．FRETのアクセプターをVenusからmTurquoise2（水色），mKO2（橙色）に換えることで，YNLの色変異体CNL，ONLが開発された（1.6，1.7）．iRFP670またはiRFP720をアクセプターとした近赤外発光も報告されている（1.8，1.9）．

表1　主な発光タンパク質の一覧

番号	酵素	分子量 (kDa)	基質	ピーク発光波長 (nm)	説明	文献
1.1	RLuc	36	coelenterazine	480	ウミシイタケ *Renilla reniformis* 由来発光タンパク質	3
1.2	RLuc8	36	coelenterazine	480	改変型RLuc	9
1.3	RLuc8.6-535	36	coelenterazine	540	長波長化RLuc8	10
1.4	RLuc8.6-535	36	coelenterazine-v	570	RLuc8.6-535と長波長化したcoelenterazineの組合わせ	10
1.5	YNL	62	coelenterazine	530	RLuc8→VenusのFRET*3	11
1.6	CNL	62	coelenterazine	470	RLuc8→mTurquoise2のFRET	12
1.7	ONL	60	coelenterazine	560	RLuc8.6-535→mKO2のFRET	12
1.8	iRFP670-2-RLuc8	71	methoxy-eCoelenterazine	670	RLuc8→iRFP670のFRET．短波長化した発光基質による400 nmの発光とiRFPの～380 nmの副吸収ピークの重なりによるFRET	13
1.9	iRFP720-2-RLuc8	71	methoxy-eCoelenterazine	720	RLuc8→iRFP720のFRET．原理は前述と同じ	13
1.10	NLuc	19	furimazine	460	改変型深海エビ *Oplophorus gracilirostris* 由来発光タンパク質NLucとそれに最適化した発光基質	14
1.11	GpNLuc	46	furimazine	510	NLuc→EGFPのFRET	15
1.12	OgNLuc	46	furimazine	570	NLuc→LSSmOrangeのFRET	15
1.13	CeNL	45	furimazine	470	NLuc→mTurquoise2のFRET	16
1.14	GeNL	44	furimazine	520	NLuc→mNeonGreenのFRET	16
1.15	YeNL	44	furimazine	530	NLuc→VenusのFRET	16
1.16	OeNL	47	furimazine	560	NLuc→mKO κ のFRET	16
1.17	ReNL	72	furimazine	580	NLuc→tdTomatoのFRET	16
1.18	Antares	71	furimazine	580	NLuc→CyOFP1（2つ）のFRET．CyOFP1はNLucのN，C末に計2つ	17
1.19	teLuc	19	diphenylterazine	500	NLucの色変異体（3アミノ酸変異）に最適化した発光基質	18
1.20	yeLuc	19	selenoterazine	530	NLucの色変異体（10アミノ酸変異）に最適化した発光基質	18
1.21	Antares2	71	diphenylterazine	580	AntaresのNLucをteLucに置換．teLuc→CyOFP1のFRET	18
1.22	FLuc	61	D-luciferin	560～620	北米産ホタル *Photinus pyralis* 由来発光タンパク質．発光スペクトルはpH依存性〔ピーク波長：560（pH＞8）～620（pH＜5.5）〕	—
1.23	FLuc	61	CycLuc1	600	長波長化した発光基質	19
1.24	FLuc	61	CycLuc10	650	長波長化した発光基質	20
1.25	FLuc	61	Cy7-AL	800	D-luciferin→Cy7のFRET	21
1.26	FLuc	61	AkaLumine-HCL	680	長波長化した発光基質AkaLumine-HCL	22
1.27	Akaluc	61	AkaLumine-HCL	650	AkaLumine-HCLに対して最適化した発光タンパク質Akaluc	23
1.28	*ff*Luc-cp156	88	D-luciferin	600	Venusの円順列変異体（cp156）を融合し，酵素活性を安定化	24

＊3　説明の簡略化のために，以降もFRETのドナーとアクセプターとなる分子をそれぞれ“→”の前後に記載する．

表2　主な発光タンパク質ベースのプローブの一覧

番号	プローブ（基質）	分子量（kDa）	基質	ピーク発光波長（nm）	説明	文献
2.1	BRAC	83	coelenterazine	480・530	Ca^{2+}プローブ．RLuc8とVenusの間にCa^{2+}に応答し構造変化するタンパク質を挿入し，Ca^{2+}有無でRLuc8→VenusのFRETが変化することを利用	25
2.2	Nano-lantern（Ca^{2+}）	82	coelenterazine	530	Nano-lanternを利用したCa^{2+}プローブ．RLuc8の分割可能位置に，Ca^{2+}に応答し構造変化するタンパク質配列を挿入しCa^{2+}有無で発光強度変化	11
2.3	Nano-lantern（cAMP）	80	coelenterazine	530	Nano-lanternを利用したcAMPプローブ．原理は前述と同様	11
2.4	Nano-lantern（ATP1）	76	coelenterazine	530	Nano-lanternを利用したATPプローブ．原理は前述と同様	11
2.5	hyBRET-ERK	—	coelenterazine	480・530	CFP→YFPのFRETによるERKプローブに，RLuc8を融合して発光性に転換．hyBRETは蛍光性FRETのプローブを発光性に転換する汎用的手法	26
2.6	BASFI	—	methoxy-eCoelenterazine	—	RLuc8→Dronpaの分子間FRETを利用したタンパク質間相互作用検出	27
2.7	GeNL（Ca^{2+}）	65	furimazine	520	GeNLを利用したCa^{2+}プローブ．NLucを分割し，Ca^{2+}に応答し構造変化するタンパク質配列を挿入しCa^{2+}有無で発光強度が変化	16
2.8	CalfluxVTN	54	furimazine	460・530	Ca^{2+}プローブ：Ca^{2+}結合に伴うTroponinCの構造変化により，NLuc→VenusのFRETが変化	28
2.9	LOTUS-V	75	furimazine	460・530	膜電位プローブ：膜電位変化に伴うVSDの構造変化により，NLuc→VenusのFRETが変化	29
2.10	BLZinCh	79	furimazine	460・530	Zn^{2+}プローブ：蛍光性FRETによるZn^{2+}プローブ（eZinCh-2）[30]をベースとし，これにNLucを融合して発光性に転換	31
2.11	PI-Luc	—	D-luciferin	～600	pHプローブ．FLuc/McLuc1キメラ発光タンパク質にLOV2タンパク質を挿入し，青色光照射から発光性を回復する時間でpHを検出	32

表3　主な発光基質ベースのプローブの一覧

番号	プローブ（基質）	元になった基質	備考	文献
3.1	CoelPhos	coelenterazine	細胞膜非透過性にしたcoelenterazine．細胞外でのシグナル検出に有効	33
3.2	bGalCoel, bGalNoCoel	coelenterazine	ケージドcoelenterazine．β-galactosidaseでの切断後，coelenterazineとして作用	34
3.3	Lugal	D-luciferin	ケージドD-luciferin．β-galactosidaseでの切断後，D-luciferinとして作用	35
3.4	DAL	D-luciferin	発光電子移動（BioLeT）を利用したNOプローブ	36
3.5	SO_3H-APL	D-luciferin	発光電子移動（BioLeT）を利用したH_2O_2プローブ．細胞膜透過性も制御	37

NLucベースの発光タンパク質（1.10～1.21）

NLucは深海エビ*Oplophorus gracilirostris*由来の発光タンパク質（OLuc）の改変型である．OLucと比べて発光量の増大，細胞外への分泌性の除去，ダウンサイジング（19 kDa）に成功している．OLucの発光基質はRLucと同じくcoelenterazineである．NLucの開発と合わせて，専用の発光基質furimazineが開発された．NLucとfurimazineの組合わせはRLucとcoelenterazineの150倍以上の発光量を示した（1.10）．RLucのときと同様，NLucをFRETのドナーとした多数の変異体が作製された（1.11～1.18）．なかでもFRETのアクセプターとして各波長で最もQYの高い蛍光タンパク質mTurquoise2（水色），mNeonGreen（緑色），Venus（黄色），mKO κ （橙色），tdTomato（赤色）を使ったCeNL，GeNL，YeNL，OeNL，ReNLは，発光量の増大と同時に多波長化にも成功した好例である（1.13～1.17）．Antaresは，FRETのアクセプターとして大きなストークスシフト（吸収：500 nm，発光：600 nm）をもちQYが非常に高い（0.8）蛍光タンパク質CyOFP1をNLucの両端に2つ融合しFRETを高める工夫をしている（1.18）．NLucの改変で色変異体teLuc，yeLucが開発され，それぞれ専用の発光基質も開発された（1.19，1.20）．AntaresのNLucをteLucに置き換えたAntares2は600 nm以上の領域でAntaresの約4倍にまで発光量を増大させることに成功している（1.21）．

FLucベースの発光タンパク質（1.22～1.28）

FLucは比較的波長の長い緑色（560 nm）で発光すること，QYが高いこと（0.4）から個体レベルでのイメージングに早くから応用されてきた．一方で，分子サイズが大きく（61 kDa），発光に補因子（ATP，Mg^{2+}）を必要とする（1.22）．そのためか，RLucやNLucのようにFRETによる発光色・QYの変換はほとんどされていない．代わりに発光基質D-luciferinの改変で長波長化がされてきた（1.23，1.24）．Cy7-ALは，D-luciferin骨格にCy7を結合し，分子内FRETにより発光ピークは800 nmまで達する（1.25）．AkaLumine-HCLは分子自体の組織透過性が向上し，発光ピークも680 nmまで長波長化している（1.26）．しかし，AkaLumine-HCLはFLucと組合わせた場合，発光量が小さくなってしまうのが欠点であった．これは前述の通り，改変した発光基質で発光量に関係する主要因が悪化することにより起こる．そこで，AkaLumine-HCLに対して最適化されたFLuc（Akaluc）が開発され，この欠点は見事に補われた（1.27）．また，*ff*Luc-cp156は，FLucとVenusの円順列変異体の融合タンパク質でありFLucに比べて発光量が増大した（1.28）．これはFRETによるものでなく，融合タンパク質になったことで酵素活性の安定性が上がったことによる．

発光タンパク質ベースのプローブ（2.1～2.11）

蛍光タンパク質間FRETを利用したプローブの代表として Ca^{2+} プローブYellow Cameleonがある（図1A）．これはECFPをFRETのドナー，Venusをアクセプターとし，両者の間に Ca^{2+} に応答し立体構造が変化するタンパク質（CalmodulinとM13ペプチド：CaM/M13）を挟んでいる．Ca^{2+} の有無でCaM/M13の立体構造が大きく変わり，FRETの量が変化する[4]．Yellow CameleonのFRETのドナーであるECFPを，近い発光波長をもつ発光タンパク質RLuc8に置き換えて発光性 Ca^{2+} プローブBRACがつくられた（2.1）（図1B）．分子内FRETによる発光性プローブが発光タンパク質からもつくられることがわかった．同様にしてNLucベースの発光性 Ca^{2+} プローブCalfluxVTN，発光性膜電位プローブLOTUS-Vが開発された（2.8，2.9）．

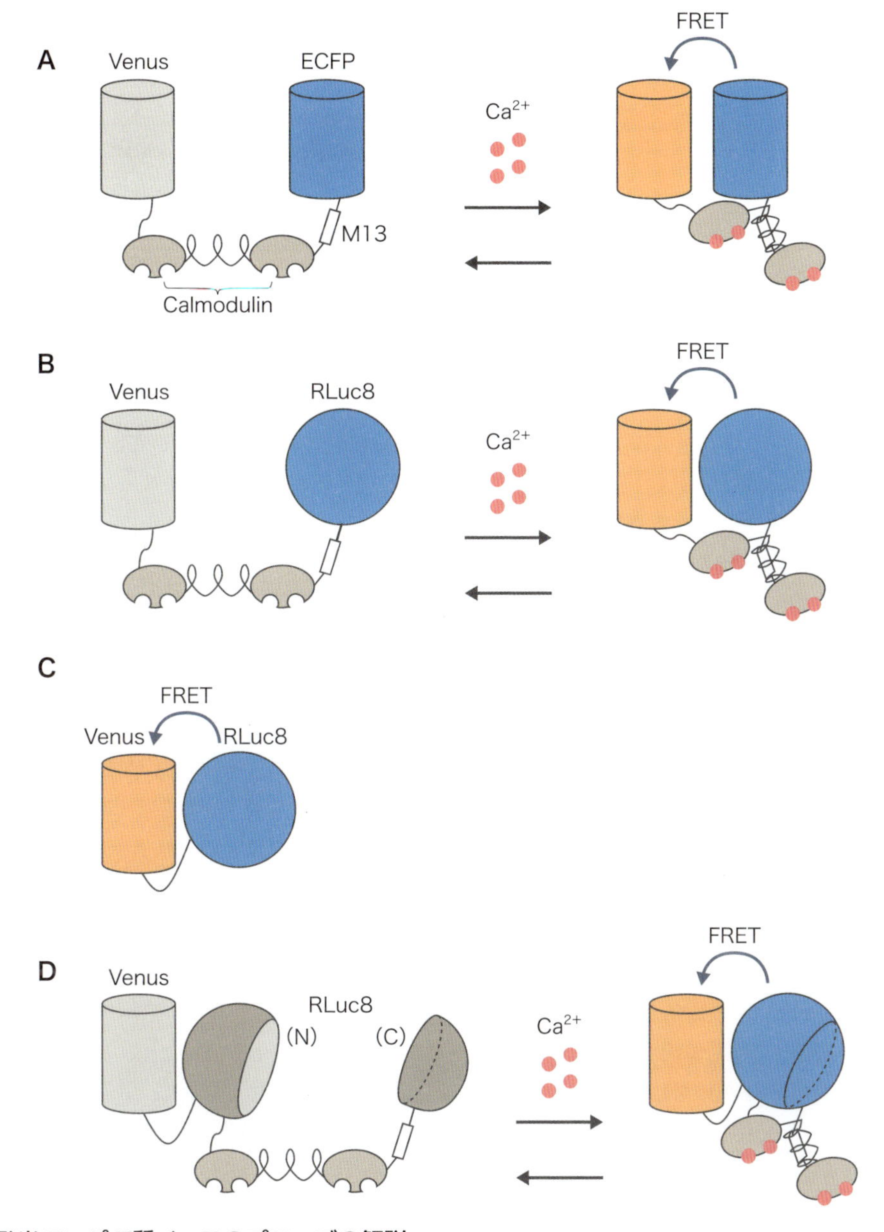

図1　発光タンパク質ベースのプローブの解説

A) 蛍光性 Ca^{2+} プローブYellow Cameleonの模式図．蛍光タンパク質VenusとECFPの間に Ca^{2+} に応答し構造変化するタンパク質（CalmodulinとM13ペプチド；以降CaM/M13）を挟んでいる．Ca^{2+} がないときは，ECFPからVenusへのFRETは起こらない．Ca^{2+} があるときは，CaM/M13は Ca^{2+} の結合に伴いコンパクトな構造をとるため，ECFPとVenusが近接し両者間でFRETが起こる．最も普及しているYellow Cameleon 3.60では，蛍光タンパク質の円順列変異体を利用しFRET効率の変化を最適化する工夫がされている[4]．**B)** 発光性 Ca^{2+} プローブBRAC（2.1）の模式図．蛍光タンパク質Venusと発光タンパク質RLuc8の間にCaM/M13を挟んでいる．Yellow Cameleonと同様に，Ca^{2+} があると，RLuc8からVenusへのFRETが起こる．**C)** 発光タンパク質Yellow Nano-lantern（YNL）（1.5）の模式図．RLuc8からVenusへのFRETが起こり，発光量の増大と発光色の変換がされる．**D)** 発光性 Ca^{2+} プローブNano-lantern（Ca^{2+}）（2.2）の模式図．YNL分子内のRLuc8は分割可能位置で2つに分割され〔(N)，(C) として図示〕，CaM/M13が挿入されている．Ca^{2+} がないときは，分割RLuc8は発光性をもたない．一方，Ca^{2+} があるときは，CaM/M13は Ca^{2+} の結合に伴いコンパクトな構造をとるため，分割RLuc8の（N），（C）が結合し，プローブが発光性を回復する．

一方，Camgaroo[5]に近い戦略でつくられた発光性 Ca^{2+} プローブがNano-lantern（Ca^{2+}）といえる（2.2）（図1D）．これは発光タンパク質Nano-lanternをベースとし，その分子内のRLuc8の分割可能位置にCaM/M13が挿入されたものである．Ca^{2+} の有無で発光タンパク質の酵素活性が変わるため，それに伴い発光量が変化する．同様にしてNano-lanternベースの発光性cAMP，ATPプローブ（2.3，2.4），GeNLベースの発光性 Ca^{2+} プローブがつくられた（2.7）．

以降では前述に属さない発光性プローブの例をいくつか挙げる．発光性 Zn^{2+} プローブBLZinChは，先に報告された蛍光タンパク質ベースのFRETによる Zn^{2+} プローブeZinCh-2を発光性に転換したものである（2.10）．eZinCh-2は蛍光タンパク質CeruleanとCitrineをそれぞれFRETのドナーとアクセプターに利用している．この分子内のCeruleanにNLucを融合すると，NLucからCeruleanへのFRETが追加されるので，発光性プローブに転換できる．しかし，NLucからCitrineへのFRETも無視できず，この割合が Zn^{2+} 濃度依存的に変化するようであればシグナルの解釈は複雑になる．そこで，蛍光性FRETによるプローブに発光タンパク質を追加し，発光性に転換するための汎用的手法としてhyBRETが開発された．hyBRETではプローブの全発光成分からlinear unmixingにより発光タンパク質，CFP，YFPの各発光成分を分離し，そこから各段階のFRET効率を算出する．この手法で，ERKプローブ（EKAREV）[6]に対しRLuc8からCFPへのFRETを追加した発光性プローブ（hyBRET-ERK；2.5）が開発された．

発光性タンパク質間相互作用検出法BASFIは，分子間FRETの応用法である（2.6）．RLuc8から光異性化蛍光タンパク質DronpaへのFRETを利用している．短波長化した発光基質によりRLuc8は400 nmで発光する．この場合，RLuc8からDronpaへのFRETは，非蛍光性から蛍光性へDronpaの光異性化を促進する．結果として，蛍光性Dronpaをイメージングし，細胞内のどの部位でタンパク質間相互作用が起きたかを検出できる．蛍光タンパク質ベースの分子間FRETでは，2つの蛍光タンパク質の励起・蛍光スペクトルに重なりがあるため，シグナルの解釈はときに容易ではない．一方，BASFIでは蛍光タンパク質はDronpaだけなので，シグナルの解釈はシンプルとなる．

FLucベースの発光性pHプローブPI-Lucは，FLucの分割可能な位置に，青色光照射で構造変化するタンパク質ドメインLOV2を挿入している（2.11）．青色光照射でLOV2の構造が変化した際，LOV2の構造が回復するまでPI-Lucは発光能を失っている．構造が回復するまでの時間にpH依存性がある．これは発光能が回復するまでの時間として測定できるので，ここから細胞内・組織内のpHをイメージングできる．

発光基質ベースのプローブ（3.1～3.5）

coelenterazineのアナログの1つCoelPhosは細胞膜を透過しない性質をもつ（3.1）（図2A）．分泌性発光タンパク質や膜タンパク質と融合し細胞外に露出した発光タンパク質と組合わせると有効にシグナルを得られる．

bGalCoelとbGalNoCoelはcoelenterazineベース，LugalはD-luciferinベースのケージド基質である（3.2，3.3）（図2B）．これらはどれも β-galactosidaseでの切断後に，本来の発光基質として働く．β-galactosidaseの発現検出の他に，β-galactosidaseを発現した細胞・組織限定的に発光基質を働かせることができる．

BioLeT（bioluminescent enzyme-induced electron transfer；3.4，3.5）は蛍光で利用される光誘起電子移動（photoinduced electron transfer：PeT）を発光に応用したものである．PeTは励起された発色団とその近傍分子間で電子が移動する現象である．励起された電子が基底状態に戻らないため，発光が抑制される．NOプローブDALは，D-luciferin骨格に分子内BioLeTの電子供与体となるdiaminobenzeneが結合した構造をしている（3.4）．diaminobenzeneはNO

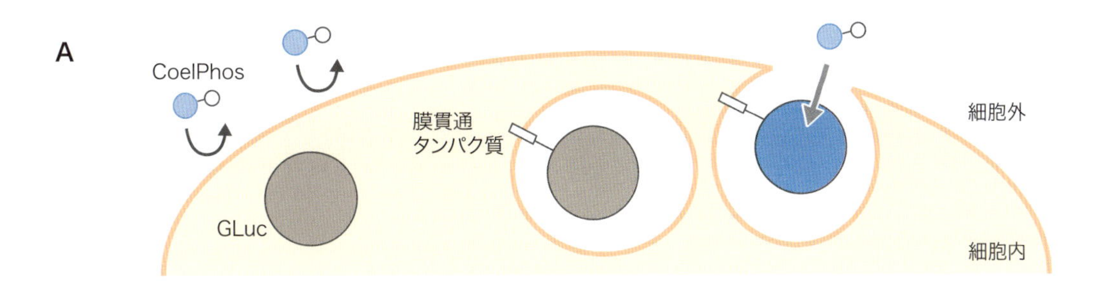

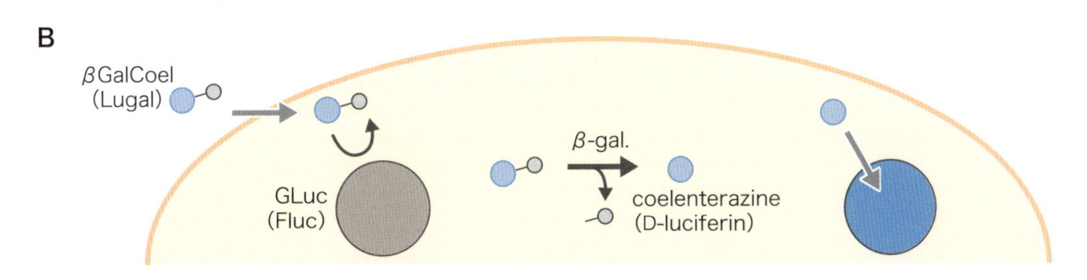

図2　発光基質ベースのプローブの解説
A) CoelPhos（3.1）は細胞膜非透過性のcoelenterazineアナログである．発光基質coelenterazine（青色の小球）に，陰イオン性親水基（白色の小球）が結合している．そのためCoelPhosは細胞膜を通過できず，結果として細胞内のGLucはこれを基質にできない．細胞外に露出したGLucはCoelPhosを基質にでき，結果として発光が起こる．**B)** βGalCoel（3.2）はケージドcoelenterazineである．発光基質coelenterazine（青色の小球）に，β-galactose（灰色の小球）が結合している．この状態では，coelenterazineはGLucの基質として働かない．糖加水分解酵素β-galactosidase（β-gal.）によって，β-galactoseが外れてcoelenterazineになると，GLucの基質として働き，結果として発光が起こる．Lugal（3.3）は，発光基質がD-luciferin（青色の小球），発光タンパク質がFLucの場合に相当する．

反応性であり，反応後は電子供与能を失う．このためNOとの反応前はBioLeTにより非発光性，反応後はBioLeTが解消され発光性に変わる．H_2O_2プローブSO_3H-APLではD-luciferinに結合している官能基が，BioLeTによる発光抑制だけでなく細胞膜透過性の抑制も兼ねている（3.5）．H_2O_2と反応すると，この官能基が離脱しD-luciferin骨格がフリーになるため，発光能獲得と細胞膜透過性上昇が同時に起こる．D-luciferinが結果として細胞中のFLucに触媒された発光が観察される．

おわりに

QYの改善に関しては，NLucベースのFRETによる発光タンパク質の完成度が高くこれ以上大幅に改善する余地がないほどである．発光タンパク質と基質の親和性K_m，代謝回転速度k_{cat}，酵素の安定性に関しては改善の余地はあるかもしれない．発光タンパク質の改変は地道で時間のかかる作業である．革新的なスクリーニング手法，構造解析や分子動力学シミュレーションの精度上昇で作業効率は格段に上がる可能性がある．発光基質ベースの長波長化やプローブ開発もまだ開発の余地がある．しかし前述の通り，新規に開発した発光基質アナログの場合，酵素活性が落ちて発光量が小さくなる場合が多い．NLuc，teLuc，yeLuc，AkaLucの例を振り返ると，発光基質アナログの開発は，発光タンパク質の最適化とあわせて行うのが理想的である．また，いまだに発光タンパク質・発光基質のどちらか，あるいは両方ともに同定されていない発光生物も知られている．そのような発光生物の分子機構は新たな局面が生まれる可能性が高い．発光生物の進化を辿り，非発光生物から発光タンパク質・発光基質（あるいはそれらのアナログ）を発見したり，非発光性タンパク質（酵素）を分子進化で発光タンパク質化する可能性も否定できない．多角的なアプローチから一層の発展が期待できる．

発光イメージングに留まらず，近年，光操作の刺激光としても発光が応用されている．発光で駆動されるべく発光タンパク質をチャネルロドプシンに融合したluminopsins[7]，LOVタンパク質に融合したSPARK2[8]が相当する．これらはその非侵襲性の高さから，刺激光の届かない個体深部に対し光操作するための有効な手段となるだろう．

◆ 文献

1）「バイオ・ケミルミネセンスハンドブック」（今井一洋，近江谷克裕/著），丸善，2006
2）Ward WW & Cormier MJ：J Biol Chem, 254：781-788, 1979
3）Ward WW & Cormier MJ：J Phys Chem Lett, 80：2289-2291, 1976
4）Nagai T, et al：Proc Natl Acad Sci U S A, 101：10554-10559, 2004
5）Baird GS, et al：Proc Natl Acad Sci U S A, 96：11241-11246, 1999
6）Komatsu N, et al：Mol Biol Cell, 22：4647-4656, 2011
7）Park SY, et al：J Neurosci Res：doi:10.1002/jnr.24152, 2017
8）Kim CK, et al：Elife, 8：doi:10.7554/eLife.43826, 2019
9）Loening AM, et al：Protein Eng Des Sel, 19：391-400, 2006
10）Loening AM, et al：Nat Methods, 4：641-643, 2007
11）Saito K, et al：Nat Commun, 3：1262, 2012
12）Takai A, et al：Proc Natl Acad Sci U S A, 112：4352-4356, 2015
13）Rumyantsev KA, et al：Sci Rep, 6：36588, 2016
14）Hall MP, et al：ACS Chem Biol, 7：1848-1857, 2012
15）Schaub FX, et al：Cancer Res, 75：5023-5033, 2015
16）Suzuki K, et al：Nat Commun, 7：13718, 2016
17）Chu J, et al：Nat Biotechnol, 34：760-767, 2016
18）Yeh HW, et al：Nat Methods, 14：971-974, 2017
19）Harwood KR, et al：Chem Biol, 18：1649-1657, 2011
20）Mofford DM, et al：J Am Chem Soc, 136：13277-13282, 2014
21）Kojima R, et al：Angew Chem Int Ed Engl, 52：1175-1179, 2013
22）Kuchimaru T, et al：Nat Commun, 7：11856, 2016
23）Iwano S, et al：Science, 359：935-939, 2018
24）Hara-Miyauchi C, et al：Biochem Biophys Res Commun, 419：188-193, 2012
25）Saito K, et al：PLoS One, 5：e9935, 2010
26）Komatsu N, et al：Sci Rep, 8：8984, 2018
27）Zhang LY, et al：J Phys Chem Lett, 4：3897-3902, 2013
28）Yang J, et al：Nat Commun, 7：13268, 2016
29）Inagaki S, et al：Sci Rep, 7：42398, 2017
30）Hessels AM, et al：ACS Chem Biol, 10：2126-2134, 2015
31）Aper SJ, et al：ACS Chem Biol, 11：2854-2864, 2016
32）Hattori M, et al：Proc Natl Acad Sci U S A, 110：9332-9337, 2013
33）Lindberg E, et al：Chem Sci, 4：4395-4400, 2013
34）Lindberg E, et al：Chemistry, 19：14970-14976, 2013
35）Wehrman TS, et al：Nat Methods, 3：295-301, 2006
36）Takakura H, et al：J Am Chem Soc, 137：4010-4013, 2015
37）Kojima R, et al：Angew Chem Int Ed Engl, 54：14768-14771, 2015

プロトコール編

導入と応用

手持ちの顕微鏡を使った細胞発光イメージング

服部　満

実験の目的とポイント

新たな技術を導入する際にネックとなるのは，その初期コストである場合が多い．特に顕微鏡などイメージングに使用する機器は高価であるため，「試しにやってみたい」という理由だけで導入するにはハードルが高すぎる．発光を利用した細胞イメージングに興味をもつ研究者の多くは，すでに顕微鏡を用いた観察を行っている場合が多く，性能に差はあるものの，明視野および蛍光観察用につくられた顕微鏡を所有している場合が大半である．発光標識を用いたとしても顕微鏡による観察の基本的な原理は変わらないため，少しの工夫で発光観察を行うことが可能である．本稿では，手持ちの顕微鏡をどのようにセットアップすれば細胞の発光観察が可能になるか，実際の顕微鏡例をもとに紹介する．

はじめに

発光イメージングをはじめるうえで理解すべきことは，明視野観察や蛍光標識の励起で用いられる光は自然光と比較して格段に強い，という事実である．そのおかげで，室内光程度の自然光が周囲から顕微鏡付近に届いていたとしても，観察像に大きな影響は生じない．一方，発光イメージングで観察する光は微弱であり，自然光の影響を容易に受ける．したがって，顕微鏡全体を遮光することが必須条件であり，手持ちの顕微鏡に施す一番の改良点となる（遮光の方法はプロトコールを参照）．

そのうえで，観察の目的に応じて使う発光タンパク質の種類および撮影の条件が変わってくるため，「何を観たいのか？」をはっきりさせることが重要となる．蛍光は励起光を調整することでそのオンオフおよび強弱を制御できる．一方，発光は自発的な化学反応から生じるため，暗いと思ってもその明るさを高める手段はほとんどない．添加する発光基質は，低濃度であれば濃度に依存した発光の増加がみられるが，高濃度になるにつれその効果は薄れ，逆に基質の細胞への影響も無視できなくなる．では，暗いものは観察できないのか，というとそんなことはない．単純にカメラの露光時間を長くすればよい．蛍光像では長くてもせいぜい数百ミリ秒だが，発光の場合は数十秒～数分露光しなければ観察できないものもある．もちろん光子がカメラ素子に届く量の積算であるため，倍率が高倍になるほど目的の画像を得るための露光時間も長くなる．この露光時間の延長は当然ながら時間分解能を犠牲にする．また動きの速い対象

Mitsuru Hattori（大阪大学産業科学研究所）

においてはその検出が困難になる．したがって，「観察対象は複数の細胞なのか1細胞か？」「1細胞の場合は細胞内構造まで観察したいのか？」「どれくらいの時間分解能を求めるのか？」といった目的に対して，その観察のセットアップがふさわしいのか，見極めが肝心となる．発光の根源は発光タンパク質であり，その種類の選択ももちろん重要である．種類による特徴はレビュー編-4で述べているためここでは説明しないが，発現コンストラクトの準備はすぐにはできないので，あらかじめ個々の特徴を理解した選択が必要である．

まとめると，観察目的に適した「遮光レベル」，「露光時間」，「倍率」，「発光タンパク質の種類」の4点のバランスを考えることが発光イメージングを成功させるコツとなる．

準備

本稿では微弱な発光でも検出が可能なセットアップ例を紹介する．観察対象は生細胞とする．

1．撮像装置・機器類

□ 顕微鏡

市販されている一般の光学顕微鏡を用いる．通常の顕微鏡観察と同様，細胞観察の場合は倒立型が，組織・個体の場合は正立型が観察に向いているが基本はどちらでも細胞での発光観察は可能である．筆者は，倒立型はオリンパス社IX81とIX83を，正立型はオリンパス社BX61WIをベースにそれぞれ構築した経験がある[1)〜3)]．正立型のうち対物レンズの垂直上にカメラが設置されたものは，対物レンズを通った発光がミラーを介さず直接カメラへ届くためロスが少ないという利点がある．倒立型でその構造を実現しているのがオリンパス社LV200である（プロトコール編-2を参照）．なおIX81にはボトムポートがあるため，同様の構造にセットアップすることも可能である．本稿では倒立型のIX83を例として説明する（図1A）．明視野観察用の白色光源および蛍光観察用の光源が備わっている場合は外さずにそのままで使用できるが，オンオフもしくはシャッターの開閉がソフトウェアを通して操作できるものに限る．

□ 暗幕・顕微鏡台

顕微鏡全体を暗幕で覆うことを想定する（図1B）．床から骨組みを組むことで顕微鏡を設置する台ごと暗幕で囲む形，もしくは台の上に骨組みを組んで顕微鏡のみを囲む形のどちらかで準備する（本稿は後者）．蛍光観察を行う際に用いる市販の暗幕の流用でよいが，可能な限り遮光性の高い材質を選ぶ．撮影時は前面を完全に閉じて外部からの光を遮断するため，面ファスナーやファスナーの付いたものが望ましい（図1C）．外部と連結する各種ケーブルは袖を通してまとめて外へ接続する（図1D）．

□ カメラ

高感度でノイズの低いカメラが必須である．これまでは高解像度という点でも発光観察ではEM-CCDカメラが主流であったが，最近のsCMOSカメラは性能が向上しており，ビニング機能などが追加された製品も販売されていることから将来的に発光イメージングに導入できる可能性はある．本稿はEM-CCDカメラとしてiXonシリーズ（Andor Technology社）を使用した例を紹介する．他にはImagEMシリーズ（浜松ホトニクス社）を用いた経験もある．ゲインによる増幅は発光観察では不可欠である．

□ 対物レンズ

微弱な発光を検出するために高開口数（NA）の蛍光観察用対物レンズが望ましいが，ま

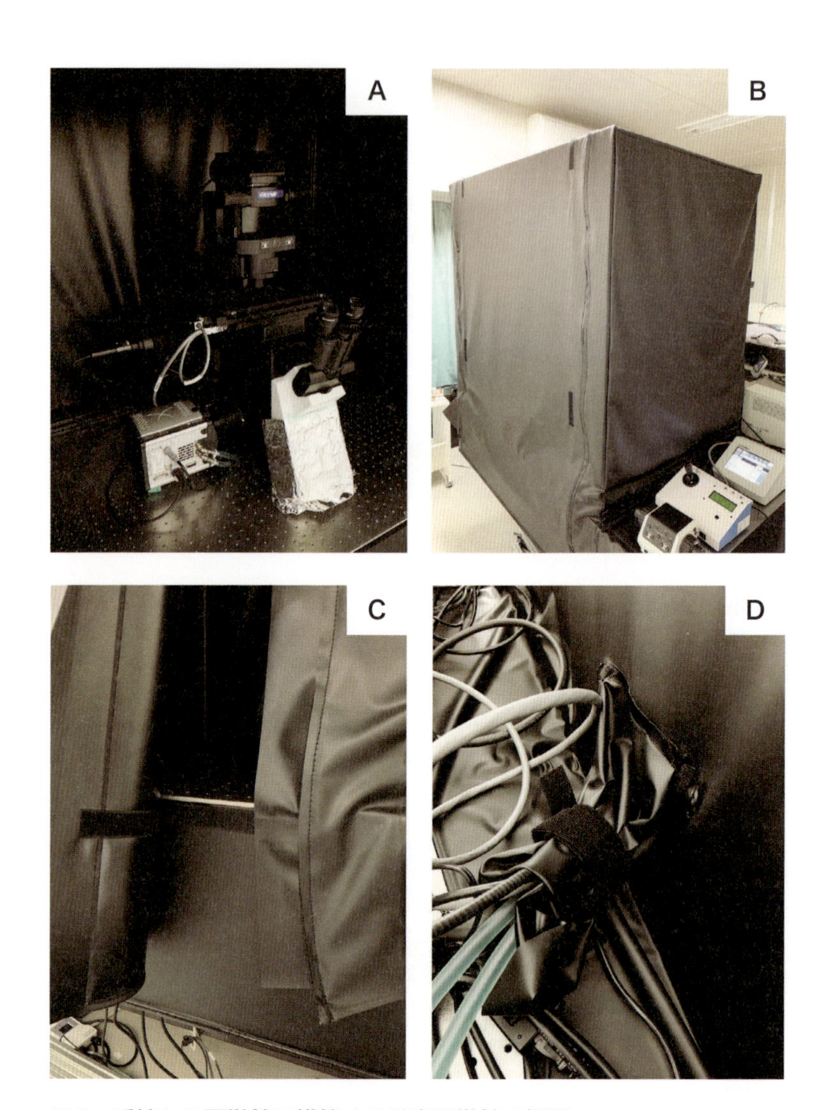

図1　手持ちの顕微鏡で構築する発光顕微鏡の概要

A) オリンパス社IX83顕微鏡を用いた筆者の発光顕微鏡．防振台上に置き，周りを暗幕で囲んである．**B)** 暗幕の全体像．防振台の上に骨組みを立ててその上から遮光シート（塩化ビニール製）を被せてある．顕微鏡とカメラ以外の装置は暗幕の外へ置いており，顕微鏡のリモート操作が可能である．**C)** 暗幕前面．防振台と遮光シートに面ファスナーを貼り，撮影時には密着させて遮光性を高めてある．遮光シートの両サイドはファスナーで開閉させるが，手を中に入れて操作したい場合は布を重ねるような形状の方がよい．**D)** 暗幕裏側．ケーブル類は1カ所にまとめて袖から外に出して接続している．袖自体も縛って光漏れがないようにしている．

ずはお持ちのレンズで試してみるべきである．本稿では細胞内構造観察にはオリンパス社UPlanSAPO100×O（NA 1.40）を，複数の細胞観察にはオリンパス社UPlanSAPO20×（NA 0.75）を用いた．

□ フィルターセット

発光は微弱なため，光のロスを生むミラーやフィルターの使用は避けたいが，波長を分光して複数の発光を観察する場合には必要となる．通常の蛍光観察用のフィルターで十分であるが，蛍光スペクトルと比較して発光スペクトルはブロードであるため，分光が十分にできない場合もある．当然ながら蛍光観察との併用を行う場合もフィルターを準備する．本稿の観察結果ではフィルターは使用していない．

分光が必要ない対象では，フィルターなしの状態で光源のオンオフにより明視野と発光をそれぞれ撮影することが可能である．

□ 観察ステージ

部屋を消灯して暗幕を完全に閉じた状態でなければ観察ができないような微弱な発光の場合には電動ステージが便利である．手動ステージでも観察は可能だが，発光像を観察しながらXY軸を調整する際には，できる限り光が入り込まないように部屋を真っ暗にして暗幕の隙間から手を入れてステージを操作する必要があり，慣れないと非常に時間がかかる作業となる．

□ PC・ソフトウェア

通常の顕微鏡観察でのデータ保存に耐えうるスペックであれば十分である．制御用ソフトウェアは各種光源のオンオフ，カメラの設定，フィルターの切り替えなどの制御ができることが絶対条件である．今回はモレキュラーデバイスジャパン社のMetamorphを使用した．

2. 観察試料，試薬

□ 生細胞

本稿では生細胞を対象とする．ルシフェラーゼを一過的もしくは安定的に発現した細胞を，ガラスベースの観察用ディッシュ上で培養したものを準備する．本稿ではYellow enhanced-NanoLantern (YeNL) を安定発現するHeLa細胞および，Green enhanced-NanoLantern (GeNL) をミトコンドリアに安定発現するHeLa細胞を使用した[4]．

□ 培地

観察時の培地は通常の蛍光観察で用いているものを使用すればよいが，添加する発光基質に影響が少ないものを使用する（よくあるトラブルを参照）．本稿ではHBSS（－）を用いた．発光基質はプロメガ社Furimazineを最終濃度20 μMとなるように調製した．

プロトコール

1. 光漏れの確認（所要時間10分程度）

❶ すべての装置の電源を入れる．

↓

❷ 暗幕内にある装置（顕微鏡，カメラなど）のLED部をすべて消去するかアルミホイルなどで遮光する＊1．

＊1　顕微鏡の設定により装置のLEDを消すことができるものもある．IX83もLEDを消せるが，筆者の場合は装置の作動を確認したいためにアルミホイルで遮光する形をとっている（図2A）．

↓

❸ 光路からの光の漏れがないか確認する（図2B）．照射光のオンオフ方法が物理シャッターなのか，光源内のオンオフによるものかを確認する＊2．

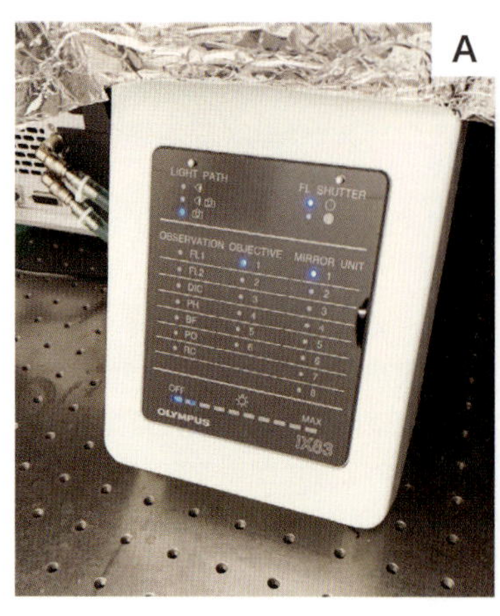

図2　遮光の確認ポイント

A）オリンパス社IX83顕微鏡の前面LED点灯時の様子．筆者はアルミホイルで覆っているが，設定で消灯することも可能．B）顕微鏡光源との接続部分．NDフィルターや絞り部分などから光漏れしていることがあるため，光源をオンにして確認する．C）暗幕用骨組みと防振台との境目を内側から見た様子．骨組みに対して遮光シートの端を余らせて，光漏れを防いでいる（図1B，Cも参照）．

＊2　明視野観察や蛍光観察と同時に行う場合には，照射光の遮断もしくは消光が完了する前にソフトウェアが発光検出を開始してしまい，発光像に照射光が漏れ込むケースがある．完全に照射光が消光したタイミングで画像取得を開始するようにカメラの設定を含めて理解する．

❹ 室内灯を点灯した状態で，暗幕内に頭を入れて外からの光の漏れがないかを確認する＊3．

＊3　布系の暗幕は縫い目に細かい穴が残っている場合がある．裏側から遮光テープなどでふさぐ．シート系の暗幕は開閉の際に前面部分が裂けて隙間が生じることがあるため注意する．顕微鏡台に骨組みを置いて設置した場合は，台と骨組みとの間の隙間を確認する（図2C）．

2. 観察サンプルの準備（所要時間10分程度）

❶ インキュベーターから細胞を培養したディッシュをとり出し，培地を除く．

❷ 最終的な分量の半分～3/4量の観察用培地〔HBSS（−）〕を加える＊4．

＊4　例えば，最終的に1 mLの分量で観察する場合は500 μLを加える．セレンテラジン系ルシフェラーゼの発光反応の場合，発光は発光基質を添加した直後の十数秒がピークであり時間経過とともに減少するため，観察する細胞探しやフォーカスあわせなどに時間がかかると，発光が弱くなってから観察を開始することになり複数のアッセイ間での観察誤差ともなる．観察直前に発光基質を添加することで安定したデータが得られる．

❸ マイクロチューブなどに残りの観察用培地を分注する．発光基質を最終濃度を想定したうえで添加して，観察時に加えられるように準備する．

❹ ステージにディッシュを置き，蓋を外す．

❺ 顕微鏡を明視野観察の設定にして，おおよそのフォーカスと位置をあわせる．

3. 基質の添加，フォーカスの調整（所要時間15～30分）

❶ 顕微鏡撮影の条件を発光用の設定にする．光源はオフ，露光時間は1秒，カメラのゲインは最大にする＊5．

＊5　弱い発光の場合ゲインをかけないと観察は困難である．基本的にはゲインは最大のままで露光時間のみを調節する方があわせやすい．

❷ すべての準備が整ったら，希釈しておいた発光基質を培地に添加する．暗幕の前面を閉じて完全に遮光する．

❸ 露光時間を1秒に設定してライブ画像を取得する．この時点でフォーカスを変えてもぼやけた発光の影すら観察できない場合は，いったん明視野観察に戻してフォーカスをあわせ直した後，再び発光観察の設定にして露光時間を10秒，30秒，1分と長くして撮影を試みる＊6．

＊6　NanoLucやRenillaルシフェラーゼなどの明るいルシフェラーゼの場合は10秒以内で粗くとも観察が可能だが発光の減衰が早いため，時間経過とともに露光時間を長くしないと像が暗くなる．ホタルルシフェラーゼや分割・再構成系のシステムなど暗いルシフェラーゼの場合には「分」オーダーが基本となる．筆者は最大5分露光で観察を行った経験がある[3]．

❹ 発光の白い“影”が確認できたら，フォーカスをあわせる．露光時間が1秒以内の場合はリアルタイムにあわせることができるが，それ以上の場合は撮影と調整をくり返してあわせていく＊7＊8．

＊7　暗い発光の場合は，この作業に一番時間を要する．勘による調整になるため，どれくらいレボルバーを回したらどれくらい対物レンズが動くのかを経験により把握しておく必要がある．

＊8　オートフォーカス機構が付属された顕微鏡があるが，フォーカス位置を測定する際に光線を用いるため発光イメージングには適さない．

❺ 最終的なフォーカス位置を決定した後は，露光時間を変えて撮影してみて，一番明確に像が撮影できる時間を探す．

よくあるトラブル

Q. 何も見えません．

A. 明視野で細胞が確認できている場合，わずかでも発光していれば検出できる可能性がある．ゲインが設定できる場合は最大にする．さらに露光時間を最大5分程度に設定する．たとえフォーカスがずれていても白い影が映るはずである．長時間露光した際の背景のカウントの上がり方が異常な場合（全体が白くなるなど）は，遮光が徹底されているか再度確認する．

Q. 時々，撮影画像にドットやコメットパターンのノイズが入ります．

A. 宇宙線の衝突によるノイズと考えられる．発光観察における長時間露光では必ず付いて回る問題である．ソフトウェアによっては編集作業にて発光シグナルと区別してとり除く機能がある．

Q. 蛍光標識も同時に観察しているのですが，蛍光観察の際に背景が異常に光ります．

A. 発光基質は自家蛍光を生じるため注意が必要である．特に紫〜青色付近の励起光で光るため，Hoechstなどの染色マーカーは使用できない．蛍光との同時観察を検討する場合には波長の長いものを選択する必要がある．

Q. 発光がしだいに弱くなっていくのですが．

A. 特にセレンテラジン系のルシフェラーゼを使用している場合は，発光基質を添加した瞬間が発光のピークであり，そこから十数分〜数十分かけて徐々に発光が低下する．この変化は使用する培地組成によって大きく変わるため，より長時間発光が続く培地を探すことが重要である．血清は発光基質の酸化を促進するため発光の低下を早めることが知られている．

早い反応を追う必要がなく露光時間を長くすることが可能ならば，D-luciferin系のルシフェラーゼを選択して長時間露光で撮影すると，長時間安定して発光が観察できる．

実験系カスタマイズのコツ

発光観察は撮影準備も，撮影自体も時間がかかる．そのため行いたい操作をしやすいセットアップにすることが，快適な観察につながる．たとえコントローラーで暗幕の外から操作したとしても，サンプルの設置などは暗幕を開けて行わなくてはならない．暗幕の開け閉めの頻度は蛍光観察と比較してとても多いので，PCや椅子がある方向に暗幕の開閉部がくるようにしておくと操作がしやすい．

遮光を確認していると，PCのモニターはとても明るいことに気づく．暗幕を少し開けての操作の際にはこのモニターからの光が観察を邪魔することがあるため，モニターの向きも考慮してレイアウトを考える．

実験例

YeNLもしくはGeNLを発現したヒト培養細胞の観察例を図3で紹介する．これらは非常に明るい発光タンパク質であり，発光観察をはじめて行う際には扱いやすい対象である．基本的には観察倍率に比例して露光時間を長くする必要があるが，撮影像が粗く感じる場合は倍率に関係なく思い切って露光時間を長くしてみるとよい．また，発光イメージングを行う際には共焦点観察ができないことにも注意する必要がある．

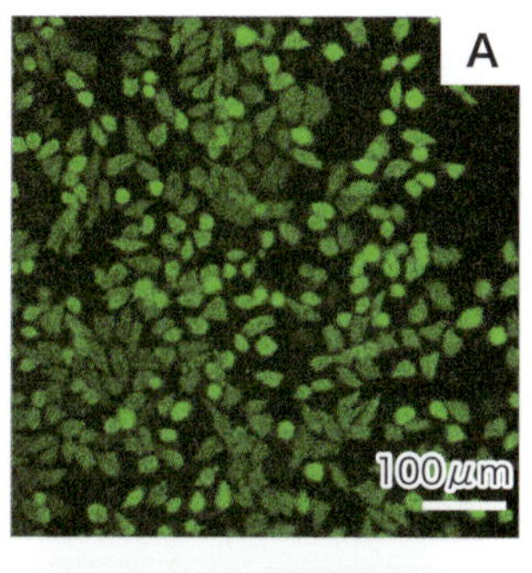

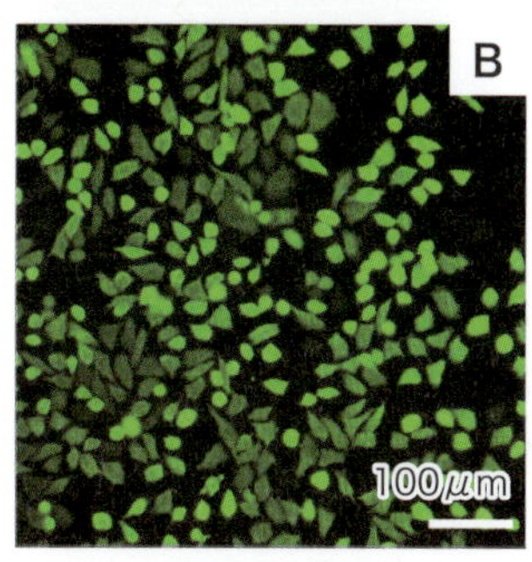

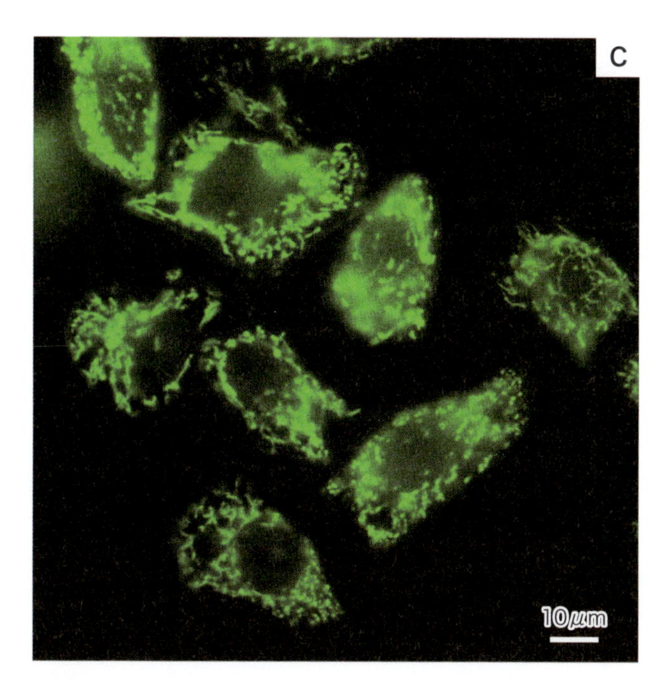

図3　実際の細胞発光イメージング例

A）B） 細胞集団を対象とした例．YeNLを発現するHeLa細胞に対し，発光基質を培地に添加してから10分経過したものを撮影した．露光時間は500ミリ秒（**A**），60秒（**B**）．スケールバーは100 μm．**C）** 1細胞および細胞内構造を対象とした例．GeNLをミトコンドリアに発現するHeLa細胞を撮影した．露光時間は60秒．スケールバーは10 μm．画像は擬似的に配色した．

おわりに

発光観察を試してみたいと思われる方は，「励起光が必要ない」「サンプルの自家蛍光の心配がない」といった利点を観察に求めているからであろう．しかし，発光観察は決して「蛍光観察から励起光を除いたもの」ではない．本稿で説明した通り，観察までにはさまざまな準備が必要であり，発光特有の条件検討は経験しないとわからないことも多い．それらを理解するためにも，本格的な導入の前に手持ちの顕微鏡によって発光観察を体感してみることは重要である．

顕微鏡を通して発光を観察すると，特に蛍光観察に慣れている研究者は「暗い」と感じるかもしれない．しかしながら，生物が自ら発光するという現象に触れることは新鮮であり，その経験から発光の特徴を活かした新たな研究が生まれてくることを期待する．

◆ 文献

1） Hattori M, et al：Anal Chem, 88：6231-6238, 2016
2） Hattori M, et al：Proc Natl Acad Sci U S A, 110：9332-9337, 2013
3） Misawa N, et al：Anal Chem, 82：2552-2560, 2010
4） Suzuki K, et al：Nat Commun, 7：13718, 2016

発光イメージング事はじめ
発光顕微鏡LV200を用いて

鈴木浩文

実験の目的とポイント

細胞レベルでの遺伝子発現調節の解析では，ルシフェラーゼをレポーターとした発光計測によるプロモーターアッセイが行われている．この方法では，細胞集団からの発光量をルミノメーターで計測するため，個々の細胞の挙動はわからない．概日リズムの解析における細胞ごとの時計遺伝子発現周期の同調性をみる場合や，発生や形態形成などの分化過程における細胞の異質性の創出をみる場合などには，イメージングによる1細胞ごとの計測が必要となる．本稿では，ルシフェラーゼを用いた時計遺伝子のプロモーターアッセイのイメージングを事例として，細胞レベルの発光イメージング専用顕微鏡を用いた基本的な操作方法を紹介する．

はじめに

ルシフェラーゼ遺伝子をレポーターとして細胞に導入・発現させて細胞からの発光を観察する場合，ホタルなどの発光生物に比べると，光はきわめて弱く，顕微鏡で細胞が発光しているところを肉眼で確認することはできない．そのため，微弱光イメージングの技術が必要となる．

微弱光のイメージングは高感度カメラの性能によるところが大きく，冷却・低ノイズ型のCCDカメラや電子増倍型のCCD（EM-CCD）カメラが使われている．顕微鏡側では，サンプルからの光を効率よく撮像面に結像させるための工夫がなされている．像の明るさと画質は相反する関係にあり，通常の顕微鏡では画質を優先した設計がなされている．しかし，微弱光イメージングのために画質を犠牲にしてでも明るさを優先させた光学系を採用して開発された発光観察用の顕微鏡がLV200（オリンパス社）である[1) 2)]．さらに，蛍光灯下の通常の実験室でも撮影が可能なように暗箱と，長期間の細胞培養ができるようにCO_2インキュベーターを備えている（図1）．一方，発光（ルシフェリン－ルシフェラーゼ）反応にかかわる試薬やプローブの改良も進み，試薬の面での高輝度化も進んでいる[3) 4)]．

これら高感度カメラ，発光顕微鏡，発光試薬の技術開発により，ルミノメーターによる細胞集団の発光計測から，イメージングによる1細胞レベルでの発光解析が可能となっている．

Hirobumi Suzuki（オリンパス株式会社）

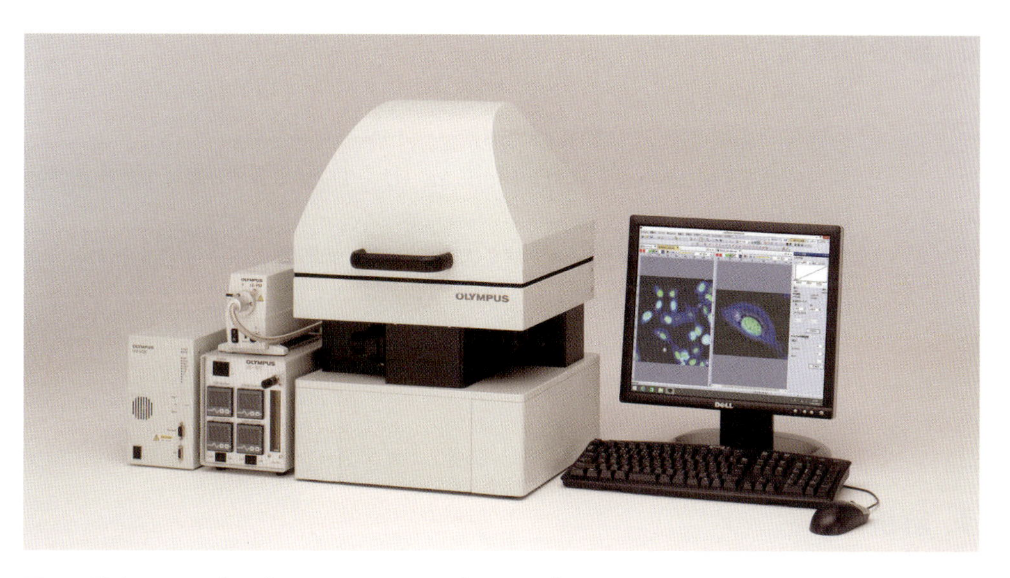

図1　発光イメージングシステムLV200（オリンパス社製）
本体上部の暗箱の中にはCO_2インキュベーターが内蔵．明視野観察用の照明光を励起光として利用することで蛍光観察も可能．

準備

1. 顕微鏡のセットアップ

- □ 発光イメージング用の顕微鏡（オリンパス社，LV200）
- □ 位相差対物レンズ（オリンパス社，UPlanApo 20X）
- □ 位相差リング（オリンパス社，IX-PH2）
- □ シャッター板（オリンパス社，LV200の付属品）
- □ EM-CCDカメラ（浜松ホトニクス社，ImagEM C9100シリーズ）
- □ 顕微鏡の制御・撮像ソフト（オリンパス社，セルセンス）

2. プロモーターベクター

- □ 発光プロモーターベクター（プロメガ社，pGL4.10 [*luc2*] Vector）
- □ 制限酵素サイト（*Kpn* Ⅰと*Nhe* Ⅰ）の入った*Per2* プロモーター領域クローニングのPCRプライマー：5′-gcgGGTACCCAGGTGAATGGAAGTCCCGCA-3′，5′-gcgGCTAGCTCAACCCGCGCGTCTGTCCCT-3′[5)]
- □ マウスゲノムDNA（タカラバイオ社，Z6402N Mouse Genomic DNA）
- □ *Pfu* Turbo DNA polymerase（アジレント・テクノロジー社）
- □ Wizard SV Gel and PCR Clean-up System（プロメガ社）
- □ Wizard Plus SV MiniprepDNA Purification System（プロメガ社）
- □ DNA ligation kit Ver. 2.1（タカラバイオ社）
- □ *Escherichia coli* competent cells, DH5 α（タカラバイオ社）

3. 細胞の準備

- □ 35 mm ガラスボトムディッシュ
- □ NIH 3T3 細胞（ATCC，CRL-1658）
- □ Dulbecco's Modified Eagle's Medium（サーモフィッシャーサイエンティフィック社，DMEM）
- □ OptiMEM（サーモフィッシャーサイエンティフィック社）
- □ Fetal bovine serum（FBS）
- □ FuGene HD transfection reagent（ロシュ・ダイアグノスティックス社）
- □ Beetle luciferin, potassium salt（プロメガ社）：PBSで100 mMとして，濾過滅菌後－20℃で保存
- □ デキサメタゾン（シグマ アルドリッチ社）：エタノールで100 μMとして，－20℃で保存

4. 解析

- □ タイムラプス解析ソフト：TiLIA，次のサイトから無償でダウンロードできる（https://drive.google.com/open?id=0B2o7FRVs2VohMmx2QzBVX3ZDeDA）[6)]

プロトコール

1. 顕微鏡のセットアップ

図1と図2は，それぞれ発光顕微鏡LV200の外観と構成の模式図である．明視野観察の光源はハロゲンランプで，光ファイバーを通してサンプルを照射する．サンプルからの透過光および発光は，対物レンズ，結像レンズを通ってCCD面に結像するような倒立型顕微鏡の構成になっている．照明光の照射部および対物レンズと結像レンズの間には，それぞれフィルターホイール（FW1，FW2）があり，そこにシャッター板やフィルターなどの光学素子を装着できるようになっている．

❶ 対物レンズを装着する[＊1]．

＊1　LV200は結像レンズの焦点距離が通常の1/5と短くなっている．そのため，使用する対物レンズに表示された倍率に0.2を乗じた値がCCD面上での倍率となる．

↓

❷ 位相差リングを上部のフィルターホイール（FW1）に装着する．

↓

❸ シャッター板を上部と下部のフィルターホイール（FW1，FW2）に装着する．

↓

❹ EM-CCDカメラを装着する．

↓

❺ CO_2インキュベーターにCO_2ガスを通し，インキュベーターの水槽に水を張る．

↓

❻ 撮像ソフトで，撮像工程（発光撮像，明視野撮像，それ以外）と上部フィルターホイール（FW1）の位置（素子なし，位相差リング，シャッター板）との対応付けを定義する．

↓

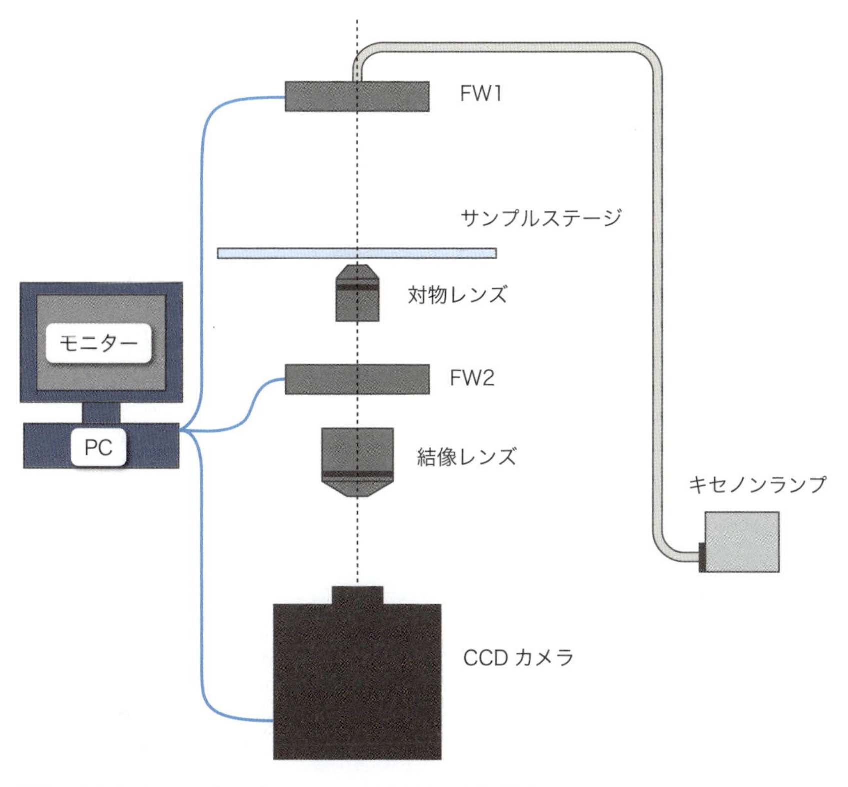

図2　発光イメージングシステムLV200の構成図

❼ 撮像ソフトで，撮像工程（発光撮像，明視野撮像，それ以外）と下部フィルターホイール（FW2）の位置（素子なし，素子なし，シャッター板）との対応付けを定義する．

2. プロモーターベクターの調製

図3は，*Per2*時計遺伝子のプロモーターアッセイのプラスミドベクターである．ベクターの骨格はプロメガ社のpGL4.10［*luc2*］プロモーターベクターで，マルチクローニングサイトに，マウス由来の*Per2*プロモーター領域の一部（約350 bp）[5] を挿入してある．ベクターの構築については，DNAの精製やライゲーションなどの遺伝子工学的な操作については詳細を省き，工程のみを記す．なお，プロメガ社などから市販されているルミノメーター計測用の種々の発光レポーターベクター（特定のプロモーターやエンハンサーが挿入されているもの）をそのまま使用することもできる．

❶ マウスゲノムDNAから，*Per2*プロモーター領域のプライマーを用いて，PCRで増幅する＊2．

＊2　PCRにはDNA合成時のエラーを校正する機能のある*Pfu* Turbo DNA polymeraseなどを使用する．

↓

❷ PCR産物をアガロースゲル電気泳動し，該当するサイズのバンド（約350 bp）を切り出し，Wizard SV Gel and PCR Clean-up Systemで精製する．

↓

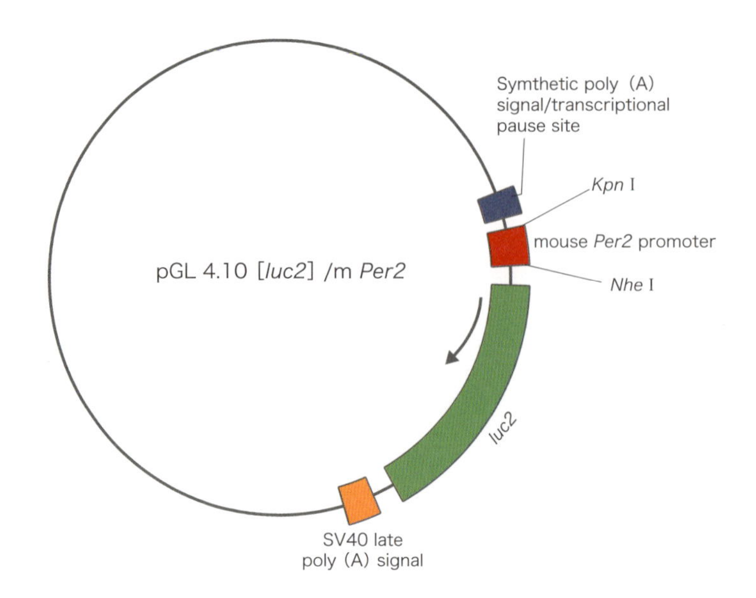

図3　*Per2*時計遺伝子のプロモーターアッセイ用ベクター

プロメガ社のpGL4.10［*luc2*］プロモーターベクターのマルチクローニングサイト（*Kpn* Ⅰ / *Nhe* Ⅰ）にマウス由来の*Per2*プロモーター領域の一部（約350 bp）[5)]が挿入されている.

❸ 精製産物を制限酵素*Kpn* ⅠとNhe Ⅰで消化後，Wizard SV Gel and PCR Clean-up Systemで精製する.

⬇

❹ pGL4.10［*luc2*］ベクターを*Kpn* Ⅰと*Nhe* Ⅰで消化後，アガロースゲル電気泳動し，該当するサイズのバンド（約4.2 kbp）を切り出し，Wizard SV Gel and PCR Clean-up Systemで精製する.

⬇

❺ ❸の精製物5 μLと❹の精製産物2 μLにDNA ligation kitのⅠ液7 μLを加え，16℃で30分間ライゲーション反応させる.

⬇

❻ DH5 αコンピテントセル50 μLに❺の反応溶液を加え，42℃で1分間インキュベーションする.

⬇

❼ 100 μg/mLのアンピシリンを含むLB寒天培地に❻のDH5 α溶液を播種し，37℃で一晩培養する.

⬇

❽ いくつかのコロニーを100 μg/mLのアンピシリンを含むLB培地に個別にピックアップし，37℃で一晩振盪培養する[*3].

> ＊3　ピックアップしたコロニーのプラスミドに*Per2*のプロモーター領域が含まれているかどうかは，*Per2*のプロモータークローニング用のプライマーを用いて，コロニーPCR後，電気泳動で確認しておく.

⬇

❾ 培養した大腸菌からWizard Plus SV MiniprepDNA Purification Systemでプラスミドを精製する.

3. 細胞の準備

❶ 35 mmガラスボトムディッシュを用いて，NIH 3T3細胞を10％ FBSを含むDMEM培地（2 mL）で一晩培養する（37℃）.

❷ ❶の培地を新たに交換する.

❸ OptiMEMに作製したプロモーターベクター 0.5 μgとFuGene HD transfection reagent 2.5 μLを混和し，❷の細胞に添加して遺伝子導入する*4.

*4　遺伝子導入の効率を確認するため，ベクターとFuGeneの量比をあらかじめ検討しておく.

❹ 37℃で一晩培養する.

4. 撮像

❶ 細胞をPBSで洗浄する.

❷ 100 nMデキサメタゾン，10％ FBSを含むDMEMに置換し，37℃で1時間放置する*5.

*5　デキサメタゾン刺激時に細胞がコンフルエントになっていないと，細胞間の時計遺伝子発現の同調がうまくいかないことがある.

❸ 500 μM Beetle luciferin*6，10％ FBSを含むDMEMに置換し，撮像を開始する.

*6　ルシフェリンの濃度は，時計遺伝子の観察のように数日間培養する場合には細胞への影響を考慮して500 μM，通常の一晩培養の場合は1 mMとする.

❹ 明視野光源を入れ，ライブモードで細胞にフォーカスをあわせる*7.

*7　50 m秒程度の露出時間で撮像できる程度に光量を調節する.

❺ 撮像ソフトで撮像条件を設定する（図4）.

カメラゲイン：1倍，EMゲイン：最大，露出時間：発光モードで数十秒～数分撮像後*8，明視野モードで50 m秒程度撮像*9，撮像間隔：30分，撮像時間：3日.

*8　発光撮像の露出時間は，プロモーターの強度に合わせて調整が必要．特に時計遺伝子では発光強度が大きく変動するため，露出オーバーになることがあるので，予備実験が必要である.

*9　CCDカメラのチップ面に強い光が当たり過ぎて電荷の放出が不十分な場合には，次の撮像に残光として影響するので，像の暗い方（発光）から順に撮像する.

❻ 発光，明視野の順に30分間隔で3日間撮像する.

5. 解析

1細胞ごとにプロモーター活性を発光強度の変化として経時的に解析する．通常は，顕微鏡の制御・撮像ソフトウェアに付属している機能を用いて，撮像した画面上に興味領域（Region

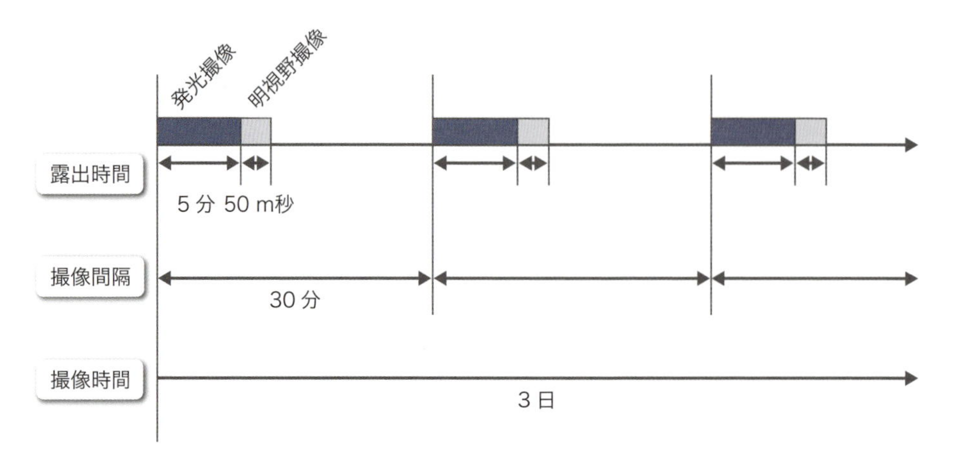

図4　発光と明視野での撮像シークエンス

of Interest, ROI）を設定して，その領域の輝度値を各画像について経時的に読みとることができる．NIH 3T3細胞のように，長期観察で対象細胞が移動する場合には，ROIも細胞に追従していかなければならない．しかし，その機能は高額なオプションであったり，思い通りに追跡してくれない場合が多い．TiLIAは，1コマごとにマニュアル操作でROIを移動させなければならないので煩雑ではあるが，十数個の対象であれば十分追跡は可能である．TiLIAの詳細な操作は付属のマニュアルによるとして，図5にTiLIAの操作画面を示して，解析の工程を記す．

❶ 通し番号が付いた明視野画像と発光画像を同じフォルダーに入れる．

❷ TiLIAを起動し，図5Fのコマンドエリアから Openを選択して，画像ファイルを読み込む[＊10]．

＊10　TIFFのファイルタイプを指定する．

❸ 明視野画像は，図5Cの画像表示調節エリアでSetting Channel 0を指定して読み込む．擬似カラーはグレーを選択する．

❹ 発光画像は，図5Cの画像表示調節エリアでSetting Channel 1を指定して読み込む．緑色や赤色などの擬似カラーを選択する．

❺ それぞれのchannelについて，図5Cの画像表示調節エリアでBrightnessを調節する．

❻ 明視野画像と発光画像は，図5Cの画像表示調節エリアでSelected Channelのチェックボックスを指定することで，重ね合わせたり，それぞれ単独で表示できる．ここではSelected Channelを1（発光画像），図5DのROI設定エリアのShow CHをCH1（発光画像）にしておく．

❼ 図5Eのビデオ操作エリアのスライダーを動かして，取り込んだ画像全体を見て解析する細胞を選定する．

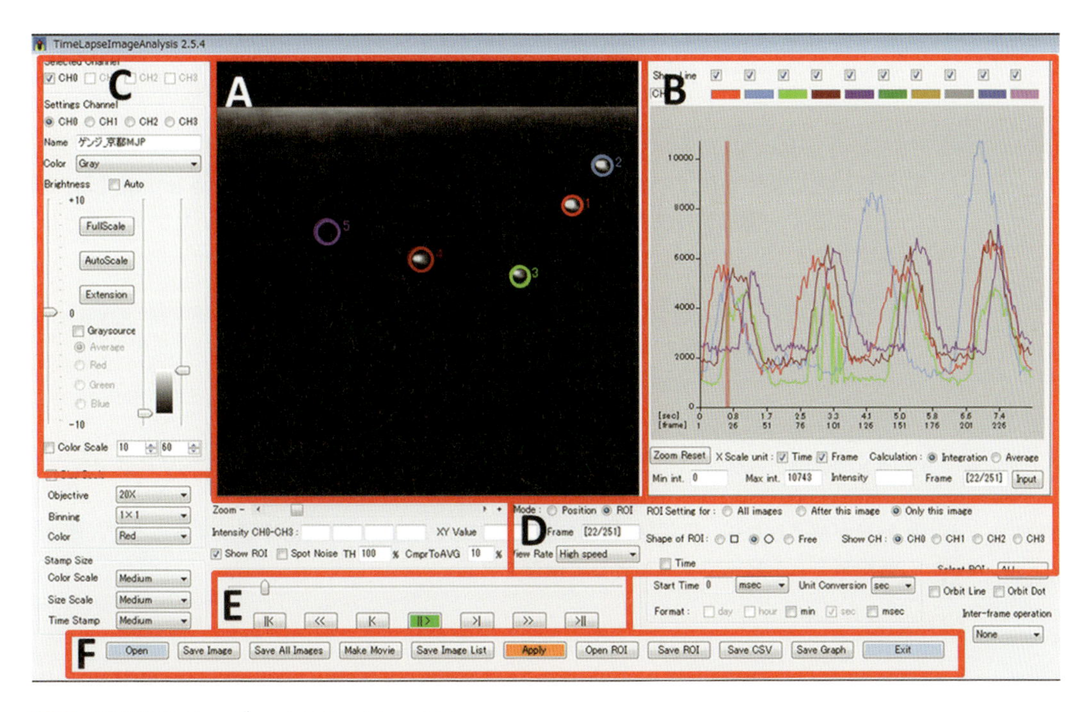

図5　TiLIAのユーザーインターフェイス

A) 画像表示エリア，**B)** データ解析エリア，**C)** 画像表示調節エリア，**D)** ROI設定エリア，**E)** ビデオ操作エリア，**F)** コマンドエリア．文献6より引用．

❽ 最初の画像に戻り，図5DのROI設定エリアで，ROIとAfter this imageの2つのチェックボタンを選択する＊11．

＊11　ROIの形状は図5DのROI設定エリアで丸や四角，フリーハンドを選択できる．

↓

❾ 図5Aの画像表示エリアで，対象細胞にカーソルを当て，左クリックでROIを設定する＊12．

＊12　ROIをとり消す場合は，カーソルでROIを選択後，右クリックで削除する．

↓

❿ 図5Eのビデオ操作エリアのコマ送りボタンで画像を送りながら，ROIが対象細胞から外れてきたら，カーソルでROIを選択して対象細胞を追跡するように移動させる．図5DのROI設定エリアでAfter this imageを選択しているので，ROIを移動したら，それ以降の画像すべてにROIの位置が反映される．前の画像に戻って，そのコマだけのROIの位置を変更する場合は，図5DのROI設定エリアでOnly this imageを選択してROIを移動させる．

↓

⓫ この操作を，いくつかの対象細胞についてくり返す．

↓

⓬ 図5FのコマンドエリアからApplyを選択すると，各ROI内の輝度変化のグラフが図5Bのデータ解析エリアに表示される＊13．

＊13 グラフの縦軸，横軸の調整やトリミングは図5Bのデータ解析エリアの下のボタンである程度操作できる．詳しくは付属のマニュアルを参照．

⓭ 解析の設定条件やROIの位置情報は，図5Fのコマンドエリアから Save Image List を選択することで，画像データと同じフォルダーのなかにoilの拡張子がついたファイルとして保存される[＊14]．

＊14 作業を中断した場合，このoilファイルを再度読み込むことで，中断したところから再開できる．oilファイルは，ROIの追跡操作の間，バックアップのために自動で経時的に保存されているので，不要であれば削除する．

⓮ ROIの輝度データは，図5Fのコマンドエリアから Save CSV を選択しCSV形式で保存する．

⓯ 解析が終了したら，図5Fのコマンドエリアから Make Movie を選択することで，画像と解析結果をムービーファイルとして保存できる．

実験系カスタマイズのコツ

1. カメラ

EM-CCDカメラを推奨しているが，プロモーター活性の強い細胞や，時計遺伝子のように数分間の露出時間でも発現の周期が長いために解析の時間分解能に影響を与えないようであれば，通常の蛍光観察用のCCDカメラやカラーCCDカメラでも発光細胞の撮像は十分可能である[1)2)]．

2. 多色分光観察

発光色の異なるルシフェラーゼ遺伝子をレポーターとして使うことで，蛍光イメージング同様に多色で多項目の発光イメージングが可能である．その場合には，LV200の下部のフィルターホイール（FW2）に発光波長にあわせたフィルターを装着して撮像する．

3. 発光と蛍光の併用観察

LV200は微弱光イメージング仕様であるため，明視野光源を蛍光観察の励起光源として使用し，微弱な蛍光を観察することもできる．その場合には，上部のフィルターホイール（FW1）に蛍光励起用のフィルターを装着し，蛍光波長にあわせたフィルターを下部フィルターホイール（FW2）に装着して撮像する．培養液にはルシフェリンが入っているため，その自家蛍光を考慮したフィルターの選択も必要である[7)]．

実験例

図6は，前述のプロトコールに従ってNIH 3T3細胞に*Per2*プロモーターベクターを導入し

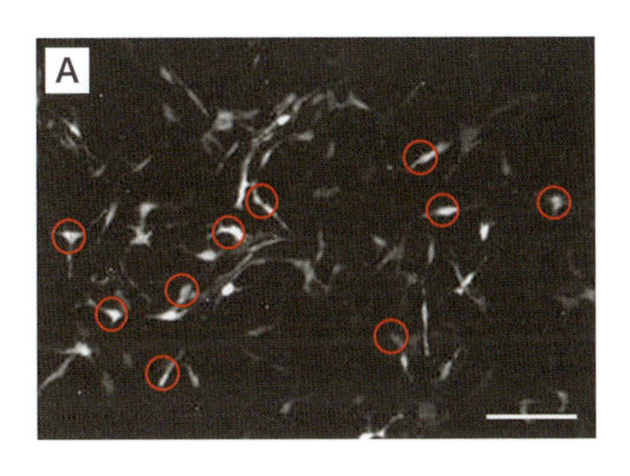

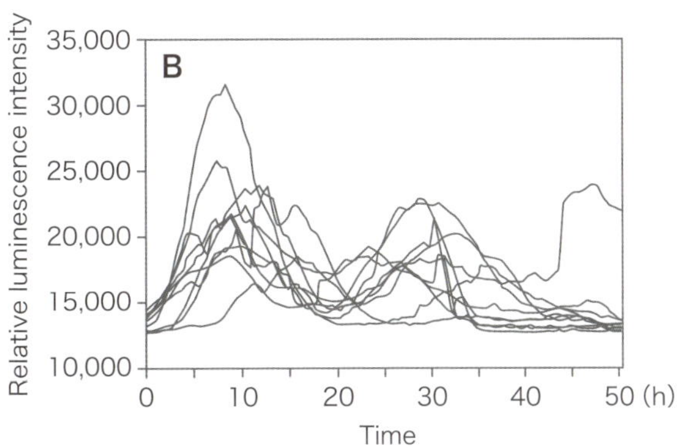

図6　NIH 3T3細胞における*Per2*時計遺伝子の発現解析
A) 発光画像．10個の細胞にROIを設定．撮像条件；顕微鏡：LV200，カメラ：DP30BW，対物レンズ：UPlanApo 20X，カメラゲイン：最大，露出時間：5分，スケールバー：200 μm．**B)** 各ROIの発光強度の経時変化．文献2より引用．

て観察した結果である．図6Aは発光細胞の上に10個のROIを設定したもので，図6Bは各ROIの発光強度の経時変化をグラフ化したものである．個々の細胞と細胞間での発現パターンを比較することができる．通常のCCDカメラ（オリンパス社，DP30BW）で撮像したもので，5分露出であるが，十分撮像できている．

おわりに

これまでルミノメーターで行われていた発光計測は，発光イメージングに最適なカメラ，顕微鏡，発光試薬を選択することで，1細胞レベルでのイメージングと解析が可能になってきており，時計遺伝子の解析[8]以外にも発生[9]，創薬[10]の分野などで使われている．この技術は，これまでの蛍光イメージングを置き換えるのではなく，蛍光イメージングで課題となっている励起光による自家蛍光や光毒性，また，蛍光タンパク質の成熟時間などの制約を解決し，新たな研究領域を開拓していくことと期待している．

◆ 文献

1）Ogoh K, et al：J Microsc, 253：191-197, 2014
2）Suzuki H, et al：「Luminescence An Outlook on the Phenomena and their Applications」(Thirumalai J, ed), pp333-349, IntechOpen, 2016
3）Hall MP, et al：ACS Chem Biol, 7：1848-1857, 2012
4）Takai A, et al：Proc Natl Acad Sci U S A, 112：4352-4356, 2015
5）Okabe T, et al：PLoS One, 9：e109693, 2014
6）Konno J, et al：Ecol Evol, 6：3026-3031, 2016
7）Goda K, et al：Microsc Res Tech, 78：715-722, 2015
8）Yagita K, et al：Proc Natl Acad Sci U S A, 107：3846-3851, 2010
9）Morishita Y, et al：Development, 142：1672-1683, 2015
10）Robers MB, et al：Nat Commun, 6：10091, 2015

3 *In vivo* 発光イメージング

樋口ゆり子

実験の目的とポイント

In vivo 発光イメージングの利点は，生体内で起こる現象を同一個体において経時的に観察できることである．撮影の原理はシンプルで，生体内で起こる現象を発光で観察するためのツール（ルシフェラーゼ発現がん細胞，レポーターアッセイのベクター，基質など），発光を検出する機器（高感度なカメラを備えた *in vivo* イメージング装置，顕微鏡）が揃えば比較的簡単に撮影することができる．*In vivo* イメージング装置では，個体における臓器や組織レベルで，顕微鏡では，マウスの生体における1細胞レベルで，細胞の分布や機能を評価することができる．

本稿では，ルシフェラーゼ発現がん細胞を移植したマウス，ルシフェラーゼ発現ベクターを肝臓に導入したマウスの撮影を例に *in vivo* 発光イメージングのプロトコールを紹介するとともに，実験デザインや画像データ分析において注意すべきポイントをまとめた．

はじめに

生命現象の解明や新たな治療法の開発において，生きた動物の体内における細胞や分子の挙動を経時的に解析できる手法として *in vivo* イメージングは有効である．*In vivo* イメージングには，核磁気共鳴画像法（MRI）や核医学イメージング法（PET，SPECT），蛍光イメージング，発光イメージングなどがある．MRI や PET/SPECT は，生体内部の深部の情報を取得し，巨視的に可視化することに優れている．一方，蛍光・発光イメージングは，空間および時間分解能が比較的高く，細胞や生体分子の動態をリアルタイムで観察できる点がメリットである．

蛍光イメージングは，励起光照射により発光した光を検出するが，発光イメージングは，ルシフェラーゼとルシフェリンに代表されるような，酵素と基質の反応により生じた発光を検出する．したがって，発光イメージングは励起光の照射が不要であるため，自家蛍光によるバックグラウンドの影響はほとんどなく，また，励起光による光毒性の影響を受けやすい細胞の長期観察や，光刺激への干渉の回避ができるためオプトジェネティクスの手法と組合わせた観察において有効である．観察において微弱な光を検出する必要があるため，外部からの光を遮断した空間で，高感度なカメラを用いて，一定時間シャッターを開けたまま撮影する必要がある．したがって，低ノイズの冷却 CCD カメラ，電子増倍型の CCD カメラが用いられる．手持ちの

Yuriko Higuchi（京都大学大学院薬学研究科）

冷却CCDカメラと卓上暗室や暗箱を組合わせて撮影装置を自作することも可能である[1]が，必要な機能を兼ね備えた*in vivo*イメージング装置が，パーキンエルマー社，プライムテック社，ベルトールドジャパン社などから販売されている．また，プロトコール編-2にもあるような発光観察が可能な顕微鏡を用いて，麻酔下の動物の臓器を固定してモーションアーティファクトの抑制をすれば，intravital imagingによる動物の生体内における1細胞レベルの発光解析も可能である．*In vivo*およびintravital imagingのいずれの場合においても，撮影の目的にあわせた麻酔のかけ方，体内動態を考慮した基質の投与経路を選択する必要がある．

*In vivo*発光イメージングのアプリケーションの1つは，細胞の体内動態追跡である．例えば，ルシフェラーゼを恒常的に発現するがん細胞をマウスに移植してがんモデルマウスを作製し，がんの治療効果，がんの転移などの同一マウスにおける経時的な評価が可能になる．この場合，摘出した組織から抽出したルシフェラーゼ活性の定量による細胞数の定量評価と組合わせることも可能である．また，転写調節因子の下流にルシフェラーゼ遺伝子を配したベクターを用いた転写活性の評価などの分子レベルでの細胞機能の評価も可能である．

準備 1

- □ ルシフェラーゼ発現がん細胞
- □ ルシフェリン（発光基質）
- □ PBS，Hanks buffer，生理食塩水など
- □ 30G注射針
- □ シリンジ
- □ 麻酔

プロトコール 1

❶ ルシフェラーゼ発現がん細胞を 1.0×10^4～1.0×10^7 cells/mLになるようにHanks bufferに分散させる．

❷ 100 μLの細胞分散液を30Gのシリンジを使用してマウスの背中に皮下投与する．細胞分散液は，氷上においておく．細胞がチューブの底にたまるので，投与直前に先端を切った1 mLのチップを使用してマイクロピペットでよく撹拌する．

❸ 一定期間，マウスを飼育する．

❹ マウスに麻酔をかける．

❺ PBSに溶かしたルシフェリン（発光基質）をマウスの腹腔内に投与する．

❻ 10～20分程度おいてから撮影する．

準備2

- ☐ Lysis buffer：0.1 M Tris, 0.05％（W/V）Triton X, 2 mM EDTA2Na
- ☐ ピッカジーン
- ☐ 生理食塩水
- ☐ ホモジナイザー
- ☐ チューブ
- ☐ 液体窒素
- ☐ 恒温水槽（37℃）
- ☐ 氷
- ☐ ルミノメーター

プロトコール2

❶ マウスから臓器を摘出し，生理食塩水で表面を洗浄する．

⬇

❷ 水気を切ってから，摘出した臓器の重さを測定する．あらかじめ空のチューブの重さを測定し，臓器を入れてから測定した重さとの差を算出してもよい．

⬇

❸ Lysis bufferを加えて氷上に置く（われわれは，肝臓5 mL/g，その他の臓器4 mL/gを目安にしている）．

⬇

❹ 氷水にチューブをつけて温度上昇を防ぎながらホモジナイザーで臓器を粉砕する．

⬇

❺ 臓器の分散液500 μLを1.5 mLのチューブに移す．

⬇

❻ 液体窒素につけて凍らせた後，すぐに37℃の温水につけて溶かす．このfreeze & thawを3回くり返して細胞を破砕する．

⬇

❼ 4℃で遠心分離する．

⬇

❽ 100 μLのピッカジーンに上清20 μLを加えて，すぐにルミノメーターで測定する．混ぜてから測定までの時間は数秒で十分だが，各チューブにおいて測定までの時間が一定になるようにする．

実験系カスタマイズのコツ

1．発光基質の投与について

1）発光基質の体内動態の影響

各組織における発光基質の濃度によって検出されるシグナルの値は変動するため，*in vivo* 発光イメージングにおいて最も注意すべき点は発光基質の体内動態である．発光基質の投与経路は，主に静脈内投与または腹腔内投与である．一般的に，化合物を静脈内投与すると，血中濃度は投与直後に最高濃度となった後，代謝により急速に低下する．一方，腹腔内投与の場合は，腹腔から徐々に血液中へ移行するため，投与後徐々に血中濃度が上昇し，一定時間最高濃度を保った後，徐々に減少する．最高血中濃度は，静脈内投与の方が高い．Keyaertsらの報告では，ルシフェリンをマウスに尾静脈内投与または腹腔内投与した後，発光イメージングすると一般的な化合物の血中濃度プロファイルから推測されるようなプロファイルになっており，静脈内投与後は5分後に最高値となった後，急速にシグナルが低下するが，腹腔内投与後は，20分ほどで最高値に達して徐々に減少する[2]．したがって，観察したい臓器において発光シグナルがどのようなプロファイルになるのかをあらかじめ評価して，発光シグナルが最大になるように，また安定したシグナルが得られるように，発光基質の投与後から観察までの時間を設定するとよい．また，比較する各個体において観察のタイミングを一定にする．さらに，脳はもともと化合物が分布しにくい臓器ではあるが，ルシフェリンを投与したマウスにおいて，ルシフェリンの組織中の濃度は，脳に比べて肺は2.5倍高いという報告もある[3][4]．したがって，異なる個体において同一臓器の発光シグナルを比較することはできるが，同一個体における異なる臓器間の発光シグナルの比較には注意が必要である．さらに，同一個体でくり返し発光基質を投与して撮影する場合は，体内に残った発光基質が次の撮影に影響しないように，発光基質が体内から代謝・排泄されるのに十分な投与期間をあける必要がある．ルシフェラーゼ活性の定量的な評価が必要であれば，プロトコール2に従って摘出した臓器におけるルシフェラーゼ活性を比較することができる．

2）発光基質の溶解液の選択

発光基質には，ルシフェリン，セレンテラジンなどがよく用いられるが，マウスへの投与にあたっては，生理食塩水やPBSなど生体に影響を及ぼさないような溶媒に溶かす必要がある．20 gほどの体重のマウスに対して，尾静脈内投与では多くても300 μL程度，腹腔内投与では1 mL程度の液量を投与することが可能である．特にセレンテラジンは中性では水溶性が低いため，実験モデル動物に影響を与えない範囲で少量のエタノールなどを用いて溶かすか，可溶化された水溶性セレンテラジンを用いる必要がある．ここまで，発光基質の投与に関する注意事項を述べてきたが，近年，発光基質が不要のベクターシステムの入手が可能である．まだ，小動物個体での報告は少ないが，詳しくは本書発展編-7をご参照いただきたい．

2. その他

1）BRETの利用による高輝度イメージング

高輝度なシグナルを得たい場合は，発光タンパク質と蛍光タンパク質間のエネルギー移動を利用したbioluminescence resonance energy transfer（BRET）プローブを利用する方法もある．本法では，発光基質と反応した発光タンパク質から蛍光タンパク質へエネルギーが移行するため，発光基質を投与して蛍光を検出することになり，時間分解能が高くなる．われわれは，BRETプローブを導入したがん細胞を用いて，無麻酔で動くマウスの背中に移植されたがん細胞を可視化することに成功した[5]．より明るい多色のBRETプローブも開発されている[6]．

2）ハイドロダイナミクス法による肝臓への遺伝子導入

レポーターアッセイのように，発光タンパク質を発現するベクターを使って評価を行う場合，その配列が組込まれたトランスジェニックマウスを確立する必要がある．ただし，例外的に，肝臓の実質細胞への遺伝子導入はハイドロダイナミクス法により，比較的簡単に行うことが可能である．ハイドロダイナミクス法とは，大容量のプラスミドベクター分散液を短時間にマウスの尾静脈から投与する方法で，投与されたプラスミドベクターは一過性の高水圧により肝実質細胞に導入されることが知られている．ハイドロダイナミクス法で投与した後，6～12時間程度の間発現が持続することが知られている[7]．

3）麻酔の選択

麻酔は，同一個体を観察したい期間によって適切に選択する必要がある．長時間同一個体をくり返し撮影する場合は，イソフルランなどの吸入麻酔が便利である．短時間撮影する場合は，三種混合麻酔などの注射麻酔薬でもよい．撮影装置によっては，吸入麻酔と一体型になっている場合もある．麻酔には，それぞれ，呼吸抑制，血圧低下などの影響があるため，実験モデルや目的にあわせて選択する必要がある．また，各所属施設における動物実験の実施に関する規定に従う．

実験例

文献1にある自作のイメージングシステムを用いて，プロトコール1に従って行った実験結果を図1に示す．VenusとRLuc8のBRETを利用した融合タンパク質Nano-lanternまたはRLuc8を発現するがん細胞をマウスの背中に移植してイメージング撮影した．移植した細胞数依存的にシグナルが観察された．図2は，Nano-lanternを発現するプラスミド0.01 μg/gをハイドロダイナミクス法でマウスに投与して6時間後に，1 mgのWSセレンテラジンを0.3 mLの生理食塩水に分散させて腹腔内投与して1時間後に撮影した図である．WSセレンテラジンを投与して約4分後から強いシグナルが認められ，少なくとも1時間後まで続いた．

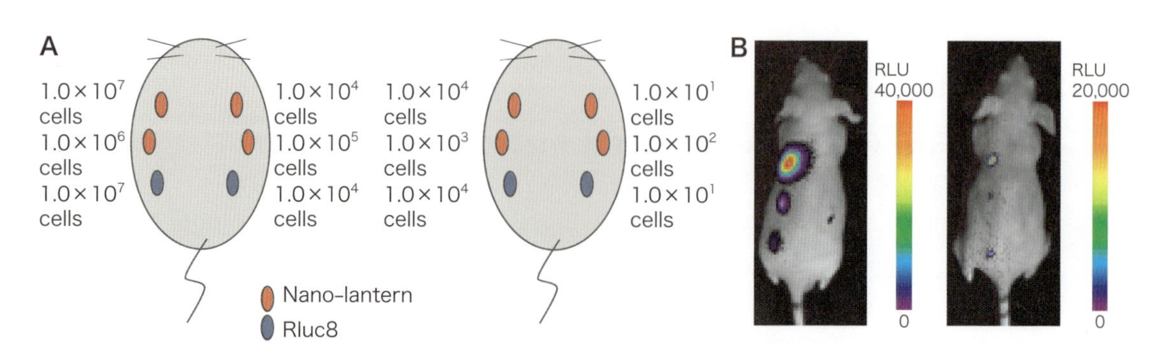

図1　Nano-lanternを発現するがん細胞を移植したマウスのイメージング
文献5をもとに作成.

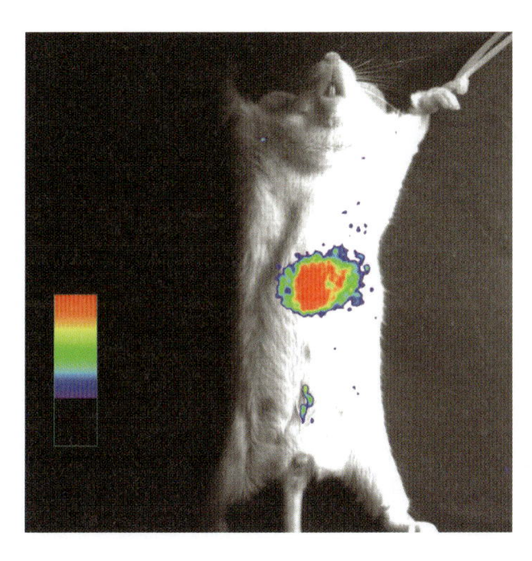

図2　ハイドロダイナミクス法を用いた肝臓への遺伝子導入

おわりに

発光はシグナルが微弱であるが，近年は，発光タンパク質，発光基質や撮影装置の改良により *in vivo* 発光イメージングのアプリケーションが広がった．本稿で紹介したように，小動物の *in vivo* イメージングにおいては，注意すべき点がいくつかあるが，その背景を理解して利用すれば，本法は簡単に生体内のダイナミクスを可視化できる有効な方法である．数あるイメージングの手法のなかでは，発光イメージングは蛍光イメージングと似ているが，励起光を必要としない点で大きく異なる．励起光が隘路となっていた実験系においては，発光イメージングは新たな道を拓く評価法になりえるだろう．

◆ 文献

1） Nagai T, et al : Protocol Exchange, doi:https://doi.org/10.1038/protex.2013.024, 2013
2） Keyaerts M, et al : Eur J Nucl Med Mol Imaging, 35 : 999-1007, 2008
3） Lee KH, et al : Nucl Med Commun, 24 : 1003-1009, 2003
4） Berger F, et al : Eur J Nucl Med Mol Imaging, 35 : 2275-2285, 2008
5） Saito K, et al : Nat Commun, 3 : 1262, 2012
6） Suzuki K, et al : Nat Commun, 7 : 13718, 2016
7） Kobayashi N, et al : J Pharmacol Exp Ther, 297 : 853-860, 2001

4 二分割ルシフェラーゼ再構成法による発光プローブ

吉村英哲，小澤岳昌

実験の目的とポイント

本稿で紹介する実験は，二分割ルシフェラーゼの再構成反応を利用したタンパク質間相互作用，細胞膜中脂質分子産生，および細胞融合の検出を目的としている．また，これら検出法開発のベースとなるルシフェラーゼ二分割断片の探索実験について紹介する．検出実験においてのポイントは二分割ルシフェラーゼを用いたプローブデザインにある．すなわち，検出対象となる相互作用や局在変化などを示すタンパク質や生体分子を決定し，特定のタンパク質に二分割ルシフェラーゼを融合することでプローブとする．このプローブを細胞に発現させることで，ルシフェラーゼ再構成反応により検出対象の発光検出が可能となる．

はじめに

細胞や生体は，さまざまな構成要素が織りなす動的な機能により恒常性を維持している．その実体はタンパク質をはじめとした生体分子であり，分子間の相互作用形成と解離反応や，局在変化などが生体内で起こり，さまざまな生理機能が発現する．これら生体分子間の動的な変化を，生体サンプルを破壊することなく可視化・検出するプローブは，生理機能解析に重要な役割を果たす．蛍光プローブは，こうした分子間の動的変化を可視化するツールとして最も汎用されてきたが，近年ルシフェラーゼを用いた発光プローブも大きな脚光を浴びている．特に，二分割したルシフェラーゼの再構成反応を利用したタンパク質再構成法は，タンパク質間相互作用の検出技術として広く用いられるようになった．

ルシフェラーゼ再構成法は，二分割して酵素活性を失ったルシフェラーゼ断片が，物理的に近接することで再構成反応が生じ，ルシフェラーゼ活性を回復することを利用した手法である．例えば，互いに相互作用する2つの標的タンパク質のそれぞれに二分割したルシフェラーゼ断片を融合する．その標的タンパク質が相互作用することでルシフェラーゼ断片が近接すると，自発的にルシフェラーゼが再構成して発光能を回復する（図1）．この二分割ルシフェラーゼの再構成反応は可逆的であり，数分の反応時間で発光能を回復するという利点がある．ルシフェラーゼの再構成法としては2001年にホタル由来ルシフェラーゼ（Fluc）についてはじめて報告されて以来[1]，鉄道虫由来ルシフェラーゼ（PtGR，Eluc）[2]や深海エビ（トゲオキヒオドシエビ）由来ルシフェラーゼ（Nluc）[3) 4)]などさまざまなルシフェラーゼの二分割体が報告され

Hideaki Yoshimura, Takeaki Ozawa（東京大学大学院理学系研究科）

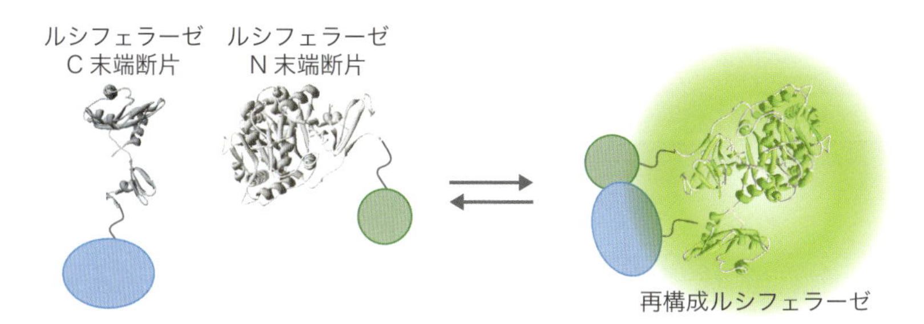

図1　二分割ルシフェラーゼ再構成反応の概略図
ルシフェラーゼ二分割断片は発光能を失うが，融合したタンパク質間の相互作用などでルシフェラーゼ断片が近接すると再構成反応が生じ発光能が回復する．

ている．

本稿ではルシフェラーゼの二分割断片の再構成反応を利用した生体内タンパク質間相互作用の検出プローブの設計と使用法について，筆者らが過去に行った実例に基づいて原理とプロトコールを紹介する．

A. 二分割ルシフェラーゼ再構成法と分割位置の探索[2)]

二分割ルシフェラーゼの再構成に基づくプローブを開発するためには，再構成反応を効率よく生じる二分割ルシフェラーゼ断片を構築する必要がある．分割位置が未知のルシフェラーゼであっても，その配列が切断位置既知のルシフェラーゼと相同性を有することがある．その場合，切断位置既知のルシフェラーゼをもとに，新規ルシフェラーゼの切断位置を絞り込んだうえでスクリーニングすることが可能である．ここではFlucと配列相同性を有するElucの二分割位置探索を行った事例を紹介する．

原理

Elucについて結晶構造は報告されていないが，相同タンパク質であるFlucについては結晶構造が報告されており，かつ1～416番アミノ酸からなるN末端断片と398～550番アミノ酸からなるC末端断片が効率よく再構成することが知られている．そこでElucとFlucの配列アラインメントをとり，Flucの分割位置にあたる領域近辺を探索することで，Elucの分割位置をスクリーニングする．すなわち，ElucのN末端断片（ElucN）の候補として1番から406～417番アミノ酸 の12通り，C末端断片（ElucC）の候補として389～413から542番アミノ酸の25通りを選んだ（図2上）．

作製した二分割断片候補のなかからより高効率で再構成反応を起こすプローブペアを選抜するため，N末端断片にはFKBPを，C末端断片にはFRBを融合した発現系を構築する．FKBPとFRBはラパマイシンを添加することでヘテロ二量体を形成するタンパク質である．すなわち，ラパマイシンを添加することでFKBPとFRBが二量体化し，2つのEluc断片が近接する．その結果Elucの再構成が誘導され，発光を生じる（図2）．

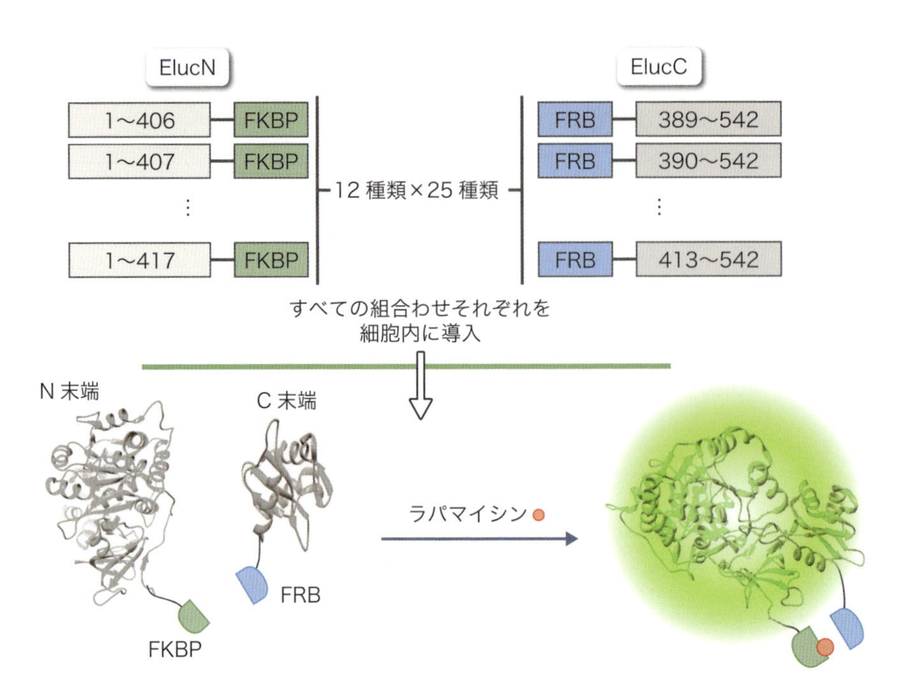

図2　Eluc二分割切断位置のスクリーニング

Eluc二分割断片候補にFKBPとFRBを結合する．この遺伝子を細胞に導入・発現，ラパマイシンを添加することでFKBPとFRBがヘテロ二量体を形成する．その際生じる再構成Elucの発光を測定することでより再構成能の高い二分割断片を選抜する．

作製したElucN-FKBP候補発現ベクターとFRB-ElucC候補発現ベクターのうち1つずつを培養細胞に導入し共発現させる．この細胞培養液にラパマイシンを添加し，その前後の発光値を比較する．発光測定の結果をもとに，発光値の比が最も大きくなる組合わせを選抜する．

プロトコールA

❶ ElucN-FKBP候補の遺伝子を組み込んだpcDNA3.1/myc-His（B）ベクター12種およびFRB-ElucC遺伝子を組み込んだpcDNA4/V5-His（B）ベクター25種を作製する．

↓

❷ 96-wellマイクロタイタープレート上でHEK293細胞を培養し，TransIT-LT1を用いて前述ElucNおよびElucC候補の発現ベクターペアをHEK293細胞に導入する．

↓

❸ 培地に1.0 μMのラパマイシンを添加し，1日培養を継続する．

↓

❹ Emerald Luc Luciferase Assay Reagent（東洋紡社）を100 μL/wellの割合で加え，96-wellマイクロプレートリーダーを用いて発光測定を行い発光値の高いものを選抜する．

B. Gタンパク質共役型受容体とβアレスチンの相互作用検出[2)]

Gタンパク質共役型受容体（GPCR）はN末端を細胞外に，C末端を細胞内に露出している7回細胞膜貫通型受容体であり，重要な創薬のターゲットである．GPCRは活性化するとC末端領域にβアレスチンが結合する．すなわち，GPCRとβアレスチンの相互作用はGPCR活性の指標となる．ここではGPCR活性評価系として開発された，二分割ルシフェラーゼ再構成法を用いたGPCR-βアレスチン相互作用検出系を紹介する．

原理

本プローブはGPCRの1つソマトスタチン受容体（SSTR2）を採用した．βアレスチンとの相互作用を発光検出するため，SSTR2の細胞質側であるC末端にElucのC末端断片を，βアレスチンのN末端にElucのN末端断片を結合したものである（図3）．βアレスチンのN末端にEluc断片を融合した理由は，βアレスチンのC末端はGPCRとの相互作用に重要であることが知られておりEluc断片の付加によるGPCRへの相互作用の阻害を回避するためである．Eluc断片とSSTR2およびβアレスチンとの間はそれぞれ21アミノ酸および7アミノ酸からなる（Gly-Gly-Gly-Gly-Asn）$_n$ リンカーにて結合した．

SSTR2が外部刺激を感知すると，そのC末端断片にβアレスチンが結合する．すると2つのEluc断片が互いに近接することで再構成する．すなわち，再構成Elucの発光を発光プレートリーダーや発光顕微鏡で測定・観察することでSSTR2の活性を評価できる．またElucの再構成反応は可逆性であるため，SSTR2活性の経時変化を追跡することも可能である[5)]．またC末

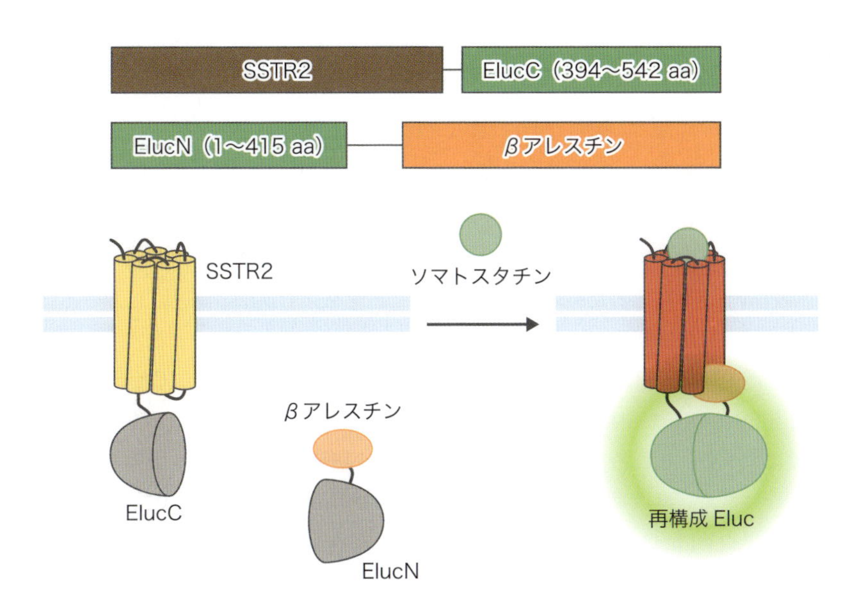

図3　GPCRの1つであるSSTR2の活性評価系
SSTR2のC末端（細胞質側）にElucCを，活性化したSSTR2と相互作用するβアレスチンにElucNを融合したものを細胞内に発現する．SSTR2が活性化するとβアレスチンとの相互作用によりEluc断片が近接し再構成することで発光を示す．

端を細胞質に向けた7回膜貫通構造はGPCRに共通の特徴であり，本プローブデザインは他のGPCRにも適用可能である．

プロトコールB

❶ SSTR2-ElucC遺伝子を組み込んだpcDNA4/V5-His（B）ベクターおよびElucN-βアレスチン遺伝子を組み込んだpcDNA3.1/myc-His（B）ベクターを作製し，遺伝子導入試薬TransIT-LT1を用いてHEK293細胞に導入する．

↓

❷ この細胞にG418とZeocinを用いて薬剤選択を行い，SSTR2-ElucCおよびElucN-βアレスチンの安定発現株を作製する．

↓

❸ SSTR2の外部刺激への応答性を高めるため血清飢餓状態（DMEM 1％ FBS）に置き，35 mm 細胞培養ディッシュ上で20〜24時間培養する．

↓

❹ 培地に最終濃度10 mMのD-luciferinを添加し，30分間培養を継続する．

↓

❺ この細胞の培養液に100 nMのソマトスタチンを加え，発光顕微鏡を用いて観察する．

C. 細胞膜上PIP_3産生の可視化検出[6)]

ホスファチジルイノシトール（3, 4, 5）三リン酸（PIP_3）は細胞膜の内膜に存在する脂質分子であり，さまざまなシグナル伝達反応のプラットフォームを提供する．ここでは二分割ルシフェラーゼ再構成法と，PIP_3に特異的に結合するpleckstrin homology（PH）ドメインタンパク質を利用して，PIP_3産生の発光イメージングを行った実例を紹介する．

原理

二分割ルシフェラーゼ再構成を利用したPIP_3プローブを作製するにあたり，PIP_3に対して高い結合特異性を有するGPR1由来PHドメインをPIP_3認識ツールとして利用する（図4）．PIP_3への結合能を高めるためにこのPHドメインをタンデムに2つ連結し，さらに二分割ルシフェラーゼのC末端断片（LucC）を融合したもの（PP-LucC）を作製する．一方ルシフェラーゼN末端断片（LucN）にはKRas由来の細胞膜アンカーモチーフ（CAAXモチーフ）を融合する（LucN-pm）．CAAXモチーフは細胞内で翻訳後修飾を受け，ファルネシル化することで細胞膜にアンカーされる．PIP_3産生前は，LucNは細胞膜に，LucCは細胞質に局在することで近接しないため，再構成反応は生じない．一方PIP_3が産生すると，PHドメインがPIP_3に結合することでPH-LucCが細胞膜へと移行する．その結果LucNとLucCが近接することで再構成反応が起こり，発光が生じる．

本プローブの評価には，血小板由来成長因子受容体（PDGFR）を安定発現したCHO-K1細胞を用いた．PDGF刺激を加えることでPDGFRを通じてPI3Kが活性化し，PIP_3の産生が誘導される．その際生じる発光を観察する．

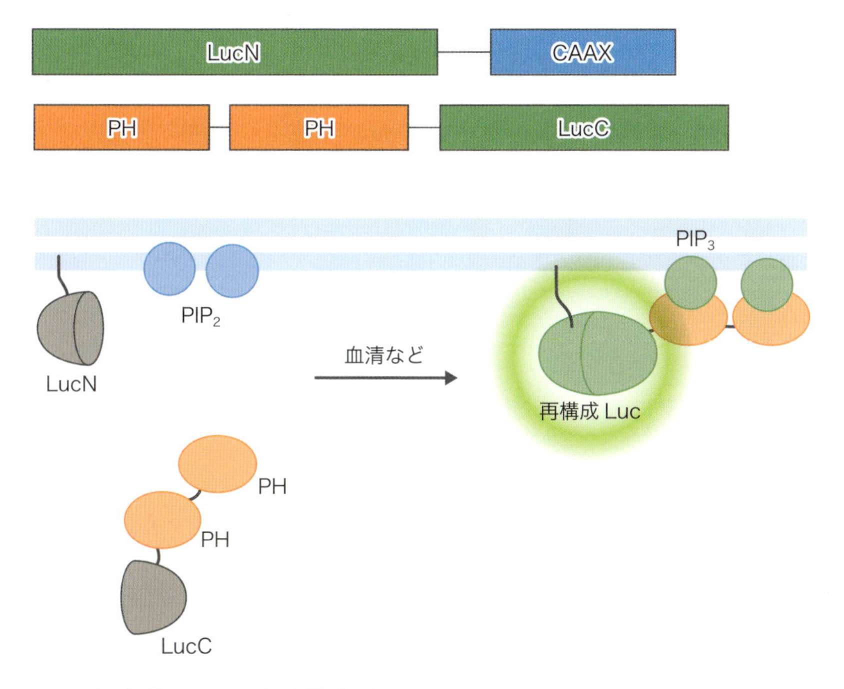

図4　細胞膜中のPIP_3産生検出系
CAAXモチーフを利用してLucNを細胞膜にアンカーする．LucCにはPIP_3に特異性のあるPHドメインが融合しており，PIP_3の産生により細胞膜移行することでルシフェラーゼ再構成が誘起する．

プロトコールC

❶ PP-LucC遺伝子をpcDNA3.1/myc-His（B）ベクターに組み込んだもの，およびLucN-pm遺伝子をpUB/V5-His（B）ベクターに組み込んだものをプローブ発現ベクターとして作製する．

⇩

❷ これらの発現ベクターを，Lipofectamin LTXを用いてPDGFR安定発現CHO-K1細胞株に導入する．

⇩

❸ 遺伝子導入した細胞をG418（1.2 mg/mL）およびblasticidin HCl（10 μg/mL）を用いて薬剤選択を行い，プローブペアが共発現している細胞を選抜する．

⇩

❹ 得られた細胞は10％ FBS含有DMDM/Ham's F12（高グルコース）培地で培養する．

⇩

❺ この培地を観察の3時間前にFBS不含のものに交換し血清飢餓状態に置く．

⇩

❻ 観察1時間前には最終濃度5 mMになるようにD-luciferinを培地に添加する．

⇩

❼ 観察直前に最終濃度10％になるようFBSを刺激として添加し，発光顕微鏡を用いて観察する．

D. 二分割ルシフェラーゼ再構成反応を利用した細胞融合の検出[7)]

筋芽細胞は分化し筋細胞に変化する際細胞融合を起こし，筋繊維を形成する．筋繊維形成を誘導するような薬剤は疾患による筋力低下などに対する回復薬候補物質として有用であり，したがって細胞融合検出の可視化検出法が求められている．ここでは筋芽細胞株C2C12細胞の分化により生じる細胞融合を二分割ルシフェラーゼ再構成で可視化検出した手法を紹介する．

原理

2つの細胞が融合すると，これらの細胞由来の細胞質が一体となりその成分の混合が生じる（図5）．すなわち自発的再構成を起こす二分割ルシフェラーゼの断片それぞれを2つの細胞内に発現させておけば，細胞融合が生じた際に2種のルシフェラーゼ断片が混合し再構成により発光能を回復する．二分割ルシフェラーゼの自発的再構成を起こすために，タンパク質スプライシング法を採用した[8)]．タンパク質スプライシング法は，インテインを利用することで，2つのタンパク質間で自発的に組換え反応を誘起する手法である．すなわち，シアノバクテリア由来の分割インテインDnaEnとDnaEcをそれぞれルシフェラーゼN末端断片およびC末端断片とそれぞれ融合する（FlucN-DnaEnおよびDnaEc-FlucC）．この2つの分子が共存すると，DnaEn，DnaEc間でタンパク質スプライシング反応が生じ，全長のFlucが形成される．

FlucN-DnaEnを安定発現したC2C12細胞（N-Cell）およびDnaEc-FlucCを安定発現した

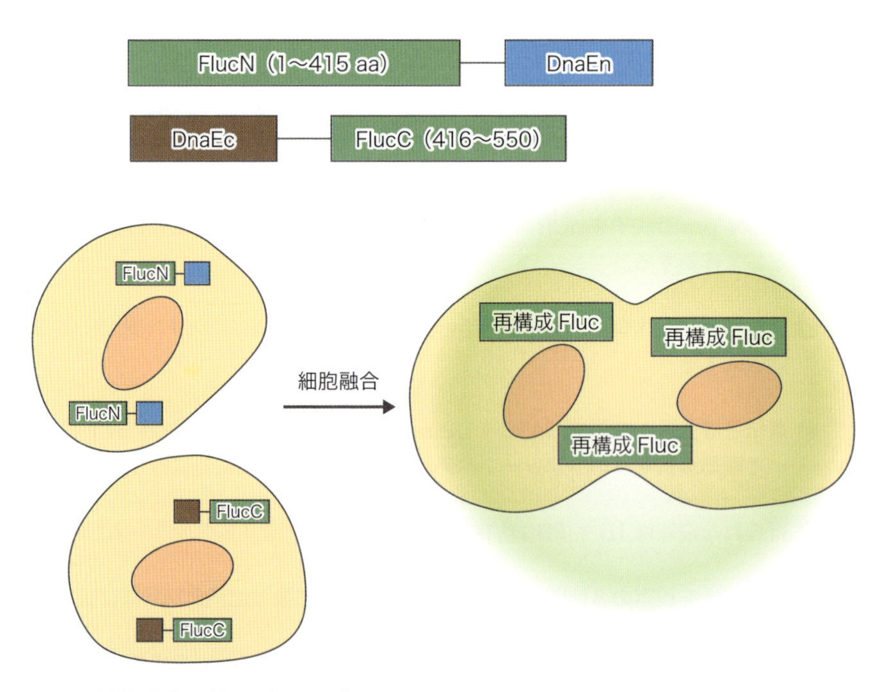

図5 細胞融合の検出プローブ

1つの細胞にFlucN-DnaEnまたはDnaEc-FlucCが発現している．この2つの細胞が融合すると，細胞質に2つのプローブ分子が共存することでタンパク質スプライシング反応が起き，再構成Flucが産生する．

C2C12細胞（C-Cell）をそれぞれ構築する．そして構築したN-CellおよびC-Cellを共培養する．この状態では2種のルシフェラーゼ断片が同一細胞内に共存することはないので，発光は示さない．ここに筋繊維への分化を誘導する薬剤を添加すると，隣接するN-CellとC-Cellの間で細胞融合が進行する．すると，融合した細胞内でN末端断片プローブとC末端断片プローブが混合する．その結果タンパク質スプライシング反応によるFlucの再構成が起こり，発光を示すようになる．

プロトコールD

❶ FlucNとDnaEnを融合した遺伝子およびDnaEcとFlucCを融合した遺伝子をそれぞれpMXs-IRES-Puroレトロウイルス発現ベクターに組込む．

↓

❷ このベクターをPlatinum-Aレトロウイルスパッケージング細胞に導入する．

↓

❸ 遺伝子導入から48時間後に，産生したウイルスを含む培養液を分取し，－30℃にて保存する．

↓

❹ C2C12細胞は1.5×10^5細胞/ディッシュの初期密度で10 cm細胞培養ディッシュ上10％FBS含有DMEM中で培養する．

↓

❺ 培養開始から1日後に前述ウイルス含有培養液を0.5 mL加える．

↓

❻ 10％FBS，100 unit/mLペニシリン，100 μg/mLストレプトマイシン，2.5 μg/mLピューロマイシン含有DMEM中で培養し，70％コンフルエントになるごとに継代することを三度くり返す．

↓

❼ 得られた細胞を4.0×10^5細胞/ディッシュの密度で3.5 mmプラスチックディッシュ上で培養する．

↓

❽ 2日間培養し，コンフルエントに達したところで，培地を1％ウマ血清含有DMEMに交換する．この低血清培地への交換により，細胞増殖が抑制され筋細胞への分化を誘導する．

↓

❾ その後8日間にわたってルミノメーターや発光顕微鏡を用いて発光を測定・観察する．測定の間は2日ごとに培地交換を行う．

おわりに：まとめと展望

本稿では二分割ルシフェラーゼの再構成反応を利用したタンパク質間相互作用の可視化検出および細胞融合の検出法について，実例に基づいて原理と手法を紹介した．これまで二分割ルシフェラーゼ再構成法は薬剤スクリーニングなど発光測定を通じた用途が主であったが，顕微鏡技術の向上につれてイメージングを利用した解析にも用いられつつある．特に二分割ルシフェラーゼを用いた再構成法に基づく手法は蛍光タンパク質再構成と異なり退色しないこと，再構成速度が速いこと，再構成反応が可逆であることなどの利点がある．今後生体サンプル内における，長時間にわたるタンパク質間相互作用の形成・解離の追跡などの用途で，二分割ルシフェラーゼ再構成を用いた発光イメージングが利用されていくであろう．

◆ 文献

1） Ozawa T, et al：Anal Chem, 73：5866-5874, 2001
2） Misawa N & Takeuchi S：J Micromech Microeng, 19：115032, 2009
3） Oh-Hashi K, et al：Cell Biochem Funct, 34：497-504, 2016
4） Verhoef LG, et al：Biochim Biophys Acta, 1863：284-292, 2016
5） Hattori M, et al：Mol Biosyst, 9：957-964, 2013
6） Yang L, et al：Anal Chem, 85：11352-11359, 2013
7） Li Q, et al：Analyst, 143：3472-3480, 2018
8） Kanno A, et al：Angew Chem Int Ed Engl, 46：7595-7599, 2007

5 機能性セレンテラジンを用いた発光検出

蓑島維文，菊地和也

実験の目的とポイント

発光イメージングのなかでも，セレンテラジンを基質とした海洋生物由来のルシフェラーゼは発光に補因子（ATP）を必要としない特徴を有する．セレンテラジンは水溶液中では酸素と徐々に反応し分解していくため，化学修飾により構造の一部をマスクすることで，セレンテラジンの化学的安定性の向上が試みられている．特に，修飾部位に酵素基質を導入した機能性セレンテラジンは，特定の酵素活性に応答してルシフェラーゼの基質として作用し，発光過程を制御することが可能である．本稿では，近年当研究室で開発した機能性セレンテラジン誘導体を用い，複数の酵素レポーターが働いている細胞を発光検出する手法について紹介する．

はじめに

発光イメージングは生物学研究において遺伝子発現，タンパク質間相互作用，シグナル伝達を理解するためのレポーターとして幅広く利用されている．発光イメージングはD-luciferinを基質としたホタルルシフェラーゼ（Firefly Luciferase：FLuc）を用いる系とセレンテラジンを基質とした海洋生物由来のルシフェラーゼ〔Renilla Luciferase（RLuc），Gaussia Luciferase（GLuc）*1 [1]，NanoLuc[2] など〕を用いる系に分類される．FLucでは発光の補因子として細胞内のATPを必要とするが，後者のセレンテラジンを発光基質として用いる系では必要としない．そのため，細胞内の代謝状態に依存することなく発光検出・イメージングが可能である．

セレンテラジンの化学的安定性は低く，水溶液中で酸素と徐々に反応し，微弱な発光を伴いながら分解していく．37℃における半減期は15分程度といわれており，血清アルブミンおよびその他の内在性タンパク質存在下では，さらに低下する．分解によって生じる発光はバックグラウンドシグナルとなりえるため，イメージングにおけるコントラスト低下をもたらす．この欠点を克服するために，セレンテラジンの誘導体化の一例として，細胞内エステラーゼ，リパーゼなどで分解されるアセチル基で保護された基質を導入することで分解を抑え，半減期を長くする試みがなされている*2 [3]．しかし，エステラーゼはほとんどの細胞で恒常的に発現しているため，標的細胞以外で望ましくない非選択的切断が起こり，バックグラウンドシグナルとなる可能性がある．また，エステラーゼの活性は細胞種ごとに異なるため，細胞株による結果のばらつきが懸念される．

Masafumi Minoshima[1]，Kazuya Kikuchi[1) 2)]（大阪大学工学研究科[1]，免疫学フロンティア研究センター[2]）

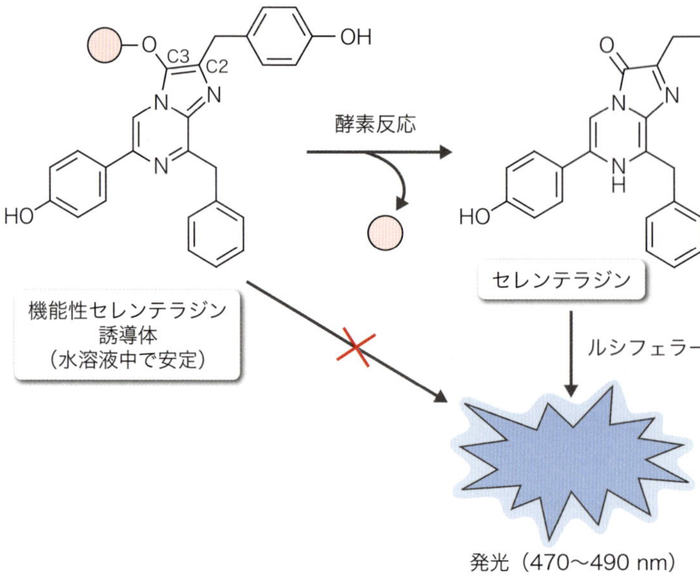

図1　機能性セレンテラジン誘導体による発光イメージングの概略

酵素基質を導入したセレンテラジン誘導体は水溶液中で安定に存在する．酵素との反応により基質が切断されるとセレンテラジンが産生し，ルシフェラーゼと反応し発光を示す．

そこで，われわれはレポーターとなる酵素反応に応答して発光するセレンテラジン誘導体の開発に取り組んだ．セレンテラジンの構造において，イミダゾピリジン環のC2位，C3位は酸素との反応点となる部位であり，ここを保護することで安定性が向上するものと考えられる．そこで，われわれはC3位に標的酵素によって切断可能な保護基を導入したセレンテラジン誘導体を設計した[4)]．この誘導体は標的酵素と出会うまでは保護された基質として緩衝液や細胞培養液中で安定に存在するが，標的酵素と反応することでセレンテラジンが産生し，ルシフェラーゼの基質として働き発光が起こるものと期待される（図1）．

今回は標的酵素として，レポーター遺伝子として広く用いられる酵素，β-ガラクトシダーゼ[*3]を選択した．β-ガラクトシダーゼの基質であるガラクトースをセレンテラジンに直接，あるいは自己分解性のリンカー[*4]を介して結合させた誘導体（bGalCoel，bGalNoCoel）を合成した．反応性を評価したところ，自己分解性のリンカーを介したもの（bGalNoCoel）の方が，基質である糖部分に酵素がアクセスしやすく，優れた反応性を示した．bGalNoCoelにおいては，糖部分が切断され，続く自己分解反応を経由してセレンテラジンとなり，ルシフェラーゼの基質としてはたらくものと考えられる（図2）．以降でbGalNoCoelを用いたβ-ガラクト

＊1　Gaussia Luciferase（GLuc）はカイアシ類由来のルシフェラーゼ（約20 kDa）で，セレンテラジンを基質とする．発光量がRenilla Luciferaseと比べて高い．

＊2　このようなアセチル基で保護されたセレンテラジン誘導体はEnduRen，ViviRenとして市販されている（プロメガ社，#E6481，#E6491）．

＊3　β-ガラクトシダーゼはラクトースをガラクトースとグルコースに分解する酵素．発色・発蛍光基質を用いたレポーター遺伝子として広く用いられている．

＊4　酵素反応などをトリガーとして自発的に分解し，色素などを脱離させるリンカー．色素に基質を直接連結すると酵素に認識されにくくなる場合に用いられる．

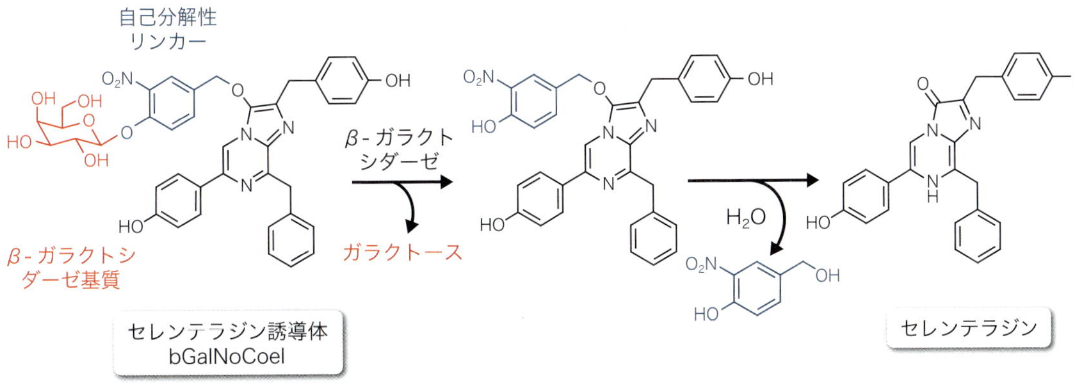

図2　セレンテラジン誘導体（bGalNoCoel）の反応メカニズム
β－ガラクトシダーゼと反応後，自己分解性のリンカーの脱離に伴いセレンテラジンが産生する．

シダーゼ発現細胞の発光測定実験について述べる．

準備

- □ **セレンテラジン誘導体**：bGalNoCoel（文献4を参照して合成）
  この誘導体はDMSO溶液でも安定であり，－80℃で保存が可能．5～10 mM程度のストック溶液を分注して保存し，過度の凍結融解は避ける．
- □ **セレンテラジン**：当研究室で合成したものを使用，購入も可能（プロメガ社，#S2001）
  比較用．酸性メタノール〔MeOH/HCl（＜1％）〕に溶解し，5～10 mM程度のストック溶液として－80℃で保存する．
- □ **ルシフェラーゼ（GLuc）発現プラスミド**：pcDNA3-GLucM23-Venus-KDEL（当研究室で構築）
  今回の実験ではGLucの発光量を向上するための変異導入を加えたGLucM23を用いている．GLucは通常細胞外へ分泌されるため，ER局在シグナル（KDEL）により細胞内膜に発現させている．蛍光タンパク質であるVenusは発現のコントロールとして導入しているが必須ではない．
  代替品としてGLucを発現するプラスミドが市販されている（サーモフィッシャーサイエンティフィック社，#16147，#16191）．
- □ **β－ガラクトシダーゼ発現プラスミド**：pcDNA4/TO/myc-His/LacZ（サーモフィッシャーサイエンティフィック社，#V103020）
  細胞内でβ－ガラクトシダーゼを発現するものであれば代替可．
- □ **HEK293T細胞**
- □ **細胞培養用プレート**：セルカルチャー24ウェル マルチウェルプレート（ファルコン社，#353226）
  特に指定はないが，本実験系では前述を使用．
- □ **検出用マイクロプレート**：CulturPlate-96（パーキンエルマー社，#6005680）もしくはCulturPlate-96F（パーキンエルマー社，#6005660）

白色もしくは黒色であれば他製品で代替可．

- □ **細胞培養用培地**：DMEM（サーモフィッシャーサイエンティフィック社，#10566-016）に非働化処理したFBS（サーモフィッシャーサイエンティフィック社，#10270106）を10％加えて調製
- □ **トランスフェクション用培地**：OPTI-MEM（サーモフィッシャーサイエンティフィック社，#31985062）
- □ **トランスフェクション用試薬**：Lipofectamine 3000（サーモフィッシャーサイエンティフィック社，#L3000001）
- □ **発光検出用培地**：Leibovitz's L-15 medium，no phenol red（サーモフィッシャーサイエンティフィック社，#21083027）
- □ **PBS**：研究室で調製
- □ **Tripsin-EDTA**：0.5％ Tripsin-EDTA（10×）（サーモフィッシャーサイエンティフィック社，#15400-054をPBSで10倍希釈する）
- □ **ルミノメーター・マイクロプレートリーダー**：ARVO MX（パーキンエルマー社）
  発光が測定できるものであれば代替可．

プロトコール

本手法による発光検出測定手順の概略図を図3に示す．

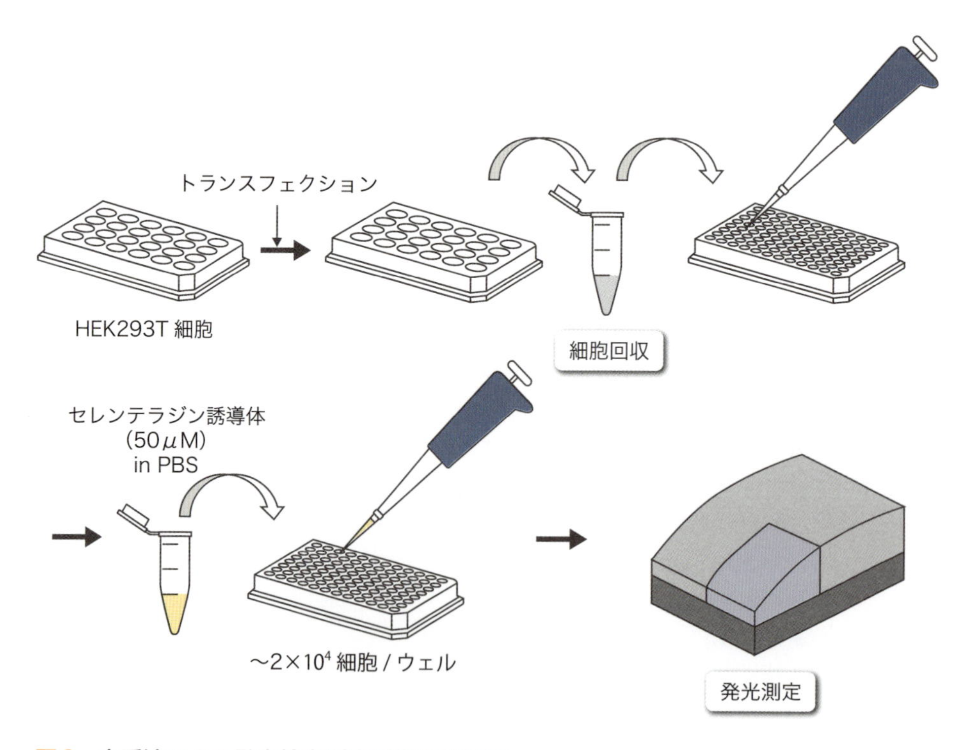

図3　本手法による発光検出測定手順の概略図

1. 細胞の準備（1日目，～20分）

❶ HEK293T細胞を，2×10^5 細胞/ウェルになるよう細胞培養用マイクロプレート（セルカルチャー 24ウェル マルチウェルプレート）に播き，細胞培養用培地（DMEM＋10％FBS）中で24時間5％CO_2，37℃でインキュベートする．

❷（A）β-Gal＋GLucを発現，（B）GLucのみ発現，（C）両方とも発現していないコントロールの細胞をそれぞれ2ウェルずつに分けて用意する（図4）．

2. トランスフェクションによる遺伝子導入（2日目，～30分）

❶ トランスフェクション試薬（Lipofectamine 3000）のプロトコールに従い，前述Aの細胞に両方のプラスミド（pcDNA3-GLucM23-Venus-KDEL，pcDNA4/TO/myc-His/LacZ），Bの細胞にGLuc発現プラスミド（pcDNA3-GLucM23-Venus-KDEL）を導入する．Cの細胞には何も操作を行わない．DNA量は各0.4 μg/ウェルになるよう調製する．

❷ 試薬添加後，24時間5％ CO_2，37℃でインキュベートする．

3. 細胞の洗浄・回収（3日目，～30分）

❶ 細胞培養用マイクロプレートの各ウェルの細胞を1 mLのPBSで3回洗浄し，0.5 mLのTripsin-EDTAではがした細胞懸濁液を細胞ごとに（2ウェル分を）まとめて1.5 mLのマイクロチューブに移し，遠心分離（4℃，500 g，5分）によって回収する．

❷ 上清を除き，0.5 mLの発光検出用培地（Leibovitz's L-15 medium，no phenol red）を加えて細胞を再び懸濁する．この時点の細胞数を計測しておく．細胞濃度が 2×10^5 cells/mLになるように発光検出用培地で薄めて調製する．

4. 検出用プレートへの播布（3日目，～10分）

❶ 3で回収した細胞を検出用マイクロプレート（CulturPlate-96）に100 μLずつ播く．1ウェルごとの細胞数は 2×10^4 cellsとなる．それぞれの細胞で3ウェル以上分注する．

A β-ガラクトシダーゼ（β-Gal）＋ルシフェラーゼ（GLuc）発現

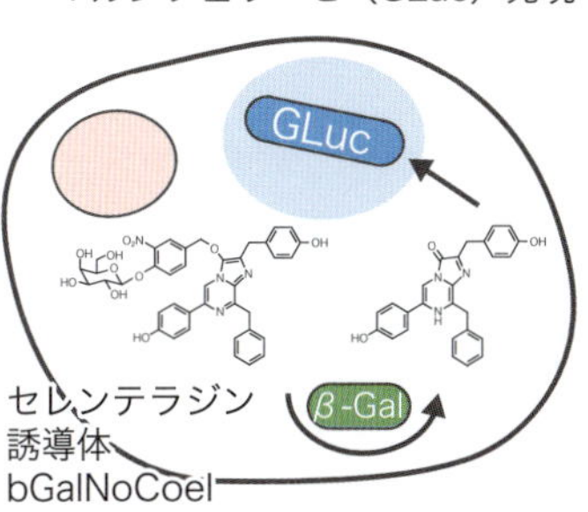

B ルシフェラーゼ（GLuc）発現

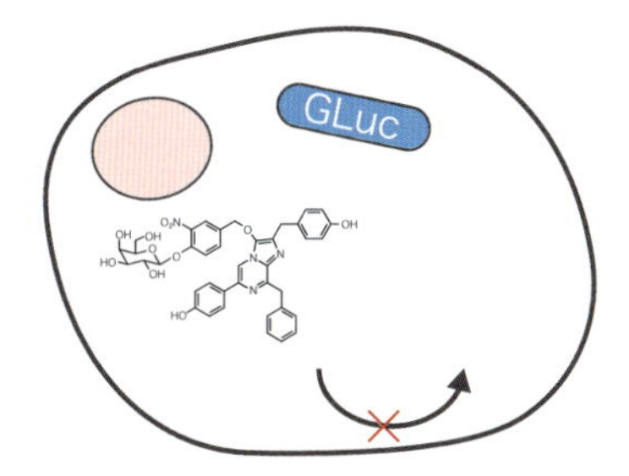

C 発現なしコントロール

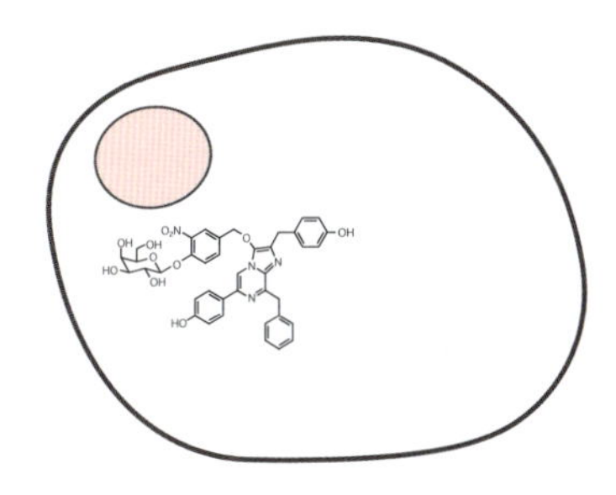

図4　今回の実験で用いる細胞

A) β-ガラクトシダーゼ（β-Gal）＋ルシフェラーゼ（GLuc）を発現，**B)** ルシフェラーゼ（GLuc）のみを発現，**C)** 両方とも発現していない細胞．誘導体であるbGalNoCoelを用いた場合は**A**の細胞のみ発光シグナルが得られるものと予想される．

❷ 加えた後のプレートは37℃でインキュベートしておく.

5. 発光検出（3日目，～20分/ウェル）

❶ セレンテラジンのストック溶液よりエタノールを用いて1 mMまで希釈後，PBSで50 μMに調製する＊5.

＊5　PBS中でのセレンテラジンの安定性は低いため，細胞に加える直前に用時調製するとよい.

❷ bGalNoCoelはDMSO溶液より希釈し，PBSで50 μMに調製する.

❸ PBSで希釈した50 μMセレンテラジン，または誘導体であるbGalNoCoelをマイクロピペットで100 μL加え（最終濃度：25 μM），ルミノメーター（ARVO MX）で発光量を10秒ごとに100回計測する.

6. データ解析（3日目）

それぞれのウェルから検出された発光量の総和を求め，各細胞サンプルで平均と標準偏差を算出する.

よくあるトラブル

Q. 発光が測定できません.

A1. レポーター遺伝子が発現しているかどうか確認する（pcDNA3-GLucM23-Venus-KDELのように蛍光タンパク質を導入しておけば，事前に蛍光タンパク質由来の蛍光を観察することでGLucM23の発現を確認することが可能）．発現していない場合はトランスフェクションのプロトコール（試薬，濃度，時間など）を検討する.

A2. 細胞がトランスフェクション後の洗浄操作ではがれてしまっている可能性が考えられる．細胞種によってはプレートからはがれやすいものもあるため，洗浄操作を慎重に行い，セルカウンターで細胞数を回収したときに計測しておく．それでも十分な数の細胞が回収できない場合，トランスフェクション試薬の毒性などの影響も考えられるため，条件検討を行う.

Q. 発光の値がサンプルごとに安定しません.

A. セレンテラジンなどの発光基質を加えてから測定を開始するまでの時間を厳密にコントロールする．測定は必ずウェルごとに行う．必要であれば，オートインジェクターを使って送液から測定までの時間をコントロールする（bGalNoCoelのようにバッファー中で安定な誘導体であれば容易だが，セレンテラジンの場合は溶液を用時調製する工夫が必要）.

実験系カスタマイズのコツ

セレンテラジン誘導体，および酵素反応後のセレンテラジンは膜透過性を有するため，レポーターとなる細胞を2種類用意し，細胞間のレポーターアッセイとしても利用することができる．例えばβ-ガラクトシダーゼのみを発現している細胞とGLucM23のみを発現している細胞を混ぜておくと，セレンテラジンの拡散や取り込みに由来する発光の立ち上がりの遅れが観察できる[4]．

実験例

合成したセレンテラジン誘導体の安定性を評価するため，前述のプロトコールに従い，GLucを発現していないHEK293T細胞に対し，セレンテラジンおよびbGalNoCoelを添加し発光量を測定した．天然の基質であるセレンテラジンと比較すると，β-ガラクトシダーゼ基質により修飾された誘導体であるbGalNoCoelでは発光量が抑えられており，細胞培養液中でのアッセイ環境下において安定性が向上していることが示された（図5）．

続いて，GLuc，β-ガラクトシダーゼを共発現しているHEK293T細胞と，GLucのみを発現しているHEK293T細胞を用いて選択的な発光検出実験を行った．それぞれの細胞に最終濃度で25 μMのbGalNoCoel，およびセレンテラジンで処理したところ，β-ガラクトシダーゼを発現している細胞から強い発光が観察された．得られた発光シグナルはβ-ガラクトシダーゼを発現していない細胞と比較すると500倍以上であった．また，この発光シグナル強度は同細胞に対してセレンテラジンを加えた際に得られたシグナルの23％であった．これらの結果より，bGalNoCoelを用いることで，標的酵素であるβ-ガラクトシダーゼを発現している細胞特異的に発光検出できることが示された（図6）．

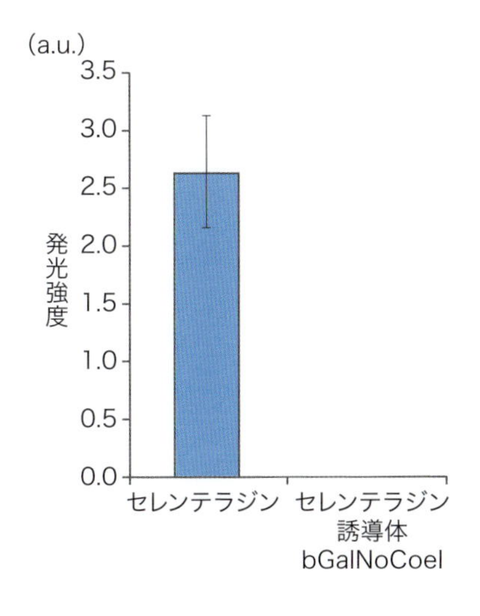

図5　細胞培養液中における安定性の評価

遺伝子導入をしていないHEK293T細胞にセレンテラジン，および誘導体（bGalNoCoel）を加え，発光量を測定した．

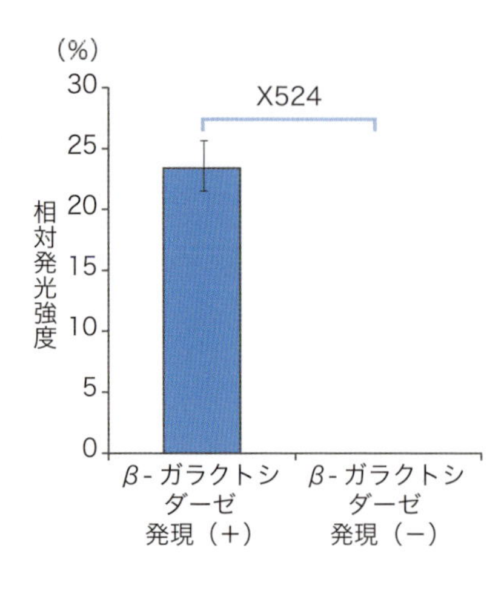

図6　β-ガラクトシダーゼ発現細胞における発光検出の例
GLucをレポーターとして発現し，β-Gal遺伝子が導入されている〔β-Gal（+）〕，および導入されていない〔β-Gal（−）〕HEK293T細胞にセレンテラジン誘導体（bGalNoCoel）を加え，発光量を測定した．セレンテラジンを加えて同様に発光量を測定し，相対的な発光シグナルを%であらわしている．

おわりに

今回紹介したβ-ガラクトシダーゼ活性の発光検出ができるプローブは，レポーター遺伝子を発現している細胞特異的に，高いS/B比で検出することが可能である．このような逐次的なレポーター酵素を用いた発光検出法はD-luciferinを基質としたFLucの系でも報告されている[5]．本手法は誘導体化のための化学修飾を変えることで，原理的には他の酵素反応や光刺激などに対して応答する系へ拡張が可能である．われわれはこのほかにも，タンパク質の細胞外トラフィッキングを発光イメージングにより追跡するため，細胞膜非透過型のセレンテラジン誘導体CoelPhosを開発している[6]．この誘導体は細胞内には入らず，エキソサイトーシスによって分泌したタンパク質を選択的にイメージングすることができる．これらの機能性セレンテラジンを用いた検出系は細胞機能の探索や薬剤のスクリーニング系への応用が期待される．

◆ 文献

1）Tannous BA, et al：Mol Ther, 11：435-443, 2005
2）Hall MP, et al：ACS Chem Biol, 7：1848-1857, 2012
3）Levi J, et al：J Am Chem Soc, 129：11900-11901, 2007
4）Lindberg E, et al：Chem Eur J, 19：14970-14976, 2013
5）Wehrman TS, et al：Nat Methods, 3：295-301, 2006
6）Lindberg E, et al：Chem Sci, 4：4395-4400, 2013

発光Ca^{2+}プローブの種類と特性

鈴木和志，永井健治

実験の目的とポイント

細胞内Caイオン（Ca^{2+}）は幅広い濃度域（数十nM～サブmM）をダイナミックに変化することで，多様な生命機能に重要な役割を果たしている．そのため，Ca^{2+}ダイナミクスを忠実かつ非侵襲的に測定する手法が求められていた．近年，高輝度な発光Ca^{2+}プローブが多く開発され，従来では困難であった単一細胞レベルの高速Ca^{2+}イメージングや動物個体内からのCa^{2+}イメージングが可能になった．本稿では，これら発光Ca^{2+}プローブの特性と発光イメージングならではの応用について，解説する．

はじめに

Caイオン（Ca^{2+}）は筋収縮，神経活動，発生，細胞遊走などのさまざまな生命機能に重要な役割を果たすため，その動態を解析するための多種多様な蛍光タンパク質プローブが開発され世界中で汎用されている[1)2)]．一方，発光タンパク質に基づくCa^{2+}プローブの歴史は実は蛍光プローブより古く，1986年にはCa^{2+}依存的な発光タンパク質イクオリン（Aequorin）による受精卵内Ca^{2+}測定が報告されていた[3)]．にもかかわらず，発光Ca^{2+}測定の応用が受精卵や植物に限定されているのは，発光シグナルが蛍光シグナルと比較して著しく弱いことが主な要因である．近年，新規ルシフェラーゼの開発により発光シグナルは高輝度化され，単一細胞レベル，動物個体イメージングなど，従来成し得なかった解析が可能になった．本稿では，この発展著しい発光Ca^{2+}プローブについて概説し，蛍光Ca^{2+}プローブでは困難であり発光Ca^{2+}プローブならではの実験とは何かを考察する．

原理と戦略

主な発光Ca^{2+}プローブの特性を表1にまとめた．これまでに発光Ca^{2+}プローブとして，ルシフェラーゼと蛍光タンパク質間の発光共鳴エネルギー移動[*1]（BRET）を活用したタイプとルシフェラーゼ自身の構造変化を活用するタイプが開発されている．いずれも「検出部」に相当するCa^{2+}感受性ドメインの立体構造変化により，「表示部」に相当するルシフェラーゼの発光特性（例えば発光波長や強度）を変化させ，その変化の度合いからCa^{2+}濃度を測定する．

Kazushi Suzuki[1)], Takeharu Nagai[2)]（東京大学大学院総合文化研究科[1)]，大阪大学産業科学研究所[2)]）

表1　発光 Ca^{2+} プローブの性能比較

	Ca^{2+} 結合ドメイン	蛍光タンパク質	生物発光部位	発光波長（nm）	Kd（nM）	ダイナミックレンジ（%）	参考文献
				BRET型			
BRAC	CaM-M13（*Xenopus*）	Venus	Rluc8	480/530	1,900	60	文献4
CalFluxVTN	TnC由来EFハンドX2	Venus	Nluc	460/530	480	1,100	文献5
				構造変化型			
YNL（Ca^{2+}）	CaM-M13（*Xenopus*）	Venus	Rluc8_S257G	530	17～620	300	文献6
GeNL（Ca^{2+}）	CaM-M13（*Xenopus*）	mNeonGreen	Nluc	520	56～520	500	文献8
CeNL（Ca^{2+}）_110 μ	CaM-M13（*Xenopus*）	mTurquoise2	Nluc	475	110,000	108	文献9
OeNL（Ca^{2+}）_18 μ	CaM-M13（*Xenopus*）	mKO κ	Nluc	460/565	18,000	114	文献9
Orange CaMBI	CaM-M13（*Xenopus*）	CyOFP X2	Nluc	460/586	110～300	669	文献10
				新型			
LUCI-GECO1	ncpGCaMP6s		Nluc	460/516	285	506	文献11

BRET型は，Ca^{2+}感受性ドメインをルシフェラーゼと蛍光タンパク質でサンドイッチした構造をもつ．図1上に示すように，Ca^{2+}結合に伴いCa^{2+}感受性ドメインが構造変化を起こし，ルシフェラーゼと蛍光タンパク質間の距離が変化し，BRET効率が変化する．多数の分子を観測した場合，BRET効率はCa^{2+}濃度に応じて変化するため，Ca^{2+}濃度を発光スペクトルの変化として計測可能となる．実用的には，ルシフェラーゼに由来する発光波長とBRETにより励起された蛍光タンパク質由来の発光波長の強度の比率をモニターすることで，細胞内Ca^{2+}の計測を行う．こうした計測法をレシオメトリック法とよび，計測結果がプローブの発現量や細胞の厚さや形態変化に依存しないため，定量的なCa^{2+}イメージングが可能である．Ca^{2+}感受性ドメインとして，*Xenopus*由来のカルモジュリン（CaM）とその結合ペプチドのペア（M13），および筋収縮制御に関与するTnC（Troponin C）の2つのEFハンドモチーフを抜き出したドメインが使われる．それぞれからつくられた発光Ca^{2+}プローブがBRAC[4]とCalFluxVTN[5]である．

構造変化型は，本来Ca^{2+}感受性のないルシフェラーゼ内部にCa^{2+}感受性ドメインを挿入した構造をもつ．図1に示すように，Ca^{2+}感受性ドメインの構造変化により，ルシフェラーゼの酵素特性が変化する．多くの場合は，ルシフェラーゼの発光波長に変化はなく発光強度が変調されるタイプのプローブになることが多い．高輝度発光タンパク質ナノランタンのルシフェラーゼ部位にCaM-M13の融合タンパク質を挿入することで，発光Ca^{2+}プローブYNL（Ca^{2+}）が報告された[6]．YNL（Ca^{2+}）は，蛍光タンパク質部位を異なる発光波長を有する蛍光タンパク質に置換することで多色化[7]，およびルシフェラーゼ部位をより酵素活性の高いNlucに置換す

＊1　発光共鳴エネルギー移動（BRET）は，エネルギードナーであるルシフェラーゼに結合した励起状態の発光基質のエネルギーが近傍の蛍光タンパク質へ，光の放出・吸収を介さずに移動する現象であり，結果として蛍光タンパク質からの発光が観察される．BRETの物理的な原理はフェルスター共鳴エネルギー移動（Förster resonance energy transfer，FRET）と同じであり，特にルシフェラーゼなどの生物発光分子をドナーとして用いる場合にBRETとよばれる．

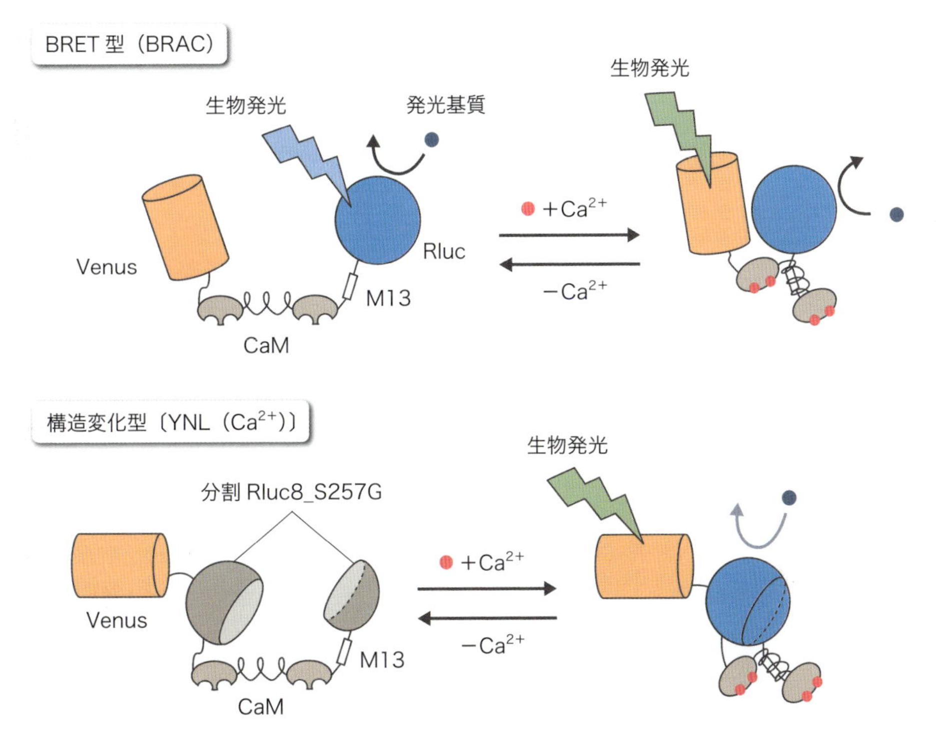

図1　発光Ca^{2+}プローブの検出原理

ることで高輝度化がなされている[8]．また，小胞体など高いCa^{2+}環境下での測定のために，CaMのEFハンドモチーフのCa^{2+}結合残基にアミノ酸変異を導入することで低親和性のCa^{2+}プローブが報告されている[9]．また，同様なコンセプトで，赤色発光タンパク質Antaresに基づくCa^{2+}プローブOrange CaMBIが報告された[10]．生体透過性の高い発光波長をもつOrange CaMBIを用いることで，生きたマウス内肝臓におけるリアルタイムCa^{2+}イメージングに成功した．

最近，BRET型・構造変化型に属さない新たな発光Ca^{2+}プローブの分子デザインが報告された．蛍光性Ca^{2+}プローブGCaMP6sの円順列変異体ncpGCaMP6sを作製し，Nlucを融合することで開発されたレシオメトリック型発光Ca^{2+}プローブLUCI-GECO1である[11]．ncpGCaMP6sは，Ca^{2+}濃度によって吸収スペクトルおよび蛍光強度を大きく変化させるため，NlucからのBRET効率およびBRET後の発光効率がCa^{2+}依存的に変化する原理である．すでに神経科学研究に広く活用されている高性能蛍光Ca^{2+}プローブを有効に活用しようという興味深い研究である．また，ncpGCaMP6s部位が完全に保存されているため，発光だけでなく蛍光によるCa^{2+}イメージング，いわゆるバイモーダルな計測が可能であると考えられる．

発光Ca^{2+}プローブならではの実験とは

ここまで発光Ca^{2+}プローブのみを概説してきたが，ここからは発光Ca^{2+}イメージングの利点，欠点を蛍光Ca^{2+}プローブと比較しながら考察してみる．発光シグナルは計測バックグラウンドの低さから，動物個体内の非侵襲イメージングにおいて，蛍光イメージングに対して圧倒的な優位性をもつ．これに関しては，“*in vivo* イメージングシステム”（**プロトコール編-3**を参照）に譲るとして，本稿では培養細胞における利点・欠点について，ひいき目なしに解説する．

さて，イメージング用ツールを特徴付ける最も重要なパラメーターは明るさであろう．高輝度化したとはいっても，発光Ca^{2+}プローブから生じるシグナルは蛍光Ca^{2+}プローブに比べて1/10～1/100程度である．したがって，単純に神経活動などの高速なCa^{2+}ダイナミクスを観察する際には蛍光Ca^{2+}プローブに軍配が上がる．しかしながら，蛍光で高速な生命現象を計測するためには真夏の日光の何倍もの強度の光を照射する必要があり，光毒性・光退色の影響から長時間にわたる計測が困難である．対して，発光Ca^{2+}プローブを用いることで画像のS/Nは劣るが，長期間生理的な条件下でのイメージングが可能であろう．

また，細胞の活動やタンパク質の機能を時空間的に制御できる「光遺伝学」という技術が近年急速に発展してきた．光遺伝学で細胞に任意の刺激を入力し，その出力を蛍光タンパク質によりモニタリングする，いわゆる細胞の入出力応答を計測できるようになった．しかしながら，ここで1つ問題が生じる．光遺伝学に用いるツール，特にChR2やLOVドメインでは，青色の光を刺激光として用いる必要がある．したがって，蛍光タンパク質を観察するための励起光が，そのまま光遺伝学ツールを刺激する光となってしまうため，常に刺激された状態のみの観察となってしまう．対して，発光イメージングは励起光がいらないので，本質的に光遺伝学との相性がよい．発光Ca^{2+}プローブの性能が実用レベルに達したことから，光遺伝学による入力・発光による出力モニタリングが威力を発揮すると期待される．

導入に関する情報

1. 発光Ca^{2+}プローブをコードするプラスミドベクター

今回紹介したすべての発光Ca^{2+}プローブについて，プラスミドがAddgene社から入手可能である（表2）．以下に，Addgene社から入手する際に必要な情報を記す．紙面の関係ですべてを記載できないが，Ca^{2+}に対する親和性が異なる変異体や細胞小器官局在配列が付加されたバージョンなども配布されている．一度ご自身でAddgene社のホームページを訪れて調べてみることをおすすめする．

2. 発光基質

発光Ca^{2+}プローブのルシフェラーゼに最適な発光基質を選ぶ．ウミシイタケ*Renilla reniformis*由来のRlucの場合は，さまざまなセレンテラジン誘導体を発光基質として選択することができる．われわれはなかでもCoelenterazine-h（富士フイルム和光純薬社，#031-22993）を使っている．Nlucは人工基質フリマジンに対して最適化されており，ほぼ一択であろう（Nano-Glo® Luciferase Assay System，プロメガ社，#N1110）．一部のセレンテラジン誘導体を使うこともできるが，発光シグナルの減衰が速くおすすめしない．また，長時間の発光観察を行う場合は，Rluc，Nlucともにプロメガ社からシグナル持続性のよい基質が販売されているので，参照されたい．

表2　Addgene社から入手可能な発光Ca^{2+}プローブのコンストラクト

	Addgeneでの名前	Addgene_ID
BRAC	BRAC/pcDNA3	51967
CalFluxVTN	pT7-CalfluxVTN	83926
YNL (Ca^{2+})	Nano-lantern (Ca^{2+}) _600/pcDNA3	51982
GeNL (Ca^{2+})	GeNL (Ca^{2+}) _520/pcDNA3	85204
CeNL (Ca^{2+})_110 μ	CeNL (Ca^{2+}) _110 μ -pcDNA3	111929
OeNL (Ca^{2+})_18 μ	OeNL (Ca^{2+}) _18 μ -pcDNA3	111928
Orange CaMBI	pcDNA3.1-Orange_CaMBI_300	124095
LUC-GECO1	pcDNA-LUCI-GECO1	113675

よくあるトラブル

Q. 発光シグナルが暗くて観測できません.

A. 構造変化型Ca^{2+}プローブは，ルシフェラーゼ部位が分割されているため，かなり暗い．これに関しては，さらなるエンジニアリングが待たれるところであるが，発現系を最適化することである程度解決可能である．われわれは構造変化型発光Ca^{2+}プローブを発現させる際は，広範な細胞種で強力な発現を誘導することができるCAGプロモーターを使うことが多い．しかし，細胞種特異的にイメージングしたい際は，工夫が必要である．筆者らは試したことはないが，1つのアイデアはTet-OFFシステムを使うことである．京都大学の日置らが示したように，細胞種特異的プロモーターとTet-OFFシステムを組合わせることで，細胞特異性を保ちつつ強力な発現を期待できる[12]．

Q. 発光シグナルのドリフトが起き，観察したい生命現象由来のシグナル変化を検出できません.

A. 発光基質添加後シグナルはすみやかに検出可能であるが，シグナルが安定するまで20分程度かかる．培養ステージ上に設置後，20分放置した後撮像を開始する．

実験例

ラット海馬神経細胞において，ChR2光刺激に伴うCa^{2+}濃度の上昇を発光Ca^{2+}プローブYNL (Ca^{2+}) で捉えた例を図2に示す[6]．ChR2の刺激光が計測バックグラウンドとならないように，CCDカメラのデータ読み出し時間中に光刺激を行った[13]．その結果，光刺激中のCa^{2+}濃度の上昇を捉えることに成功した．

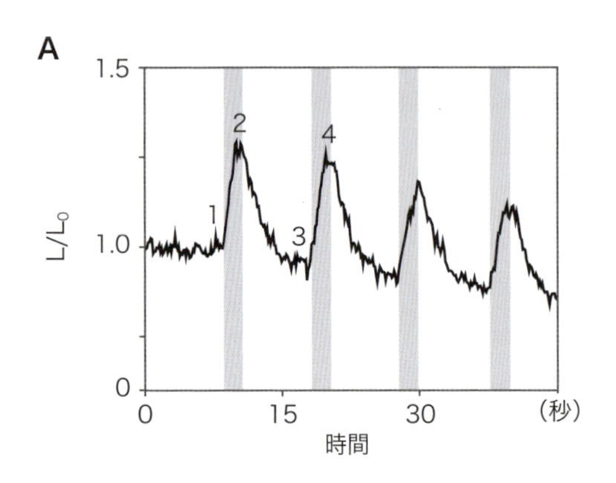

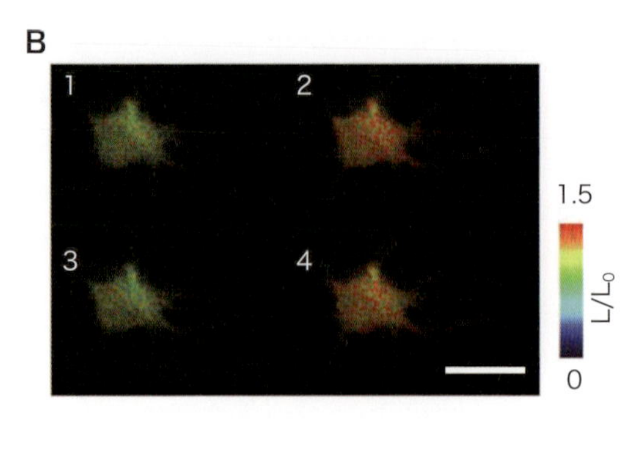

図2　YNL（Ca^{2+}）を用いたChR2光刺激時のCa^{2+}測定
L：任意時間の発光強度，L_0：測定開始時の発光強度，L/L_0は相対発光強度．**A**の青色で示した時間において光刺激を行った．**B**は，各タイムポイントにおけるL/L_0の擬似カラー表示，スケールバーは10 μm．文献6より引用．

おわりに

これまで，発光タンパク質から得られるシグナルがきわめて微弱であったため，高速なCa^{2+}ダイナミクスを発光イメージングで観測することは困難であった．高輝度な発光Ca^{2+}プローブの開発により，光遺伝学との併用実験や動物個体の機能性イメージングなどで，蛍光イメージングを補完する実験手法として普及することを期待する．さらに，植物細胞など光に対して応答を示す生物種では，発光は蛍光に代わる計測手法になるかもしれない．いずれにせよさらなる発光Ca^{2+}プローブのエンジニアリングが要求されるのは必至である．蛍光タンパク質Ca^{2+}プローブのように改良が重ねられ，発光Ca^{2+}イメージングが研究室で日常的に行われる技術になることを期待する．

◆ 文献

1）Lin MZ & Schnitzer MJ：Nat Neurosci, 19：1142-1153, 2016
2）Pérez Koldenkova V & Nagai T：Biochim Biophys Acta, 1833：1787-1797, 2013
3）Parker I & Miledi R：Proc R Soc Lond B Biol Sci, 228：307-315, 1986
4）Saito K, et al：PLoS One, 5：e9935, 2010
5）Yang J, et al：Nat Commun, 7：13268, 2016
6）Saito K, et al：Nat Commun, 3：1262, 2012
7）Takai A, et al：Proc Natl Acad Sci U S A, 112：4352-4356, 2015
8）Suzuki K, et al：Nat Commun, 7：13718, 2016
9）Hossain MN, et al：ACS Chem Biol, 13：1862-1871, 2018
10）Oh Y, et al：Nat Chem Biol, 15：433-436, 2019
11）Qian Y, et al：Chembiochem, 20：516-520, 2019
12）Sohn J, et al：PLoS One, 12：e0169611, 2017
13）Chang YF, et al：Neurosci Res, 73：341-347, 2012

7 発光ATPプローブ

初谷紀幸

実験の目的とポイント

ATP（アデノシン三リン酸）は動物や植物，微生物に至るすべての生物における細胞内のエネルギー分子であり，細胞内の物質輸送や生体高分子の合成などさまざまな生命活動に使われる．ATPの細胞内におけるふるまいを知ることは生命の機能を理解するうえで重要である．本稿では，生きた細胞のATPを発光ATPプローブを用いて計測する手法について紹介する．

はじめに

生きた細胞や組織，生物個体の生理現象を観察できるバイオイメージングが注目されている．そのなかでも，ホタルルシフェラーゼ（FLuc）に代表される発光を用いた発光ライブイメージング技術の発展が目覚ましい．発光シグナルは蛍光と違い，外部からの励起光照射を必要としないため，自家蛍光や生物個体に対する光毒性の影響を受けずに，より生理的な条件でイメージングすることができる．

発光ATPプローブ（Nano-lantern ATP）

生体内のATP濃度を測定する方法として，以前から細胞や組織をすりつぶして得られた抽出液中のATP量をFLucの発光反応によって定量する方法が用いられてきた[1]．FLucが基質であるルシフェリンと反応する際に，ATPを消費し，それに比例して光子を放出するという原理に基づいている．しかし，この方法では生きた細胞におけるATPの時間的・空間的な分布・変動について解析することができない．細胞レベルでATP量を計測する方法として，ATPが結合すると構造が変化するF_oF_1-ATP合成酵素のATP結合サブユニット（εサブユニット）を介した2つの蛍光タンパク質（CFPとYFP）間のフェルスター共鳴エネルギー移動（Förster resonance energy transfer：FRET）を利用した蛍光ATPプローブ（ATeam）が開発されている[2) 3)]．ATeamを動物細胞や植物細胞に発現させてイメージングすることで，生きた細胞内のATPの分布や動態を調べることができる[2) 4) 5)]．ATeamはATPに対する特異性の高いプローブであるが，観察には励起光の照射を必要とするため，自家蛍光を発する組織や光毒性を受ける生体試

Noriyuki Hatsugai（パナソニック株式会社 資源・エネルギー研究所）

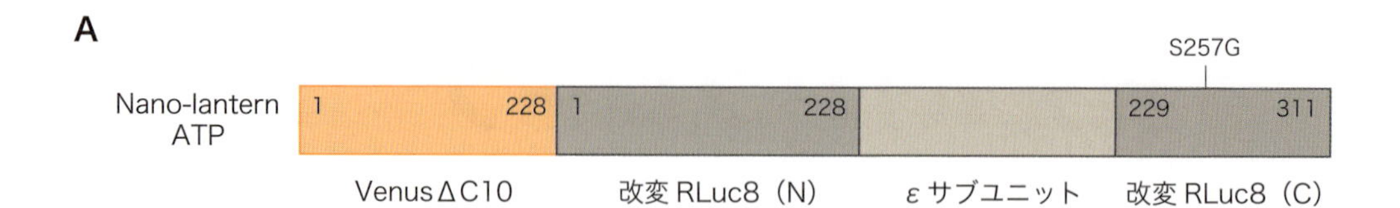

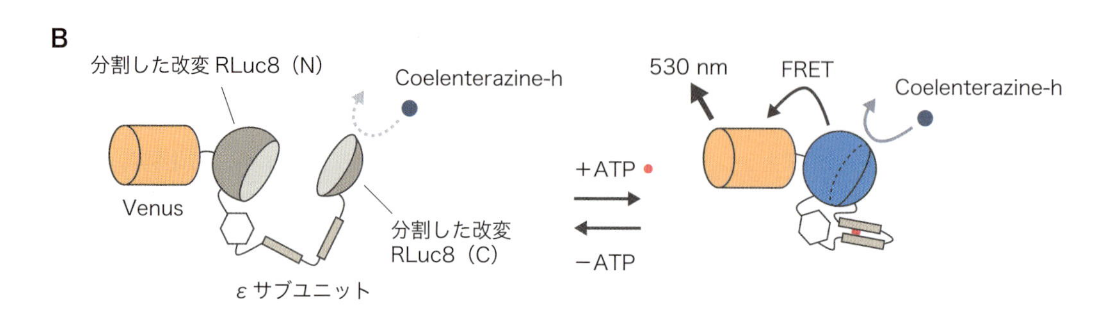

図1　Nano-lantern ATP の模式図（A）とFRETイメージ（B）

A) Nano-lantern ATPは F_oF_1-ATP合成酵素のεサブユニットがNano-lanternの改変RLuc8の内部（228残基と229残基の間）に挿入されており，さらにFRETによるシグナル増強のためのVenusがN末端に融合されている（文献6より引用）．**B)** ATP非存在下ではεサブユニットは伸びた構造をしており，RLuc8は分割されている．ATP存在下ではεサブユニットがコンパクトな構造をとることによりRLuc8が再会合してFRETが起こる．

料のイメージングは難しい．また，植物など光合成生物は光が当たるとATPを合成するため，励起光が本来の生体内ATP量を乱してしまう可能性もあり，光合成に伴うATP量の変化を正確に捉えることが困難であった．

発光ATPプローブ，Nano-lantern ATP[6)]は，ATeamで利用されている F_oF_1-ATP合成酵素のεサブユニットを高輝度発光タンパク質Nano-lantern[6)]に挿入したものである．励起光を照射する必要がないため，自家蛍光や光毒性といった問題を回避することができ，さらに生体深部のイメージングも可能である．Nano-lantern ATPは，改変型RLuc8[*1]の内部，228残基と229残基の間に F_oF_1-ATP合成酵素のεサブユニットが挿入されており，さらにN末端にはFRETによるシグナル増強のためのVenusが融合されている（図1）．RLuc8はFLucと異なり基質の酸化触媒反応にATPを必要としないため，生体内ATPプローブとして適している．

＊1　ウミシイタケ由来の化学発光タンパク質レニララルシフェラーゼ（RLuc）にアミノ酸変異（S257G）を入れることにより発光量が改善されている．

筆者はNano-lantern ATPを植物シロイヌナズナの葉緑体で発現する株を作出した．蛍光ATPプローブを用いたイメージングでは励起光の照射を必要とし，葉緑体クロロフィルが自家蛍光を発するため，発光ATPプローブ Nano-lantern ATPを用いてはじめて光合成に伴う葉緑体ATPのイメージングが可能である．光照射に応答した光合成依存的なATP量の変化をイメージングした（図2）．以下，本実験のプロトコールを紹介する．

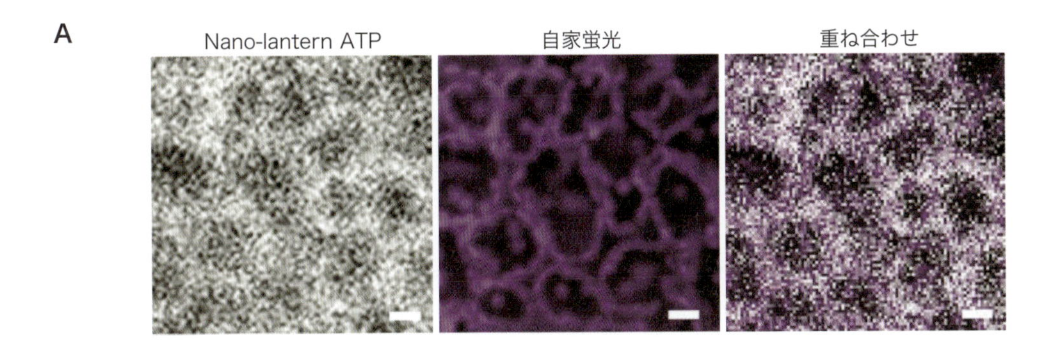

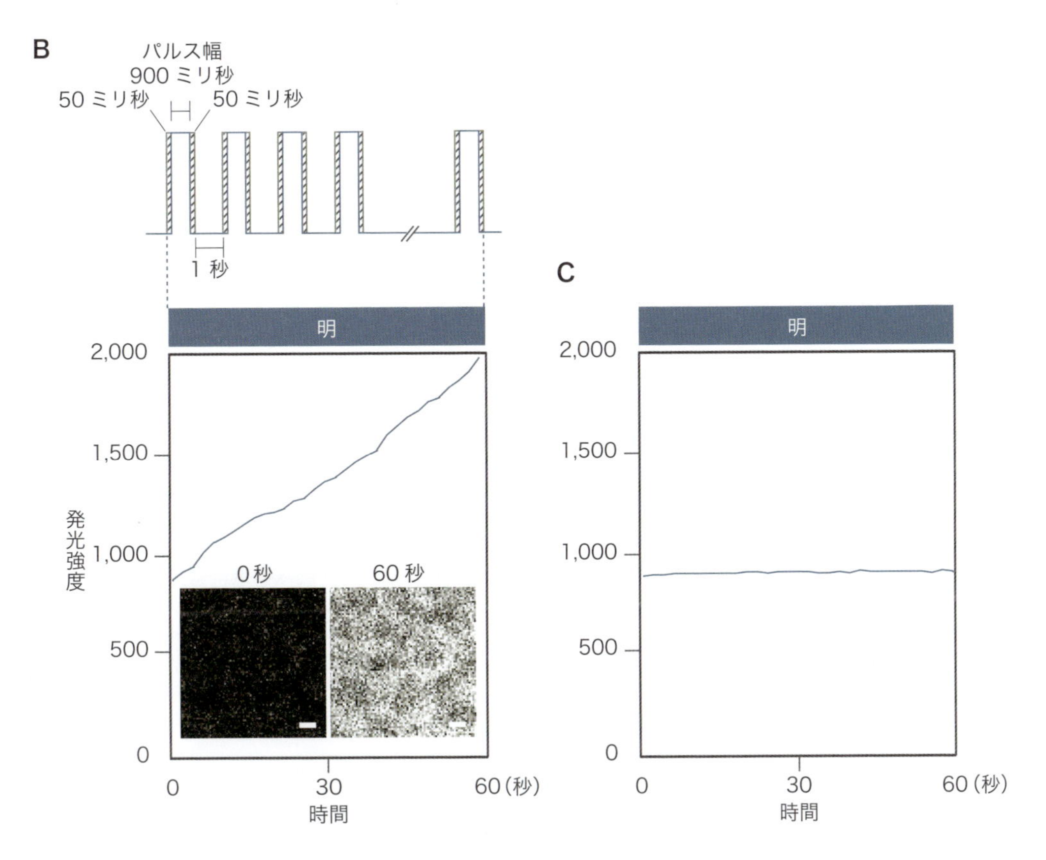

図2　Nano-lantern ATPによる葉緑体内の光合成依存的なATP量の変化

A) 光照射によるNano-lantern ATPの発光画像（左），励起光照射による葉緑体の自家蛍光（中），重ね合わせ画像（右）．スケールバーは20 μm（文献6より引用）．**B)** 弱光照射（0.3 mW/cm^2）に伴う葉緑体内のATP量の変化．900ミリ秒のパルス光を1秒間隔で照射した．パルス光照射中はカメラのシャッターを閉じ，照射前後にシャッターの開閉に要する時間を50ミリ秒とった．スケールバーは20 μm．**C)** 光照射に伴うATP量の増加に対する光合成阻害剤DCMUの効果．ATP量の増加がDCMUにより阻害される．

準備

1. 植物材料

□ Nano-lantern ATPを葉緑体内で発現するシロイヌナズナ

2. 試薬

□ Coelenterazine-h（プロメガ社）

□ Photosystem Ⅱ inhibitor, 3-(3,4-dichlorophenyl)-1,1-dimethylurea (DCMU)（シグマアルドリッチ社）

3. 材料・機器

□ TE2000-E（ニコン インステック社）

□ 対物レンズ（Plan Apo, 20×, N.A. 0.75）（ニコン インステック社）

□ LightEngine SPECTRA 438/24 nm 青色光（Lumencor社）

□ EM-CCD カメラ Evolve 512（Photometrics社）

□ 1 mL テルモシリンジ（針なし）

□ スライドガラス／カバーガラス

プロトコール

❶ 1 mL テルモシリンジ（針なし）を用いて，シロイヌナズナの葉の裏側から10〜100 μMのCoelenterazine-hをインジェクションする*2．3-(3,4-dichlorophenyl)-1,1-dimethylurea（DCMU）[7] などの光合成阻害剤の効果を調べる場合は，50〜100 μMの阻害剤をCoelenterazine-hに混ぜて一緒にインジェクションする．

> *2 Coelenterazine-hをインジェクションした瞬間から発光がはじまるので，以降の操作は手早く行う．

↓

❷ Coelenterazine-hが浸透した部分を3〜5 mm四方にカットする*3．Coelenterazine-hが浸透したところと，そうでないところは容易に見分けることができる．

> *3 シリンジを押し当てたところは細胞が壊れている場合があるので，押し当てていないところを選ぶ．

↓

❸ カバーガラスに10〜20 μLの水を垂らして，その上にカットした葉を浮かべ，上からスライドガラスで静かに挟む*4．

> *4 スライドガラスに水を垂らして，葉を浮かべて，カバーガラスで挟むよりも，この順番の方が気泡が入りにくい．

↓

❹ ❸の試料を顕微鏡のステージにセットする．

↓

❺ 900ミリ秒のパルス光（438/24 nm 青色光）を1秒間隔で照射したときの発光量をモニターする.

実験例

Nano-lantern ATPを葉緑体内で発現するシロイヌナズナの葉に100 μMのCoelenterazine-hをインジェクションし，光合成に有効な青色光（438/24 nm）を照射した．青色光に応答したATP発光シグナルは，励起光照射による葉緑体の自家蛍光と重なる（図2A）．弱光（0.3 mW/cm^2）照射下において，葉緑体内のATP量は連続的に増加し続けた（図2B）．このATP量の増加は，DCMUにより阻害されることから，光合成由来であることがわかる（図2C）．

次に光の照射と消灯に応じたATP量の変化を解析した．ATP量は，光を照射している間増加し続け，消灯と同時に低下した（図3）．また，興味深いことに，中光〜強光（8.2 mW/cm^2）照射下におけるATP量は，光照射直後は急激に増加し，その後は緩やかな増加を示した（図3）．以上のような光照射に伴う光合成明反応におけるATPの合成と暗所で進行する暗反応におけるATPの消費は発光ATPプローブNano-lantern ATPを用いてはじめて観察することができるようになった．

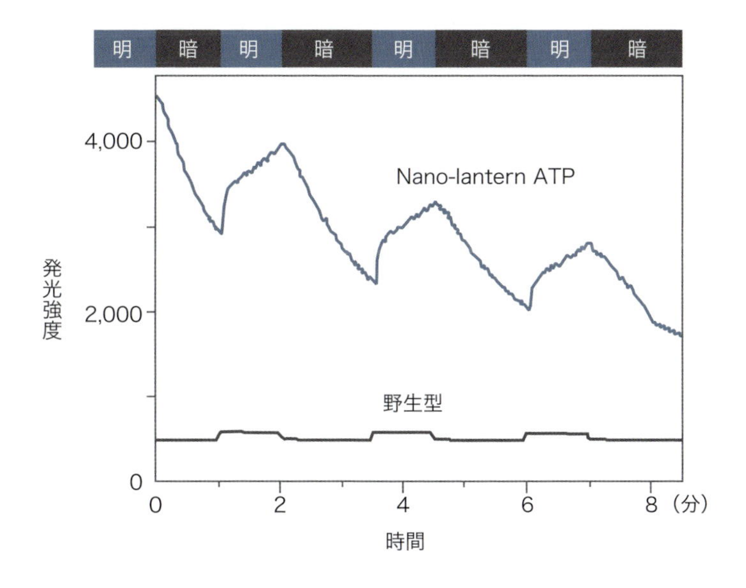

図3　Nano-lantern ATPによる光の照射と消灯に応じたATP量の変化
明期（60秒）と暗期（90秒）周期のくり返し光照射（8.2 mW/cm^2）によるNano-lantern ATPの発光強度の変化（文献6をもとに作成）．

おわりに

ATPは細胞内のエネルギー分子として働くだけでなく，細胞外でシグナル分子としての役割も担っており，動物における神経伝達や免疫応答[8)]，植物の生長や分化，環境応答[9)]に関与していることが知られている．これら生命活動における細胞外ATPの時空間的なシグナル動態と機能についてもNano-lantern ATPを用いたバイオイメージングにより明らかになるだろう．最近ではATeamを改変したBTeam[10)]も開発されており，今後，発光バイオイメージングが生体ATP計測の主流となると期待される．

◆ 文献

1） Bell CJ, et al：Methods Cell Biol, 80：341-352, 2007
2） Imamura H, et al：Proc Natl Acad Sci U S A, 106：15651-15656, 2009
3） Imamura H & Noji H：Tanpakushitsu Kakusan Koso, 54：1937-1944, 2009
4） Hatsugai N, et al：Plant Cell Physiol, 53：1768-1775, 2012
5） Kotera I, et al：ACS Chem Biol, 5：215-222, 2010
6） Saito K, et al：Nat Commun, 3：1262, 2012
7） Kleczkowski LA：Annu Rev Plant Physiol Plant Mol Biol, 45：339-367, 1994
8） Cekic C & Linden J：Nat Rev Immunol, 16：177-192, 2016
9） Cao Y, et al：Curr Opin Plant Biol, 20：82-87, 2014
10） Yoshida T, et al：Sci Rep, 6：39618, 2016

8 アポトーシスの発光イメージング

小澤岳昌

実験の目的とポイント

近年アポトーシスの分子レベルでの理解が飛躍的に深化し，それに伴い細胞死誘導シグナルを特異的に検出するイメージング技術が開発されている．特に発光を利用したイメージングは，定量的な細胞内シグナル解析を可能にするだけでなく，動物個体を対象としたイメージングへ展開することができる．本稿では，アポトーシス検出のためのプローブデザインを概説し，それを利用した細胞と動物個体のイメージングを紹介する．

はじめに

細胞死は，生体の恒常性を維持し病原体から防御する重要なメカニズムの1つである．この細胞死による生体の恒常性の破綻は，神経変性障害，心臓血管疾患，自己免疫疾患など多様な病態を引き起こす．これまで細胞死は，アポトーシスとネクローシスの2種類のプロセスに大きく分類されてきた．しかし，ネクロプトーシスやオートファジー性細胞死などの新たな細胞死が発見され，細胞死研究は近年高い注目を集めている．

細胞死の1つであるアポトーシスは，細胞質の収縮やクロマチン凝縮，核の断片化という特徴を有する．一方ネクローシスは，細胞質空洞化や細胞膜破裂などの形態の特徴的な変化として観察される．さらに生化学的な研究の進展により，アポトーシスとネクローシス固有の細胞内シグナルが分子レベルで特定されている．例えば，caspaseの活性化，ミトコンドリア膜電位の消失，DNA断片化はアポトーシスを検出する重要なマーカーとなっている．

アポトーシス検出マーカーを指標として，さまざまなイメージング技術が開発されてきた．細胞や小動物では蛍光や発光プローブが，また動物やヒトへの応用ではPETやSPECT，あるいはMRIが利用されている[1]．蛍光イメージングは時間および空間解像度が高く，細胞内の微細な構造情報や細胞死の時間変化を追跡する目的に適している．一方PETやSPECTは，γ線の優れた組織透過性とその強いエネルギーから，大動物やヒトなど組織深部の情報を高感度に取得することができる．しかし，コストが高く放射性同位元素を利用することから，基礎研究レベルでの広範囲な普及にはいまだ至っていない．MRIは，組織透過性においてはきわめて有力な技術である．しかし検出感度が低いため，組織中に高濃度に存在する分子しかターゲットに

Takeaki Ozawa（東京大学大学院理学系研究科）

表1　細胞死を検出するプローブ

細胞死マーカー	細胞死の種類	ターゲット分子	イメージング法	文献
effector caspases (caspase-3, -6, -7)	アポトーシス	DEVD＊	発光プローブ・蛍光プローブ	3～14
phosphatidylserine	アポトーシス ネクローシス	Annexin V CLSYYPSY SVSVGMKPSPRP	蛍光プローブ 蛍光プローブ 蛍光プローブ	15，16 17 18
phosphatidylethanolamine	アポトーシス ネクローシス	Duramycin	蛍光プローブ	19，20
histones	アポトーシス	CQRPPR	蛍光プローブ	21，22

＊caspaseの種類により認識アミノ酸配列は異なる．

することができない．一方，発光を利用するイメージング技術は，化学エネルギーを光情報に変換するため，蛍光イメージングのような外部光を必要としないことが大きな特徴である．発光イメージングではバックグラウンドノイズを最小限に抑えることができることから，小動物個体内からも細胞死を容易に検出することができる[2)]．一方蛍光や発光を利用する光イメージングは，光の組織透過率の限界から，大動物への応用は難しい．このように検出手段には，原理や特徴に一長一短がある．以下，発光イメージングに焦点をあてて解説する．

細胞死を検出する代表的マーカーを表1に示す．それぞれの細胞死マーカーに対応するターゲット分子が存在する．このターゲット分子をプローブに挿入することで，マーカー選択的な細胞死の検出が可能になる．アポトーシスでしばしば用いられるマーカーは，エフェクター型caspaseである[3)～14)]．エフェクター型caspaseには，caspase-3，-6，-7が知られており，いずれも-Asp-Glu-Val-Asp-（-DEVD-）の4アミノ酸を認識し，そのC末端側のアスパラギン酸のペプチド結合を切断する．このペプチド配列をプローブに組込むことにより，caspase活性を発光シグナルとして検出することができる．具体的なプローブのデザインを以下に紹介する．

アポトーシス検出プローブのデザイン

ホタル由来のルシフェラーゼは，ATPとO_2を利用してD-luciferinを基質として発光する．ホタル以外にもコメツキムシ由来や鉄道虫由来のルシフェラーゼも同じD-luciferinを基質とする．一方，ウミシイタケ由来のルシフェラーゼやコペポーダ由来のルシフェラーゼは，セレンテラジンを基質とする．アポトーシスを発光で検出する方法は，①基質であるD-luciferinを修飾する方法，②ルシフェラーゼを修飾する方法，に大別できる．以下，順に代表的なプローブを紹介する．

1. D-luciferinを修飾する方法

図1はD-luciferinの誘導体であるアミノルシフェリン[※1]にDEVD配列を介して保護基が連結したD-luciferin誘導体である．この化合物はルシフェラーゼに対して不活性であるが，caspaseが活性化するとcaspaseが化合物中のDEVDを切断し，アミノルシフェリンが細胞内

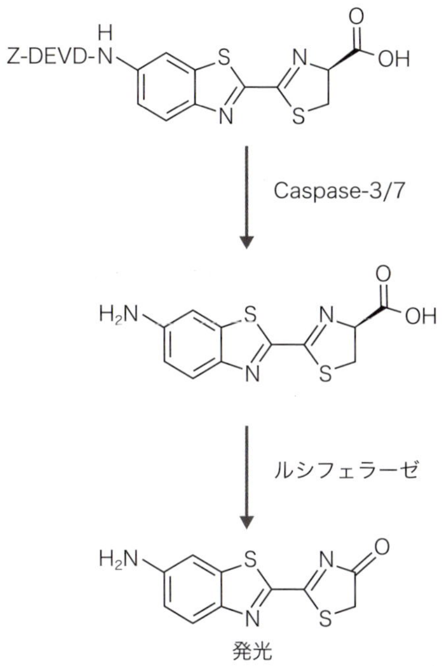

図1　Caspase活性を検出するアミノルシフェリン基質の誘導体

アミノルシフェリンにDEVD配列を連結すると，ルシフェラーゼ不活性となる．Caspase-3/7によりDEVDが切り出されるとルシフェラーゼのよい基質となり発光する．

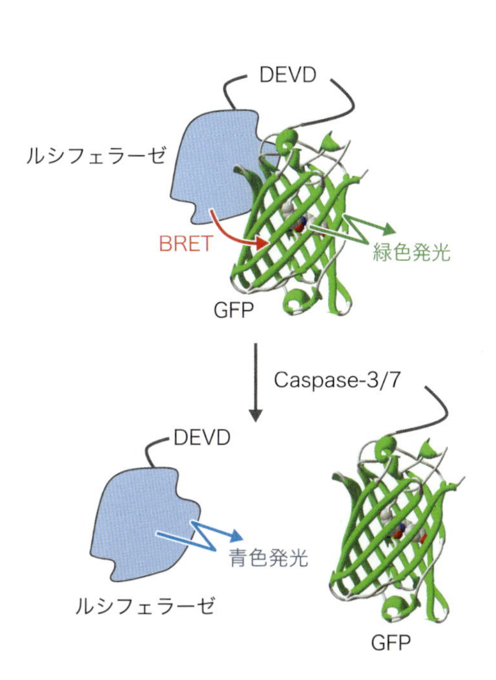

図2　Caspase活性を測定するタンパク質プローブ

ルシフェラーゼと蛍光タンパク質をDEVD配列で連結したプローブは緑色発光する．Caspase-3/7の活性化によりDEVD配列が切断されると，ルシフェラーゼはGFPから切り離されるため，青色発光となる．

に蓄積する．アミノルシフェリンは，ルシフェラーゼのよい基質となるため，発光反応が触媒される．したがって，ルシフェラーゼ存在下で発光活性を測定することで，caspaseの活性を評価することが可能となる[11]．なお，本基質はすでに市販されており，さまざまな目的で汎用されている．

2. ルシフェラーゼを修飾する方法

ルシフェラーゼを修飾する方法の1つは，基質を結合したルシフェラーゼから蛍光タンパク質へのエネルギー移動（FRET）を利用する発光プローブである（図2）．海洋性カイアシ類の一種である*Gaussia princeps*由来のルシフェラーゼと蛍光タンパク質（GFP）を，DEVD配列を挿んで連結する．この融合タンパク質は，ルシフェラーゼの発光エネルギーがGFPに移動し緑色蛍光を発する（この現象をbioluminescence resonance energy transfer：BRET※2とよんでいる）．このプローブを導入した細胞内でcaspaseが活性化すると，プローブ内のDEVD配

※1　アミノルシフェリン

D-luciferinのヒドロキシ基（−OH）がアミノ基（$-NH_2$）に置換したルシフェリン．アミノルシフェリンもホタル由来のルシフェラーゼの基質となり発光する．

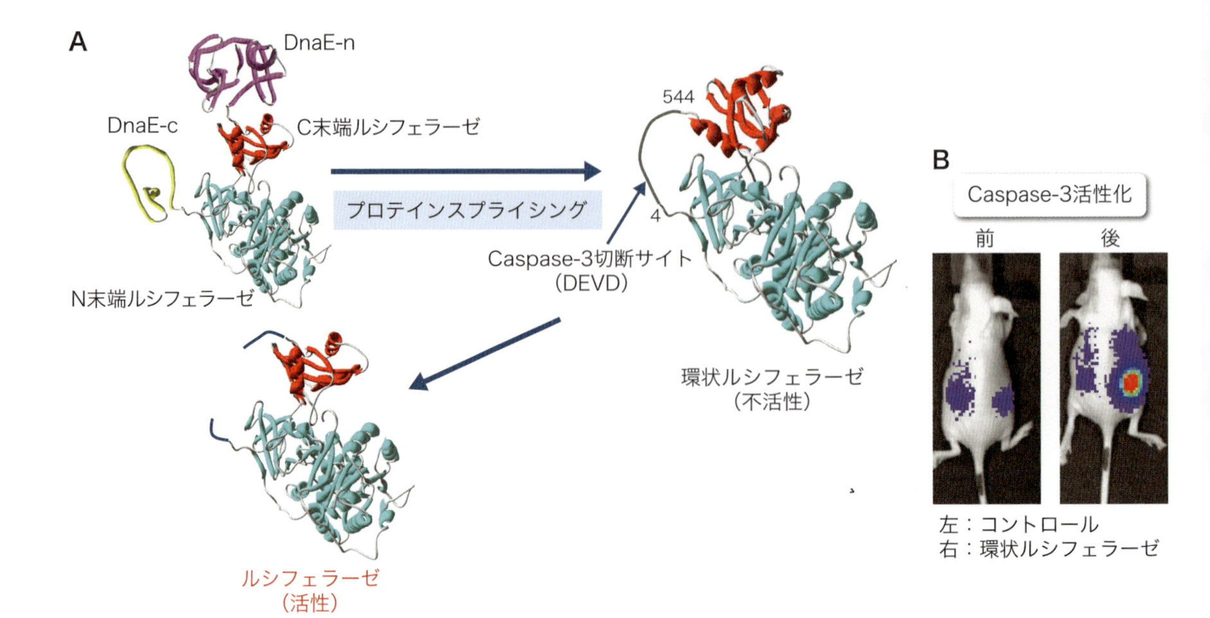

図3　環状ルシフェラーゼによるCaspase活性可視化プローブ

A） DnaE-n, DnaE-cは，プロテインスプライシングを惹起するタンパク質．ルシフェラーゼのN末端とC末端が組み継がれ，環状ルシフェラーゼが形成される．**B）** 環状ルシフェラーゼを用いたマウス個体内でのCaspase-3活性イメージング．ルシフェラーゼ発光を擬似カラー表示して，マウス画像に重ねて表示した．文献7をもとに作成．

列が切断され，ルシフェラーゼがGFPから遊離する．その結果，BRETが解消されるため，ルシフェラーゼの青色発光が観察される[10]．すなわち発光のスペクトル変化をモニターすることで，caspase活性を可視化することが可能である．この検出方法は，プローブの開発原理としてはシンプルであり，培養細胞実験では効力を発揮する．一方発光波長の変化が小さく青色光であるため，生物個体内でのcaspase検出には向かない．

そこでわれわれは，DEVDの切断により発光が観察される環状ルシフェラーゼを開発した（図3）[7]．ルシフェラーゼのN末端とC末端は，DEVD配列を挿入し直接連結する．この連結にはプロテインスプライシング※3という，タンパク質の組み継ぎ反応を利用する．プロテインスプライシングは自発的なタンパク質組み継ぎ反応であり，inteinとよばれるタンパク質をルシフェラーゼの両末端に連結するだけで，ルシフェラーゼを環状化することができる．このN末端とC末端がDEVD配列で組み継がれた環状ルシフェラーゼは，立体構造に歪みが生じるため，そ

※2　BRET

発光基質の励起状態にあるエネルギーが，近傍にある蛍光物質へとエネルギー移動するFRET現象．ルシフェラーゼと蛍光タンパク質の融合タンパク質は，ルシフェラーゼ活性により生じた基質の励起状態のエネルギーが蛍光タンパク質へと移動し蛍光の放出が起こる．

※3　プロテインスプライシング

タンパク質の組み継ぎ反応．1本の直鎖状ポリペプチドから，真ん中に介在するペプチド（inteinとよばれる）がとり除かれ，その両側に位置するペプチド（extein）がアミド結合により連結する一連の反応過程をいう．inteinを1本鎖ペプチド（タンパク質）の両末端に連結することで，ペプチドを環状にすることができる．

の活性が大きく低下する．この不活性なルシフェラーゼを標的細胞に発現させ，細胞内に蓄積させておく．細胞外刺激などによりcaspaseが活性化すると，環状ルシフェラーゼ中のDEVD配列が切断され，ルシフェラーゼは元の立体構造に戻り発光能が回復する．実際，培養細胞にアポトーシスを誘起するstaurosporine（STS）を添加すると，STS濃度依存的に発光シグナルが上昇する．また，caspase-3の阻害剤であるZ-VAD-FMKを投与すると，発光シグナルの上昇は抑制されることから，阻害剤評価に応用可能であることがわかる．環状ルシフェラーゼはさまざまな動物実験にも応用されており，その実用性が立証されている．詳細な実験方法および結果については，**プロトコール編-12**を参照していただきたい．

おわりに

以上，発光を利用した細胞死イメージングの技術について概説した．本稿ではcaspaseに焦点をあてて発光イメージングプローブのデザインを紹介したが，蛍光イメージングはさまざまなマーカーを標的としたプローブが開発され実応用されている．発光イメージングも研究のニーズにあわせ，新たなマーカーをターゲットにしたプローブが今後開発されることであろう．組織透過性の優れた長波長発光イメージングプローブの開発，深度情報を取得するための分析機器と三次元画像構築などの技術，オプトジェネティクスで光操作した後の細胞内シグナル検出など，関連する技術との融合によってさらなる発光イメージング技術の発展を期待したい．

◆ 文献

1） Massoud TF & Gambhir SS：Genes Dev, 17：545-580, 2003
2） Ozawa T, et al：Anal Chem, 85：590-609, 2013
3） Joseph J, et al：PLoS One, 6：e20114, 2011
4） Zhang Z, et al：Mol Pharm, 6：416-427, 2009
5） Bullok KE, et al：Biochemistry, 46：4055-4065, 2007
6） Barnett EM, et al：Proc Natl Acad Sci U S A, 106：9391-9396, 2009
7） Kanno A, et al：Angew Chem Int Ed Engl, 46：7595-7599, 2007
8） Ozaki M, et al：Theranostics, 2：207-214, 2012
9） Ray P, et al：Clin Cancer Res, 14：5801-5809, 2008
10） Gammon ST, et al：Biotechnol Prog, 25：559-569, 2009
11） Hickson J, et al：Cell Death Differ, 17：1003-1010, 2010
12） Haga S, et al：Lab Invest, 90：1718-1726, 2010
13） Matsuo J, et al：Can J Microbiol, 65：135-143, 2019
14） Niu G, et al：Theranostics, 3：190-200, 2013
15） Demchenko AP：Cytotechnology, 65：157-172, 2013
16） Ntziachristos V, et al：Proc Natl Acad Sci U S A, 101：12294-12299, 2004
17） Thapa N, et al：J Cell Mol Med, 12：1649-1660, 2008
18） Shao R, et al：Mol Imaging, 6：417-426, 2007
19） Marconescu A & Thorpe PE：Biochim Biophys Acta, 1778：2217-2224, 2008
20） Stafford JH & Thorpe PE：Neoplasia, 13：299-308, 2011
21） Wang K, et al：J Control Release, 148：283-291, 2010
22） Lee MJ, et al：Mol Imaging Biol, 14：147-155, 2012

がん研究領域における生体発光イメージング

今村健志，二宮寛子，川上良介，齋藤　卓

実験の目的とポイント

生体発光イメージングは，動物が生きている状態で生体そのものを丸ごと解析する手法で，がん研究においては，がん細胞の増殖や転移の病態解明のみならず，抗がん剤の開発からその作用機序の解明や薬効評価などに有用な情報を与えるテクノロジーである．生体発光イメージングの特徴は，CT，MRI，PETや超音波などの他の生体イメージングモダリティーと異なり，適切な分子プローブを駆使することで，がんの細胞動態解析だけでなく，細胞機能や環境などを同時に可視化して解析することができることである．具体的には，ルシフェラーゼ遺伝子のプロモーターに工夫を凝らすことで細胞内シグナル伝達などの機能や低酸素などのがん微小環境をイメージングできる．さらに二分割したルシフェラーゼを用いるとタンパク質間相互作用やユビキチン化などタンパク質の翻訳後修飾，タンパク質の細胞内局在などを可視化して解析することができる．

はじめに

1．手法の原理

生体発光イメージングは，*in vitro*の細胞生物学実験において広く利用されてきた標的遺伝子の発現を測定するルシフェラーゼレポーターアッセイを利用した*in vivo*のイメージング技術である[1)～3)]．具体的には，ホタル（またはウミシイタケなど）ルシフェラーゼを恒常的に発現する遺伝子改変動物またはルシフェラーゼ遺伝子導入細胞を移植した動物を準備する．ルシフェラーゼの発光基質であるD-luciferin（ウミシイタケの場合はセレンテラジン）を投与した動物を暗箱の中に入れ，超高感度CCDカメラによって，動物の体内に存在するルシフェラーゼ発現細胞から発せられる微量な光子を捕捉する．ソフトウェアによってそのデータを数値化し，リアルタイムの画像データとして提示することで，生きている動物の中のがん細胞の動態をモニタリングすることが可能になる（図1）[1) 2)]．具体的には，MDA-MB-231細胞からサブクローニングした100％骨転移を起こす高骨転移乳がん細胞株MDA-231-D細胞[4)]にレンチウイルスを使ってSV40プロモーターに繋いだルシフェラーゼ遺伝子を導入し恒常的にルシフェラーゼ

Takeshi Imamura[1) 2)], Hiroko Ninomiya[1)], Ryosuke Kawakami[1)], Takashi Saitou[1) 2)]（愛媛大学大学院医学系研究科分子病態医学講座[1)]，愛媛大学医学部附属病院先端医療創生センター[2)]）

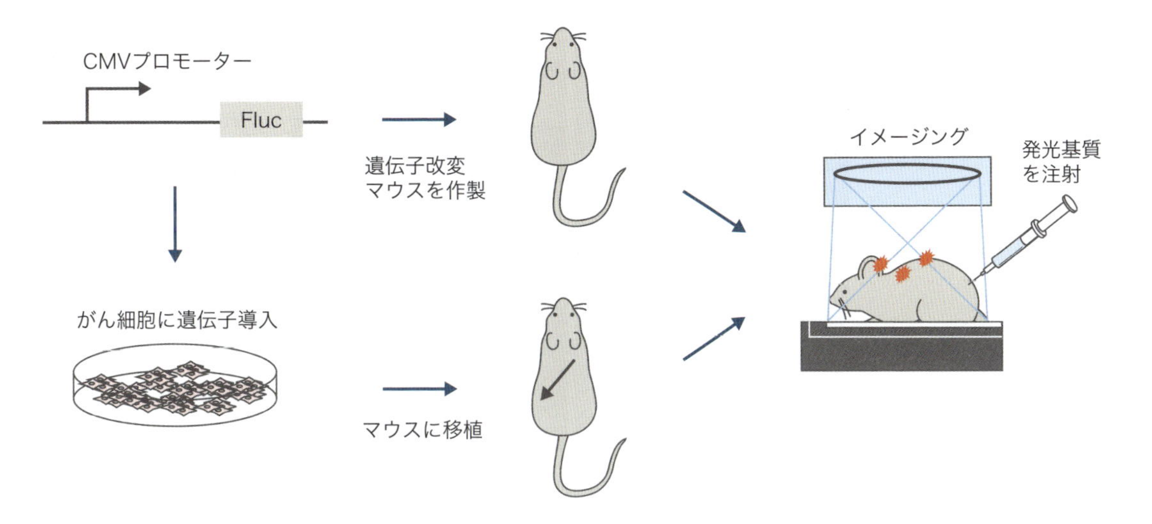

図1　生体発光イメージングの原理
ホタルルシフェラーゼ（Fluc）を発現する遺伝子改変動物を作製，またはFluc遺伝子導入細胞を移植した動物を準備し，発光基質であるD-luciferin投与後に，暗箱の中で超高感度CCDカメラによって，ルシフェラーゼ発現細胞から発せられる光子を捕捉する．

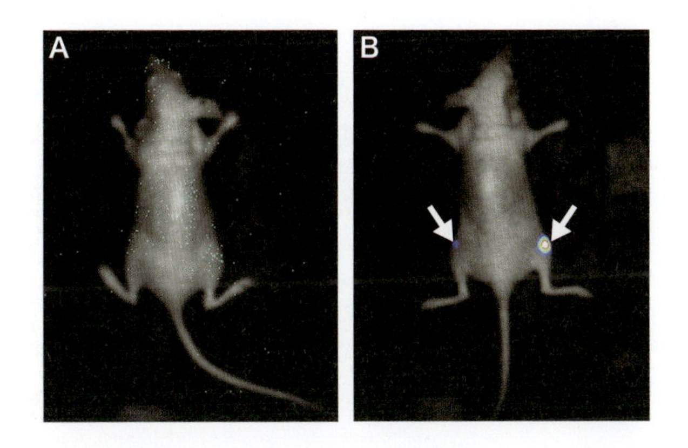

図2　骨転移した乳がん細胞の生体発光イメージング
恒常的にホタルルシフェラーゼが発現するMDA-231-D細胞をヌードマウスの左心室に注射し，移植直後（**A**）と移植２週間後（**B**）に発光基質D-luciferinを投与して発光イメージングを行ったところ，骨転移巣からのシグナル（矢印）を検出した．

タンパク質を産生するMDA-231-D-Fluc細胞をヌードマウスの左心室に移植し，経時的に発光イメージングを行うと，骨に転移した乳がんをモニタリングできる（図2）．さらに，ルシフェラーゼ遺伝子の発現制御にシグナル応答性のプロモーターなどを使うことによって，転写活性や細胞内シグナル伝達など（図3）[5]の機能，低酸素[6]などのがん微小環境をイメージングできる（表1）．また，ルシフェラーゼタンパク質をN末端とC末端に分割したスプリットルシフェラーゼを用いると，タンパク質間相互作用やユビキチン化などタンパク質の翻訳後修飾，

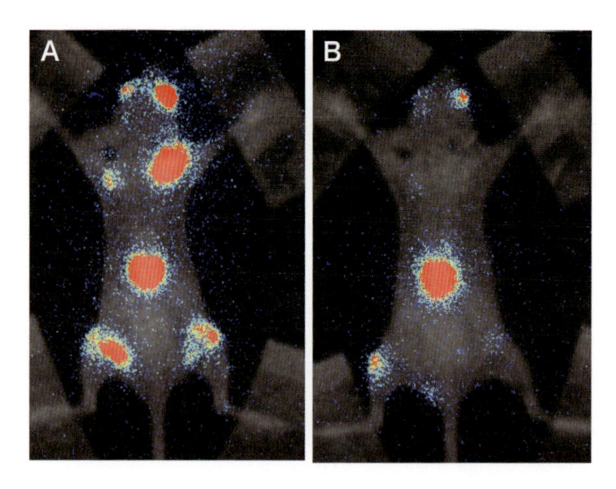

図3　骨転移した乳がん細胞のTGF-βシグナルの生体発光イメージング

恒常的にウミホタルルシフェラーゼが発現かつ，TGF-β応答性プロモーターの支配下にホタルルシフェラーゼが発現するMDA-231-D細胞をヌードマウスの左心室に注射し，移植6週間後にウミホタルルシフェラーゼの発光基質セレンテラジン（**A**）とホタルルシフェラーゼの発光基質D-luciferin（**B**）を投与して発光イメージングを行い，それぞれ骨転移しているがん細胞（**A**）と細胞内のTGF-βシグナル（**B**）を可視化した．

表1　がんイメージングの解析対象と代表的な遺伝子プローブ設計

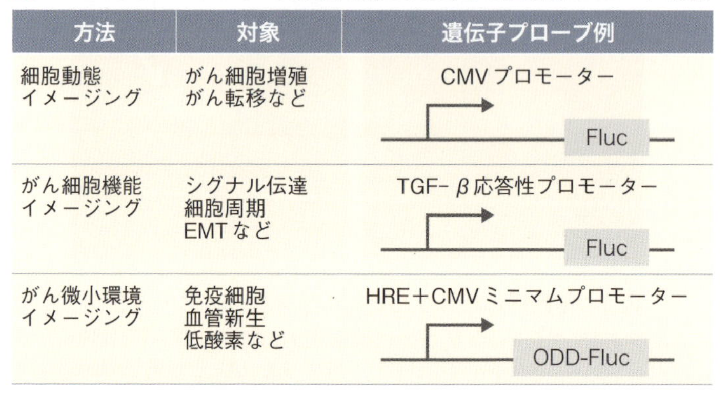

方法	対象	遺伝子プローブ例
細胞動態イメージング	がん細胞増殖 がん転移など	CMV プロモーター Fluc
がん細胞機能イメージング	シグナル伝達 細胞周期 EMT など	TGF-β応答性プロモーター Fluc
がん微小環境イメージング	免疫細胞 血管新生 低酸素など	HRE＋CMV ミニマムプロモーター ODD-Fluc

FlucはFirefly luciferase（ホタルルシフェラーゼ），ODD-FlucはHIF-αの酸素依存的分解ドメイン（ODD）とホタルルシフェラーゼの融合タンパク質．

タンパク質の細胞内局在などを可視化して解析することができる（**プロトコール編-4**を参照）．

2. 他の手法と比較した特徴

がん研究分野における生体イメージング技術として，放射線・放射性同位元素や核磁気などを利用しすでに臨床現場で活躍しているコンピューター断層撮影（Computed Tomography：CT），陽電子放射断層撮影法（Positron Emission Tomography：PET）や核磁気共鳴画像

表2　がんイメージングにおける各種イメージング法の長所と短所

イメージング法	長所	短所
発光イメージング	高感度で生体深部観察が可能，簡便で迅速性に優れている	基質の投与が必要，発光半減期が短く，多元解析が難しい
蛍光イメージング	基質の投与が不要で，操作が簡便，多元解析が可能	生体バックグラウンド（自家蛍光）が高く，深部観察が困難
コンピューター断層撮影（CT）	深部観察が可能で，がんのみならず周囲の解剖学的形態観察が容易	被曝し，組織コントラストが低く，分子イメージングが困難
陽電子放射断層撮影法（PET）	高感度で深部観察が可能で，定量性に優れており，多様な分子プローブが利用可能	被曝し，サイクロトロンなどの大がかりな装置が必要で，RI使用のために施設が限られる
核磁気共鳴画像（MRI）	高解像度で深部観察が可能で，代謝，血流から神経活動に至るまでさまざまなものが測定対象	感度が悪く，大がかりな装置が必要，分子イメージングが困難
超音波診断法（US）	機器が小型で，長時間のリアルタイムが観察可能	骨や空気の存在に弱く，高度な測定技術が必要，深部観察が困難

（Magnetic Resonance Imaging：MRI）などを小型化したマイクロCT，マイクロPETやマイクロMRIや超音波診断法（Ultrasound：US）などがあり，広く動物実験に応用されているが，それぞれに長所と短所がある[3)]（表2）．長所として，無侵襲で体全体を解析することが可能だが，短所として，空間分解能や時間分解能が低く，分子プローブの作製が困難なことなどから，動物個体内の細胞あるいは特定の分子の機能を調べることは困難である．また，ラジオアイソトープや大型機器を使用する場合は，研究環境の制限を受ける．

一方，蛍光イメージングや発光イメージングは，CT，PETやMRIのように研究環境の制限を受けることなく簡便に実験を行うことができ，比較的空間分解能や時間分解能が高く，動物個体内の細胞あるいは特定の分子の機能を調べることができる．さらに分子プローブを設計することで，細胞機能のイメージングを行うことができる長所がある．

蛍光イメージングと発光イメージングの比較では，発光イメージングの方がS/N比（Signal to Noise ratio）が高く，生体の深部まで観察することができるため，マクロレベルで細胞の動態を観察するのに適している．具体的には，ホタルルシフェラーゼとGFP（green fluorescent protein）の両者（図4A）を同時に発現するヒト乳がん細胞株MDA-231-D細胞[4)]を免疫不全ヌードマウスに静注する肺転移モデルマウス（図4BC）と心注する骨転移モデルマウス（図4D〜F）で比較検討したところ，移植後6週間後の肺転移モデルマウスでは，発光イメージングでは胸部に強いシグナルが観察されたが（図4B），蛍光イメージングでは全くシグナルが検出できなかった（図4C）．また，移植後6週間後の骨転移モデルマウスでは，すでにX線画像上脛骨近位端で骨皮質を破壊する骨転移が形成されがん細胞が皮下まで浸潤していることが想定され（図4D），膝周囲に強い発光シグナルが観察され（図4E），同部位に蛍光シグナルも検出されたが（図4F），蛍光イメージングはバックグラウンドが高かった．すなわち，GFPを利用した蛍光イメージングは生体のバックグラウンドが高く，光そのものの吸収や散乱などのさまざまな問題が生じ，深部観察が難しいという欠点がある．

さらに，発光イメージングの検出感度を明らかにするために，前述細胞を100個（図5A），10個（図5B）と3個（図5C）ずつヌードマウス皮下に移植してイメージングしたところ，100個と10個のみならず，3個の細胞を皮下移植した部位からもがん細胞からの発光シグナルを検

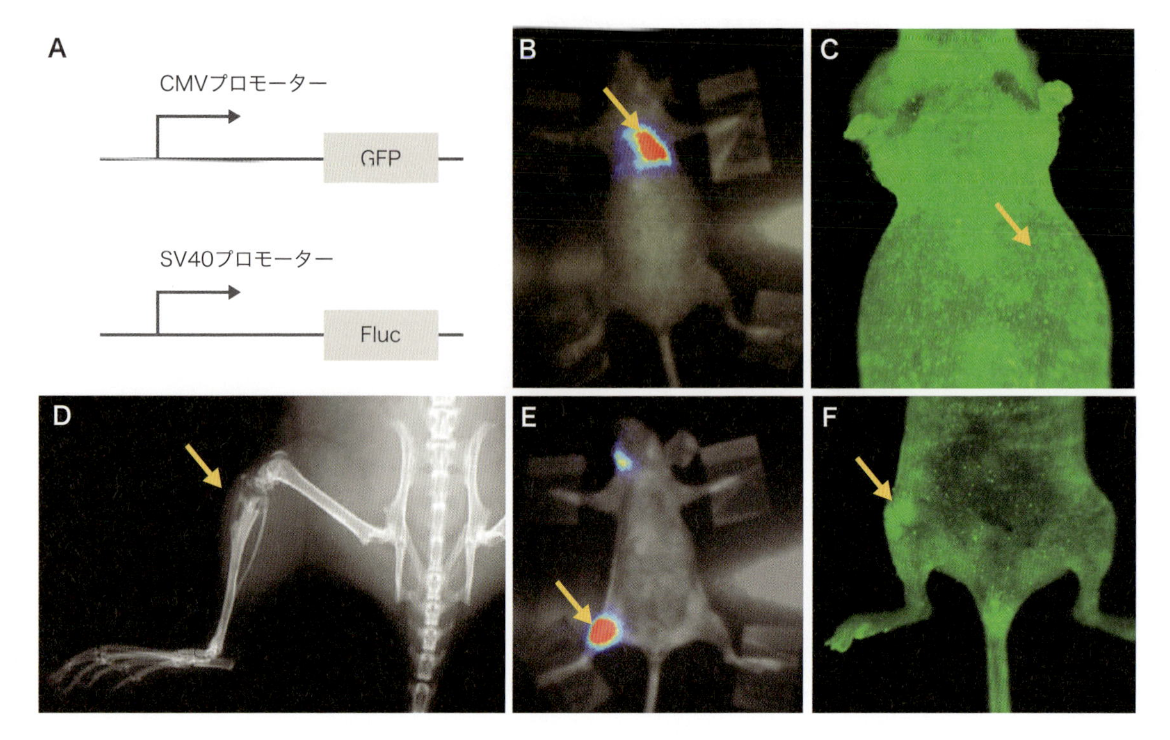

図4　生体発光イメージングと生体蛍光イメージングの検出感度の比較

FlucとGFPの両遺伝子（**A**）を導入したMDA-231-D細胞を経静脈的にヌードマウスに移植して6週間後に発光イメージングを行うと，胸部にシグナルを検出した（**B**，矢印）．一方，同じマウスで蛍光イメージングを行ってもシグナルは検出できなかった（**C**，矢印）．さらに同じ細胞で骨転移モデルを作製すると，移植6週間後にX線画像で骨破壊が確認され（**D**，矢印），同部位に強い発光シグナルを検出した（**E**，矢印）．同じマウスで蛍光イメージングを行うと，わずかにシグナルを検出した（**F**，矢印）．文献9より引用．

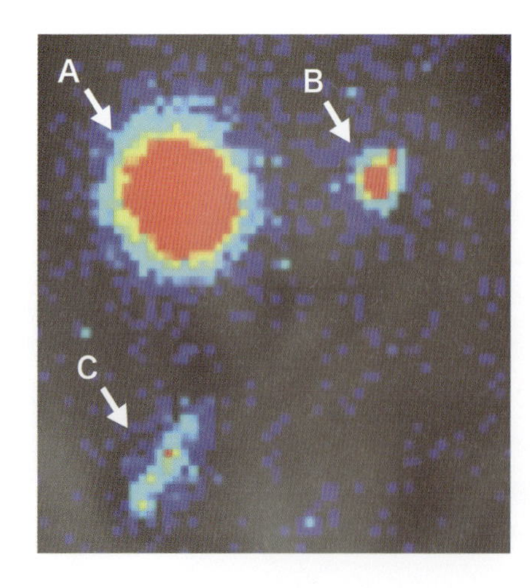

図5　生体における発光イメージングの検出感度

Flucを発現するがん細胞を，100個（**A**），10個（**B**）と3個（**C**）ずつヌードマウス皮下に移植して，D-luciferinを投与した後に発光イメージングを行った．文献9より引用．

出することができた．この結果は，発光イメージングは高感度で，生体における細胞動態のイメージングに適していることを意味する．最近，宮脇らは，生体のより深部を非侵襲的に観察できる高感度人工生物発光システムAkaBLIを開発した[7]．このシステムはマーモセットなど霊長類にも適用可能で高次脳機能のリアルタイム可視化への応用が期待されている（発展編-2を参照）．

準備

1．がんモデル動物実験（骨転移モデル）の材料

- □ **培養がん細胞**：高骨転移性ヒト乳がん細胞株MDA-231-D細胞[4]に，ホタルルシフェラーゼ遺伝子を導入した安定発現細胞株
- □ **細胞培養用試薬**：High Glucose DMEM（サーモフィッシャーサイエンティフィック社，#11965）に，100 U/mLペニシリン・100 μg/mLストレプトマイシン（サーモフィッシャーサイエンティフィック社，#15070），10％FBS（サーモフィッシャーサイエンティフィック社，#14190）になるように調製した培養液および細胞を剝がすときに必要な0.05％トリプシン-EDTA（サーモフィッシャーサイエンティフィック社，#25530）
- □ **がん細胞移植用動物**：免疫不全BALB-/cヌードマウス雌5週齢（日本チャールス・リバー社）
- □ **テルモシリンジ26G注射針付（テルモ社，#SS-01T2613S），70％エタノール脱脂綿**

2．生体発光イメージング実験の材料

- □ **がん細胞を移植したマウス（がん骨転移モデル）**
- □ **吸入麻酔器，イソフルラン吸入麻酔液「ファイザー」（ファイザー社）**
- □ **静脈麻酔薬**：ケタラール（ケタラール筋注用 500 mg/10 mL；第一三共社）500 μL，セラクタール（セラクタール2％注射液；バイエル薬品社）150 μLと生理食塩水（大塚生食注；大塚製薬社）5.85 mLを混合
- □ **D-luciferinカルシウム（富士フイルム和光純薬社，#126-05111）**：12.5 mg/mLとなるようPBSに溶解し，0.20 μmフィルターで滅菌後－20℃で保存（凍結融解を避けるため数本にわけて保存）
- □ **インスリン用注射針付シリンジゲージ**：27G×1/2（テルモ社，#SS-10M2713A）
- □ **マイジェクター（テルモ社）**
- □ **マウス尾静脈用捕定台**
- □ ***In vivo*発光イメージング装置**：IVIS Imaging System（住商ファーマインターナショナル社），NightOWL Ⅱ LB983（Berthold Technologies社）など[*1]

＊1　*In vivo*発光イメージング装置については，最近，無侵襲光イメージングに関する特許が切れたことから各社いろいろな機器を販売しはじめている．

プロトコール

1. がん骨転移モデル動物作製（米田らの心注移植の方法[8]に準じて）

❶ サブコンフルエントの細胞をPBSで洗浄後，トリプシンで細胞を剝がす．

↓

❷ 培地にて 1×10^6 cells/mLの細胞浮遊液を調製する．

↓

❸ 移植用シリンジに細胞懸濁液0.2 mLを充填する．

↓

❹ ヌードマウスにイソフルランで麻酔をかけて仰臥位にする＊2．

＊2 以前は，エーテルなどを用いていたが，現在は推奨されない．

↓

❺ マウスの両上肢を水平に固定し，70％エタノール脱脂綿で胸部を清拭する．第2/3肋骨の間，胸骨の左外側縁（正中線より約1 mm）を刺入点とし，針を垂直に2～3 mm進める．

↓

❻ 針先が左心室に刺入されたかは，シリンジへの動脈血の逆流か細胞浮遊液の拍動性の動きを観察することで行う．針先の刺入が確認できたら，一定の速度で細胞浮遊液を注入する．このとき，針先が動かないよう十分に注意する．

↓

❼ 注入後，すみやかに針を抜き70％エタノール脱脂綿にて軽く止血する．

2. 生体発光イメージング実験

❶ D-luciferinカリウムを200 μL注射器に充填し，尾静脈用捕定台に固定したマウスの尾静脈より投与する．投与後はすみやかに針を抜き70％エタノール脱脂綿にて軽く止血する．

↓

❷ D-luciferinカリウムを注射して1～2分程度，マウスをケージ内に戻し，発光基質が全身にデリバリーされるのを待つ．

↓

❸ 再び尾静脈用捕定台に固定したマウスの尾静脈より，マイジェクターを用いて体重1 gあたり10 μLずつの混合静脈麻酔液を投与し麻酔をかける．投与後はすみやかに針を抜き70％エタノール脱脂綿にて軽く止血する．

↓

❹ 体動が抑制されたらイメージング装置のダークボックス内にあるステージにマウスを伏臥位にし，両四肢を広げるようにして軽くメンディングテープで固定し，撮像する．

↓

❺ マウスをケージに戻し，飼育を継続する．

よくあるトラブル

1．がんモデル動物実験（骨転移モデル）

Q．骨転移の効率が悪いです．

A．移植細胞のviabilityは重要で，移植の前日に培養細胞の培地を交換するなどして状態のよい細胞を用いることが必須である．また，細胞がアグリゲートしないように調製した細胞浮遊液は氷冷し，すみやかに移植に用いるとよい．

Q．細胞移植時に，正確に針先が左心室をとらえられません．

A．針先が左心室を確実にとらえるためには，刺入点の設定と針の深さが重要である．

Q．シリンジへの動脈血の逆流もしくは細胞浮遊液の拍動性の動きを確認できません．

A．マウスへの麻酔を，体動は抑制されつつも極端な心拍の低下は認められない深度に保つ必要がある．

Q．骨転移実験結果のばらつきがあります．

A．細胞移植時のシリンジのピストン操作中に手ぶれが生じ，細胞浮遊液の全量が確実に注入されないと，実験結果のばらつきにつながる．注入中の手ぶれは，手首をしっかりとテーブルに固定することで回避できる．

2．生体発光イメージング操作

Q．ホタルルシフェラーゼのイメージングはうまくいくが，ウミシイタケ由来のルシフェラーゼのイメージングはうまくいきません．

A．ウミシイタケルシフェラーゼの発光基質のセレンテラジンはD-luciferinに比べ酸化しやすいので，取り扱いに注意する．

実験系カスタマイズのコツ

実験系の構築において，まずはモデルにあわせたイメージングシステムの構築が重要である．深部観察の場合は，必要に応じて長波長化された高感度のAkaBLI[7]などを用いることをすすめる．また，場合によっては，CT，MRI，PETや超音波などの他の生体イメージングモダリティーと組合わせたマルチモダリティー解析も有用である．さらに，細胞に恒常的にルシフェラーゼを発現させて細胞をモニタリングするのみならず，適切な分子プローブを駆使することで，細胞機能や環境などを同時に可視化するとその応用範囲は飛躍的に広がる．

1．がんモデル動物実験（骨転移モデル）

オリジナルのヒト乳がん細胞株MDA-MB-231細胞の転移率は約20％と低いので，骨転移巣から細胞を回収して培養し，再び心注移植を行う行為を複数回くり返して作製したMDA-231-D細胞など高骨転移株[6]を使うことをすすめる．

2. 生体発光イメージング操作

①発光基質の使用方法については，発光基質の投与量やマウスへの投与方法，また発光基質を投与してから撮像までの時間は，それぞれが深く密接に関係しており，また実験の精度にも非常に強く反映される．

②マウスへの発光基質の投与方法は静脈内投与，腹腔内投与，皮下投与，経口投与などが用いられているが，それぞれの投与方法で発光基質の血中移行の割合や活性の持続時間に違いが生じる．このことから，自分の行う実験系や用いるイメージング装置に適した条件を探すことが必須である．

③撮像中のマウスの体動を抑制するためには麻酔が必要となる．静脈麻酔は特別な装置を必要としないことや扱いが簡便なことから，マウスへの麻酔薬として汎用されている．麻酔薬の投与量はマウスの体重をもとに計算し，これを標準量として静脈内注射をするが，マウスの状態を見きわめ，適宜投与量を増減する必要がある．例えば，がん細胞移植後5週目のマウスは悪液質を呈し体重の減少がしばしばみられるが，このようなマウスに標準量を投与してしまうと死に至ることがあるので十分注意しなければならない．一方，イソフルランを用いた吸入麻酔は，ガス麻酔装置や酸素ボンベなどを必要とするが，麻酔深度のコントロールが容易であるため，マウスの死亡事故を防ぐことができる．また長時間の麻酔が可能である利点をもつことから，静脈麻酔では不可能な比較的長い観察に適している．

実験例

MDA-231-D-Fluc細胞をヌードマウスの左心室に移植し，発光イメージングによってがん細胞の動態を観察した．移植直後に発光シグナルがマウス全体で観察され（図6A），がん細胞が全身に播種したことが確認できた．さらに，移植1週間後に観察したところ，発光シグナルはほとんど検出感度以下になった（図6B）．しかし，移植5週間後には四肢の骨の部分からはっ

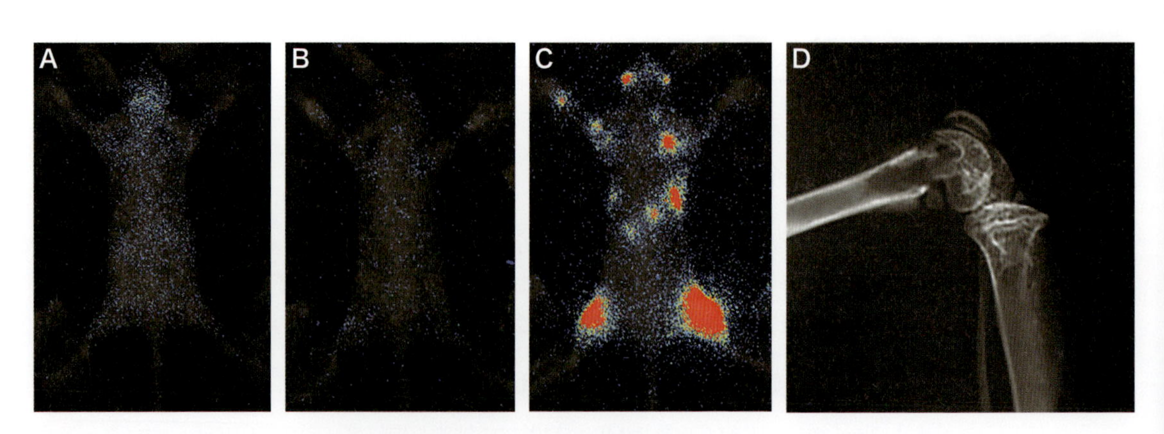

図6　生体発光イメージングを用いた乳がん骨転移の可視化

MDA-231-D-Fluc細胞をマウスの左心室に移植した直後（**A**），移植後1週間（**B**）と移植後5週間（**C**）に，D-luciferinを投与した後に発光イメージングを行った．移植後5週間のX線画像（**D**）で，大腿骨遠位端に骨破壊を伴う骨転移を認めた．

きりと強い発光シグナルが検出され（図6C），X線画像上，骨破壊が確認された（図6D）．

おわりに

生体発光イメージングは，同一個体を経時的に長期間観察するので，動物の個体差に左右されない精度の高い実験結果が得られる．また，実験に用いる動物数を極端に減らすことができるので動物福祉・愛護の面からも優れている．

がんは，単に細胞が異常増殖するのみならず，悪性化すると上皮間葉転換（epithelial mesenchymal transition：EMT）などを介して浸潤・転移する．よって，がん研究には，培養細胞を用いた*in vitro*解析に加え，モデル動物を用いた*in vivo*解析が重要である．ただし，動物実験においても，臓器・組織や細胞を固定またはすりつぶす解析が多く，必ずしも動物や細胞が生きている状況を正確に反映していないことが問題である．特に，がん転移のような複雑な分子メカニズムを明らかにするには，がん細胞の機能とがん微小環境を多元的にしかも時空間的に解析する必要があるため，動物を生きたまま経時的に解析することが必須である．生体発光イメージングは，リアルタイム解析ができることに加え，その迅速性，簡便性，汎用性から，がん研究のみならずさまざまな研究分野にわたる動物実験で有用である．

◆ 文献

1）Mezzanotte L, et al：Trends Biotechnol, 35：640-652, 2017
2）Kuchimaru T, et al：Nat Commun, 9：2981, 2018
3）Massoud TF & Gambhir SS：Genes Dev, 17：545-580, 2003
4）Ehata S, et al：Cancer Sci, 98：127-133, 2007
5）Katsuno Y, et al：Oncogene, 27：6322-6333, 2008
6）Kizaka-Kondoh S & Konse-Nagasawa H：Cancer Sci, 100：1366-1373, 2009
7）Iwano S, et al：Science, 359：935-939, 2018
8）Yoneda T, et al：Cancer, 88：2979-2988, 2000
9）今村健志，他：炎症と免疫，17：702, 2009

発光膜電位プローブを用いた脳活動計測

稲垣成矩，永井健治

実験の目的とポイント

フィールド電位※1は，脳内の神経ネットワークにおける情報伝達を反映することが知られており，認知や行動に関連する脳機能を理解するための手がかりとして，古くから計測されてきた．現在までさまざまな計測手法が開発されており，特にマウスにおける計測の場合，電極を用いた局所フィールド電位記録法や，蛍光膜電位プローブを用いて光学的に計測する手法がある．しかしいずれの手法も，電極や光ファイバーを頭部に挿入する必要があり，接続されたファイバーによってマウスの自由行動が阻害されることが知られている．一方，発光膜電位プローブは，フィールド電位をワイヤレスに計測することが可能であるため，マウスの自由行動を阻害しない．したがって，ケーブル同士が絡まるなどといった問題が起こらないため，複数マウスの同時脳活動計測に非常に有用である．

はじめに

フィールド電位の計測手法は，電極を用いる方法と，蛍光膜電位プローブを用いる方法の2つに大きく分けることができる．観察部位に直接電極を挿入し計測する局所フィールド電位記録法では，局所的な脳活動を計測可能であり，脳波計測では頭皮上などに電極を配置することで，マクロなフィールド電位を間接的に記録することができる[1)]．電極を用いた計測はいずれも高い時間分解能で計測ができる一方，蛍光膜電位プローブを用いた蛍光イメージングでは，高い空間分解能でフィールド電位を計測できる利点がある[2)]．近年ではTEMPOとよばれる遺伝子にコードされた蛍光膜電位プローブとファイバー光学系を利用した計測手法も報告され，空間分解能は高くないが，細胞種特異的なフィールド電位を計測することも可能となっている[3)]．

現在まで，自由行動下における脳活動計測は，ファイバーを動物の頭部につなげることで行われてきた．一方で，ファイバーの接続自体が動物の行動を阻害することも知られており，自由行動を阻害することのない計測方法が求められてきた．また社会性行動時などにおける脳活動を計測するためには，複数の動物の脳活動を同時計測する必要性があるが，機器のセッティ

※1　**フィールド電位**
神経細胞集団の同期的活動から生じる電気的活動．

Shigenori Inagaki[1)], Takeharu Nagai[2)]（九州大学大学院医学研究院[1)]，大阪大学産業科学研究所[2)]）

ングが煩雑であること，またファイバー同士が絡まってしまうなどの問題から，前述の手法を用いることは非常に困難であった．そこで筆者らは，励起光照射の不要な発光膜電位プローブを開発し，そのプローブを利用したワイヤレス計測手法の開発を行った．

筆者らが世界に先駆けて開発した発光膜電位プローブLOTUS-V[4]は，ホヤ由来膜電位感受性ドメイン（VSD）[5]，発光タンパク質（NLuc）[6]，蛍光タンパク質（Venus）[7]からなる融合タンパク質であり，膜電位変化によって，フェルスター共鳴エネルギー移動（FRET）※2効率が増減し，発光レシオ（Venusの発光強度/NLucの発光強度）が変化する（図1）．このLOTUS-Vを観察部位の神経細胞特異的に発現させ，発光レシオを計測することで，観察部位のフィールド電位を計測することが可能である（図2）．またLOTUS-Vはレシオ測定型のプローブであり，観察対象の「動き」に強い．よって自由行動中マウスの脳領域から発せられるLOTUS-Vのシグナルを，頭部の傾きやモーションアーティファクトの影響をほとんど受けることなく，遠隔部に設置した高感度検出器を用いてワイヤレスに検出できる．この計測法により，今まで困難であった細胞種特異的なフィールド電位を，複数マウスから同時に計測することが可能となっている．

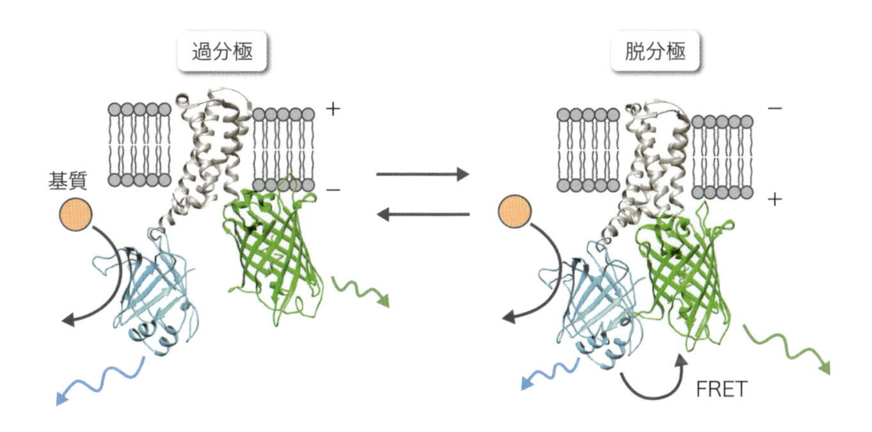

図1　LOTUS-Vの概略図

LOTUS-Vは膜電位感受性ドメイン（VSD：灰色），発光タンパク質（NLuc：水色），蛍光タンパク質（Venus：黄緑色）からなる融合タンパク質であり，膜電位の脱分極により，発光が水色から緑色に変化する．NLucは発光基質（フリマジン）の酸化反応を触媒し，水色の発光を生じる．脱分極により，NLucとVenus間の距離が短くなり，FRET効率が高くなる．これにより，NLucの発光強度は低くなり，Venusの発光強度が高くなる．その後，発光レシオ（Venusの発光強度/NLucの発光強度）を計算することで，細胞の膜電位変化を検出可能である．

※2　フェルスター共鳴エネルギー移動（FRET）

励起された蛍光分子の近傍に他の蛍光分子が存在する場合，励起エネルギーの一部が他方の蛍光体に遷移する現象．

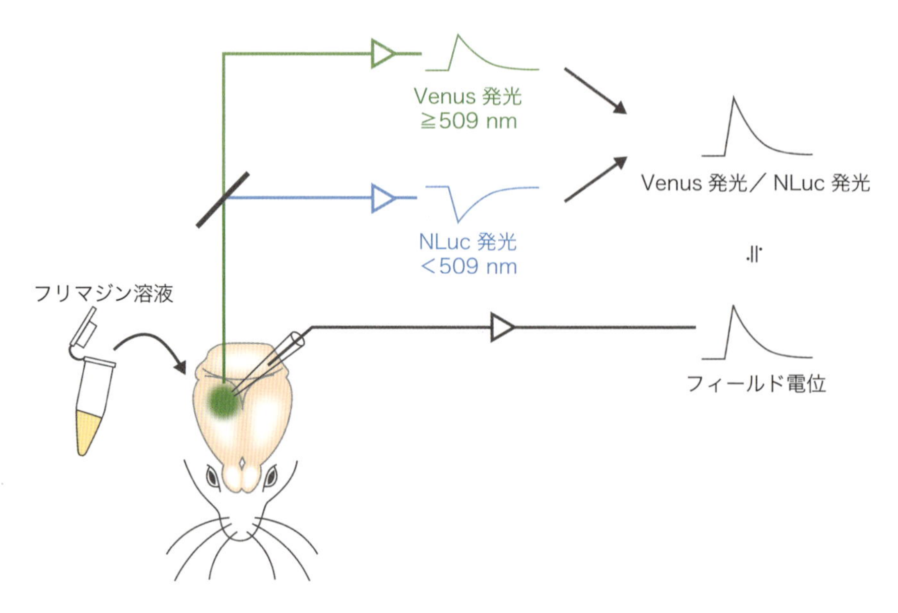

図2　フィールド電位計測の原理
フリマジン溶液を，LOTUS-V発現脳領域に浸透させることで，観察領域から発光を生じさせる．この発光シグナルを，ダイクロイックミラーによりNLucとVenusの発光に分け，発光レシオを計算することで，フィールド電位を計測する．

準備

1. 基質封入型頭蓋窓の作製

- □ **イソフルラン**：富士フイルム和光純薬社，＃099-06571
- □ **ヘッドプレート**：頭部固定での観察が不要であれば省略可
- □ **歯科用セメント**：フィットシール GC
- □ **4％ 低融点アガロース**：富士フイルム和光純薬社，＃317-01182
- □ **10 mM pH 7.3 HEPES溶液**：＋150 mM NaCl, 2.5 mM KCl，1 M $MgCl_2$，1 M $CaCl_2$
- □ **フリマジン溶液**：Nano-Glo luciferase assay system N1110，プロメガ社
- □ **プロピレングリコール**：富士フイルム和光純薬社，＃162-04997
- □ **O-リング（直径10 mm）**
- □ **Kwik-Sil**：World Precision Instruments
- □ **Touch Up Paint X-1 matte black**：SOFT99，#17101，光の反射を抑えられるものであればOK

2. 検出器のセッティング

- □ **ブラックガードスプレー**：ファインケミカルジャパン社，#FC-153
- □ **飼育用ケージ**
- □ **CCTVレンズ**：HF12.5SA-1, Fujinon，実験目的によって変更する必要あり

- □ **イメージインテンシファイア**：C8600-05 GaAsP，浜松ホトニクス社
- □ **Lumazone in vivo luminescence imaging system**：Molecular Devices社，ドラム缶などで自作した暗箱でもよい
- □ **EMCCDカメラ**：Evolve Delta 512，Photometrics社，CMOSカメラでも代替可能
- □ **イメージスプリッティング光学系**：W-VIEW GEMINI，浜松ホトニクス社
- □ **ダイクロイックミラー**：FF509-FDi01-25×36，Semrock社
- □ **遮光テープ**
- □ **アルミホイル**
- □ **LED**：LightEngine SPECTRA, Lumencor社
- □ **関数発生器**：WF1973, NF Corporation社

プロトコール

1. ウイルスインジェクション

LOTUS-Vを観察部位に発現させるため，アデノ随伴ウイルス（AAV）を特定の脳領域にインジェクションする．目的の細胞や領域で，十分に発現が確認できるセロタイプを選択する必要があり，筆者らの場合はAAV-DJ粗製溶液を第一次視覚野（V1）に導入し，LOTUS-Vを神経細胞特異的に発現させている．またウイルス導入後，3週間～5カ月までのマウスを実験に使用しているが，可能であればウイルス導入後1カ月程度のマウスで実験するのが好ましい．1カ月以降は発現量が徐々に落ちていき，発光シグナルが弱くなっていくため，画像コントラストが悪くなることがわかっている．

2. 基質封入型頭蓋窓の作製

LOTUS-V発現部位に発光基質（フリマジン）を導入することで，発光シグナルを観察することができる．ホタルルシフェリンのような親水性の基質は特に問題ではないが，フリマジンのような疎水性物質の場合は，溶媒が観察個体に与える影響に十分注意が必要である．エタノールまたはメタノールが溶媒にあらかじめ含まれている場合，筆者らは一度エバポレーターによって溶媒を揮発させた後，毒性の低いプロピレングリコールに基質を溶解させている（最終濃度5 mM）．また通常の個体発光イメージングのように静脈注射や腹腔注射でフリマジンを導入した場合，血液脳関門に阻まれ，発光観察に必要な量のフリマジンを脳内に供給することが難しい．したがって観察部位背側の硬膜を除去し，4％低融点アガロースで覆った後に，ヘッドプレートを利用したフリマジン溶液（HEPES溶液により最終濃度50 mMに希釈）のプールを用意することで，フリマジンを観察部位に直接浸透させる（図3）．その際Kwik-silと歯科用セメントを用いて基質封入頭蓋窓を固定する．この方法により，比較的高い基質濃度を維持したまま，基質溶液を観察部位に届けることができるうえ，発光寿命の短い指示薬でも，安定して長時間にわたるイメージングが可能になった．

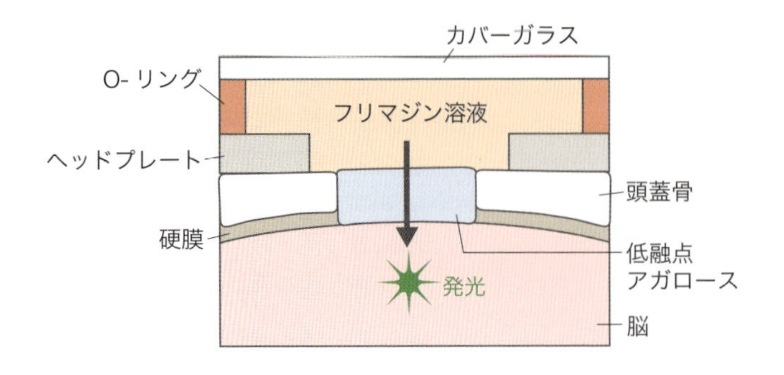

図3　基質封入型頭蓋窓の概略図
フリマジン溶液をカバーガラスの下に封入し，アガロースを通して，観察領域に浸透させる．

3. 発光顕微鏡の準備

計測に必要な光学システムは，市販されている個体観察用の発光顕微鏡をもとに組み立てるのが好ましいが，外部からの光を十分に遮断できるのであれば，自作の暗箱でも代用可能である．筆者らの場合は個体観察用の発光顕微鏡を用い，付属のEMCCDカメラとの間に，イメージインテンシファイア（I.I.）とCCTVレンズを装着したイメージスプリッティング光学系を組み込んでいる（図4A）．カメラのゲインは使用せず，I.I.のゲインでシグナルの輝度を調整する．またI.I.の感度は非常に高く，わずかな漏れ光も拾ってしまうため，顕微鏡を設置している部屋の明かりを消して実験を行うことが好ましい．イメージスプリッティング光学系と発光顕微鏡の暗箱との間は，隙間が空くことになるため，アルミホイルと遮光テープを用いてしっかりと遮光することが特に重要である．発光シグナルの反射を防ぐために，マウスにとり付けるヘッドプレートと飼育用ケージはブラックガードスプレーなどを塗布する必要がある．

発光シグナルと移動速度の計測のみであれば前述の光学システムで十分であるが，マウスの詳細な行動まで観察したいのであれば，TTL信号で制御可能なLED光源を利用して，明視野の観察も組合わせる必要がある（図4A）．筆者らの場合は，カメラのフレームごとの出力信号をトリガとして，関数発生器でTTL信号を生成し，LED照射のタイミングを制御することで，発光撮影と明視野撮影を交互に行っている（図4B）．このシステムの長所は，発光画像と明視野画像を，同じカメラを用いて撮影するため，発光シグナルとマウス個体の位置を，複雑な画像処理などに頼らず容易に関連づけることが可能な点である．

4. マウス移動速度と発光シグナルの取得・解析

イメージスプリッティング光学系を利用しているため，取得された画像は2つのチャネルに分かれている（図4B）．この2チャネルの画像をそれぞれ分割し，ImageJの“OR”処理を行うことで，輝点の位置情報を取得するためのリファレンス画像を作製する．そしてParticle Track Analysis（PTA）プログラム（https://github.com/arayoshipta/projectPTAj）により位置情報を取得し，その情報をもとにRegion Of Interest（ROI）を作成することで，それぞれのチャネルにおける輝点の発光強度を取得する．PTAでのトラッキングが困難であるが，目視で輝点が判別可能な場合は，ImageJのプラグインであるManual Trackingを利用して，マニュアルで輝点の位置情報を取得することもできる．

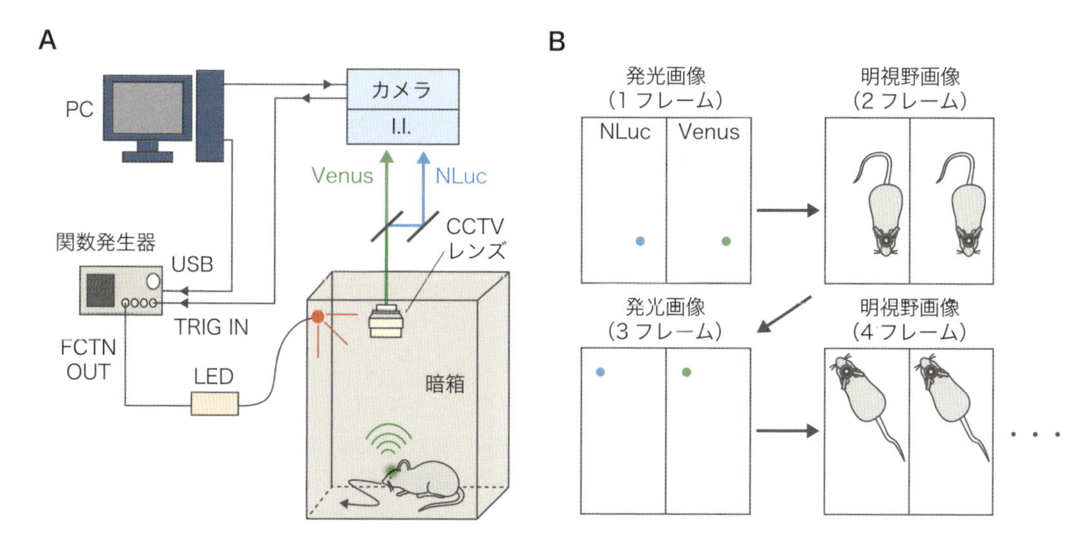

図4　ワイヤレス計測システムの概略図
A） 基質封入型頭蓋窓を設置したマウスを暗箱内で自由行動させ，その発光シグナルをイメージインテンシファイア（I.I.）で増幅し，カメラで検出する．カメラの露光時間をTTLで出力し，関数発生器に入力する．その入力をトリガとして使い，2フレームごとにLEDを照射する．**B）** イメージスプリッティング光学系を使用しているため，画像はNLucとVenusチャネルの2つに分割される．さらに2フレームごとにLEDを照射するため，取得される画像は，発光画像と明視野画像が交互に入れ替わる動画になる．

5. 明視野画像をもとにした行動判定と発光シグナル取得・解析

取得した動画は発光画像と明視野画像が交互に入れ替わる動画になっているので，発光動画と明視野動画に分けた後，発光動画に関しては前述と同様の手順で解析を行う．また筆者らは，明視野におけるマウスの鼻，頭蓋窓，尻尾の付け根の位置をトラッキングし，その位置情報からマウスの形を近似し，他マウスとの接触判定や，距離の測定を行っている．

よくあるトラブル

Q. 蛍光は確認できますが，発光が確認できません．

A. シグナルの検出感度が低いことが考えられる．特にI.I.を正しく使用できているか確認する．カメラのゲインは使用せず，I.I.のゲインを用いて輝点の輝度を調節することがコツである．I.I.を使用せず，EMCCDカメラのみを用いる場合は，高フレームレートでの観察は困難である．

Q. ノイズが多くて上手く輝点追跡できません．

A. まず遮光が十分であるか確認する．ただI.I.のダークノイズ※3による影響で，ノイズが完全に0になることはない．漏れ光の影響を最小限にしたうえで，いまだ輝点追跡が上手くいか

※3　ダークノイズ
熱揺らぎによって，確率的に電極から飛び出してしまう電子が，I.I.の中で増倍されてシグナルとなってしまうもの．

ない場合は，時間軸方向に中央値フィルターを適用し，ダークノイズを減らす処理を行う．筆者らはImageJの3D Median functionで処理を行っている．

実験系カスタマイズのコツ

筆者らは，V1の表層（～300 μm）で実験を行っているが，さらに深部でフィールド電位計測を行いたい場合は，GLINレンズを組合わせる必要があるだろう．深部観察部位の少し背側の領域で発光基質のプールを設置し，その上部をGLINレンズで栓をすることで，筆者らと同様の実験系でフィールド電位を計測できると考えられる．また筆者らの光学システムだと，マウスが完全に下を向いた際，観察部位がマウスの体に隠れてしまうため，シグナルが見えなくなってしまう．筆者らは，これらのフレームを解析から除く処理を行っているが，すべてのフレームからデータを取得したい場合は，同期させた複数のカメラを使用し，さまざまな角度からマウスを撮影する必要があるだろう[8]．また実験目的によっては，なるべく多くのマウスからデータを取得したい場合もあるだろうが，その場合は特にレンズの作動距離や開口数，検出機器の感度に気を付けながら，適切なレンズとカメラを選択する必要がある．

実験例

AAVをV1の表層にインジェクションし，LOTUS-Vを神経細胞特異的に発現させた．そして数カ月後，前述のプロトコール通りに基質封入型の頭蓋窓を作製すると，暗条件下でLOTUS-Vからの発光が目視可能なレベルで観察された（図5）．そして平均3時間，発現量が高い場合は最長7時間程度，シグナルを観察することが可能であった．静脈内投与や腹腔内投与で基質を導入した場合，目視ではまず観察不可能であるうえ，すぐに発光が消えてしまうことから，基質封入型頭蓋窓の有用性が証明された．

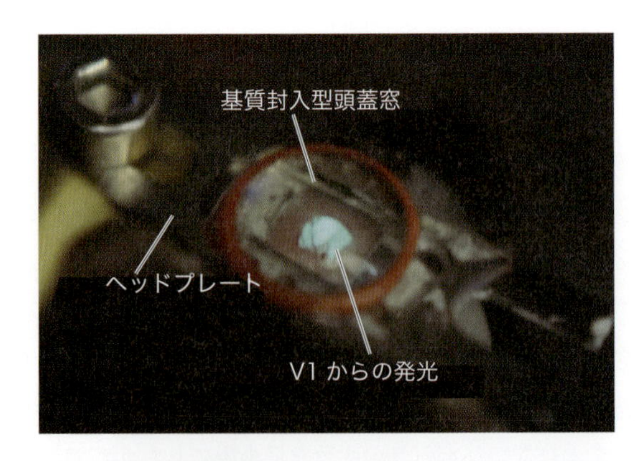

図5　第一次視覚野（V1）からのLOTUS-Vの発光写真
基質封入型頭蓋窓を設置したマウスのV1から発せられる発光を，iPhoneのカメラで撮影したもの．

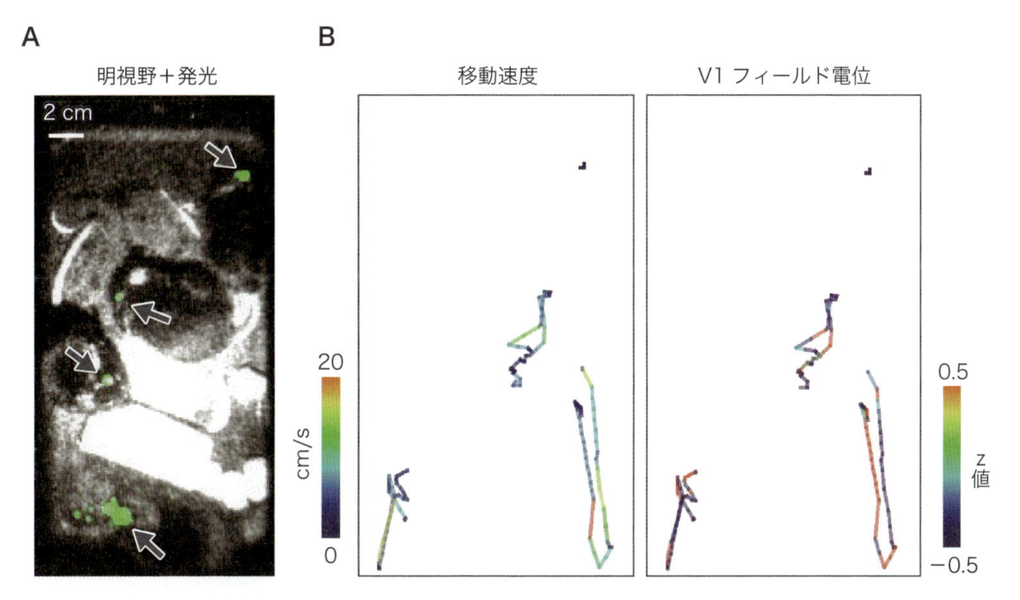

図6　複数マウスの同時フィールド電位計測

A) 4匹のマウスからの発光（矢印）と，明視野画像のオーバーレイ．**B)** マウスの移動速度と，Z値に標準化した発光レシオの計測例．

次に基質封入型頭蓋窓を頭部にとり付けた4匹のマウスを飼育用ケージに入れ，自由行動下においてLOTUS-Vからの発光を観察した．マウス頭部から明るい発光輝点がパソコン画面上で観察でき，マウスの行動に応じて，発光輝点も移動することが確認された（図6A）．輝点の移動速度をマウスの移動速度とみなすことで，取得したシグナルを移動速度と関連付けることが可能である．よって画面上の発光輝点をPTAで追跡することで，4匹のマウスの移動速度と発光レシオが計測可能であった（図6B）．前述のワイヤレス計測法により，自由行動中のマウスV1神経細胞において，フィールド電位が高感度に計測できた．筆者らはこの計測法によって，マウスが移動した際にV1の活動が上昇することや，マウスが互いに接触する際に，V1の活動が優位に上昇することを新たに発見している[9]．

おわりに

今回筆者らは，LOTUS-Vを用いたワイヤレス脳活動計測法について述べたが，今後この計測法をさらに広く普及させるために，特に発光タンパク質ドメインの輝度を改良していく必要があると考えている．通常，発光タンパク質が発するフォトン数は，蛍光タンパク質の100倍程度少ない．よって高フレームレートのイメージングにおいて得られるS/N比は低く，実際のワイヤレス計測では，10 Hz程度の時間分解能でイメージングを行い，シグナルを何回か平均する必要があった．したがって，より明るい発光タンパク質が開発されるにつれ，S/N比も改善し，時間分解能もよくなっていくと考えられる．また単一マウスのトラッキングにおいては，PTAにより画面上の発光輝点を自動で追跡，解析可能であるが，複数マウスの場合，他マウスからのシグナルとの区別が難しいため，自動での輝点追跡が困難であった．そのため筆者らは，ImageJのプラグインであるManual Trackingを利用して解析していたが，特に長時間の計測では解析に時間がかかりすぎてしまうといった問題点があった．発光フォトン数が十分で，PTAにより安定してシグナルが認識される場合，複数マウスでの輝点追跡も自動で行えると考えられる．したがって，明るい発光タンパク質を発光膜電位プローブに組込めば，より高精度な輝点追跡が可能になるだろう．また別の方法として，輝点追跡用の近赤外蛍光マーカーと近赤外計測を組合わせるという手もある[8]．この手法を用いれば，PTAで安定して近赤外マーカーの位置を追跡可能であるので，弱いシグナルであっても，高精度に発光計測が可能であると期待される．

今回筆者らが，世界に先駆けてワイヤレス脳活動計測法を開発したことで，複数の動物から細胞種特異的なフィールド電位を同時計測できるようになった．ここでは4匹での計測を紹介したが，広範囲撮影用のレンズやカメラに変更すると，より多くのマウスの脳活動を計測可能であると考えられる．電極を用いてワイヤレスに脳活動を計測する手法も用いられはじめているが，計測する動物の数が増えるほど，回線が複雑になるため計測の難易度が飛躍的に上がることが問題点である．一方で，LOTUS-Vを用いたワイヤレス計測法では，夜道でホタルの光を撮影するような気軽さで，比較的簡単に多数のマウスの脳活動を計測できると考えられる．したがって，従来の手法では研究すること自体が困難であった分野，特に社会性行動にかかわる分野についての研究が，筆者らの計測法を利用することで飛躍的に進むことが期待される．

◆ 文献

1）Buzsáki G, et al：Nat Rev Neurosci, 13：407-420, 2012
2）Mohajerani MH, et al：Nat Neurosci, 16：1426-1435, 2013
3）Marshall JD, et al：Cell, 167：1650-1662.e15, 2016
4）Inagaki S, et al：Sci Rep, 7：42398, 2017
5）Murata Y, et al：Nature, 435：1239-1243, 2005
6）Hall MP, et al：ACS Chem Biol, 7：1848-1857, 2012
7）Nagai T, et al：Nat Biotechnol, 20：87-90, 2002
8）Hamada T, et al：Nat Commun, 7：11705, 2016
9）Inagaki S, et al：Sci Rep, 9：7460, 2019

幹細胞研究領域における発光イメージング

鈴木和志，永井健治

実験の目的とポイント

自家蛍光や光毒性の影響を受けない発光イメージングは，万能細胞の観測など再生医療の基礎研究を支えるツールとして有望である．近年の発光タンパク質の高輝度化により，単一細胞レベルで実時間でのイメージングが可能になりつつある．本稿は，われわれが行ったES細胞塊における3つの遺伝子発現解析を実例として，単一細胞レベルのマルチカラー発光イメージングを解説する．

はじめに

ES細胞（胚性幹細胞）は，無限の増殖能と生殖系列を含む体のすべてを構成する細胞への分化能をあわせもつ特殊な細胞である．その特異な能力ゆえに再生医療への応用などが期待されている．そして，ES細胞が抱える倫理的な問題や免疫拒絶の問題を解決しうるiPS細胞（人工多能性幹細胞）が発見されたことで，再生医療への応用がさらに加速すると期待されている[1)2)]．しかしながら，これまでの研究でES細胞やiPS細胞の基礎的な課題がすべて解決されたか，といえば答えはそうではない．例えば，ES細胞株の間で，細胞形態や遺伝子発現パターンが不均一であることが報告されている．さらに，単一のES細胞株内でも内部状態が大きな多様性をもち，興味深いことにそれぞれの細胞集団が異なるキメラ形成能・分化能を有することがわかっている[3)]．安定した再生医療を提供するためには，細胞株間，細胞内で均一な細胞集団となるような樹立・培養法の開発が必須であり，そのためにこうした不均一性を詳細に解析する必要がある．

これまで，ES細胞の遺伝子発現の観察には，目的の遺伝子プロモーター下流に蛍光タンパク質をおき，その蛍光強度から遺伝子発現レベルを見積もる，いわゆるプロモーターアッセイが行われてきた．しかしながら，多くの遺伝子は細胞内に少量しか発現しないため，自家蛍光がそのシグナルを覆い隠してしまい，蛍光観察が困難になることがある．また，ES細胞は非常に繊細であるため，強力な励起光が細胞の生理状態を大きく攪乱することが懸念される．そこで，本稿ではわれわれが開発した黄色・水色・橙色の高輝度発光タンパク質Nano-lantern（それぞれYNL，CNL，ONL）を用いて，ES細胞内の3種類の多能性マーカー遺伝子発現を可視化した例を紹介する[4)]．

Kazushi Suzuki[1)], Takeharu Nagai[2)]（東京大学大学院総合文化研究科[1)]，大阪大学産業科学研究所[2)]）

準備

- □ **マウスES細胞ストック**：E14Tg2a
- □ **ES細胞培養用培地**：DMEM＋10％FBS＋1％ Penicillin-Streptomycin＋1％ GlutaMAX-1＋1％ nEAA＋1％ nucleosides＋1％ sodium pyruvate＋0.1％ LIF＋0.1 mM 2ME
- □ **プラスチックディッシュ用コーティング剤（0.1％ Gelatin Solution，メルク社）**：表面を覆うように10 cmプラスチックディッシュ上に加えて37℃で30分以上インキュベートした後に細胞を播種する．
- □ **ガラスボトムディッシュ用コーティング剤〔Matrigel（コーニングインターナショナル社）and Collagen Ⅰ（AGCテクノグラス社）〕**：表面を覆うように3.5 cmガラスボトムディッシュ上に加えて37℃で30分以上インキュベートした後に細胞を播種する．
- □ **HBSS（＋）without Phenol Red**：富士フイルム和光純薬社
- □ **– Yellow, Cyan, Orange-Nano-lanternをコードするプラスミドベクター**：理研DNAバンクから配布されている．それぞれすでにレンチウイルス作製用のベクターバックボーンに搭載されているため，すぐにレンチウイルス作製に移ることが可能である（RDB13377 pRZ-mNanog-YNL, RDB13378 pRZ-mOct4-CNL, RDB13379 pGF-mSox2-ONL）．
- □ **発光基質（セレンテラジンh，＃031-22993，富士フイルム和光純薬社）**：多くの試薬会社から販売されているが，富士フイルム和光純薬社製のものが比較的安価で，品質も問題ない．メタノールに10 mM濃度で溶解し，すぐに溶媒を留去して乾燥状態－20℃で保存する．1カ月以内の使用であれば，メタノール溶液で－20℃保存でも問題ない．
- □ **セルソーター（FACS，Aria，コーニングインターナショナル社）**
- □ **発光イメージングシステム（LV200，オリンパス社）**

プロトコール

われわれは，多能性マーカー遺伝子であるOct4，Sox2，Nanogのプロモーター下流に，CNL，ONL，YNL遺伝子をそれぞれ挿入したレポーターカセットを構築した．マウスES細胞に3種類のレポーターカセットを導入することで，Oct4，Sox2，Nanogのプロモーター活性を同時に観察することができるES細胞株を樹立できる．この細胞に対して，発光基質を添加して，顕微鏡で撮像・スペクトラアンミキシング法で画像処理を施すことで，ES細胞塊内の3つの遺伝子発現を同時に可視化する．注意事項として，3色だけでなく各色のNano-lanternを単独発現するES細胞株もリファレンス試料として作製する必要がある．

1. レンチウイルスベクター作製

筆者らは，ES細胞へのレポーターカセット導入にレンチウイルスベクターを用いている．レンチウイルスの作製法については，慶應義塾大学三好浩之先生のホームページ（https://cfm.brc.riken.jp/Lentiviral_Vectors_J/Protocols_J/）に詳しく記されているので，参照されたい．

2. ES細胞株の作製

❶ 凍結保存してあるマウスES細胞を解凍して培養を開始する．われわれは，ES細胞の培養をゼラチンコートしたプラスチックディッシュ上でフィーダー細胞フリーに行っている．

↓

❷ プラスチックディッシュ上のES細胞に3種類のレンチウイルスを感染させる．また，スペクトラアンミキシング用に1種類のレンチウイルスのみを感染させたES細胞も同時に作製する．

↓

❸ 感染1週間後，セルソーターを用いて，Nano-lanternの蛍光タンパク質部位由来の蛍光を指標に3種類のレンチウイルスが共感染したES細胞を分取する．

↓

❹ 分取したES細胞は，コーティング済みのガラスボトムディッシュに播種する．

3. 顕微鏡のセットアップ

筐体

筆者らは，発光画像を得るためにオリンパスの発光イメージング用倒立顕微鏡LV200を用いている．LV200は，専用の筐体によりサンプルと光学系は外部光から完全に遮断されているため，バックグラウンドが非常に低いことが特長である．また，LV200ではシグナルを低減するミラー，フィルターやレンズを徹底的に排除したうえに，焦点距離の短い結像レンズを内蔵することで，これまでにない明るさで発光画像を取得することが可能である[5)]．市販の蛍光顕微鏡でも発光シグナルを観察することは可能であるが，筐体内外から生じる迷光がカメラに漏れ込みバックグラウンドが高くなることがある．こうした漏れ込み光を避け，通常の蛍光顕微鏡で発光画像を取得する方法は，日本語の文献6が詳しいので参照してほしい．

カメラ

画像取得には高感度EM-CCDカメラを用いる．近年，sCMOSカメラの性能向上が著しいが，1ピクセルあたり2～3光子以下の暗い試料では，まだEM-CCDの方が優れている．

バンドパスフィルター

3色の発光を光学的に分離して検出するためには，少なくとも3種類のバンドパスフィルターを使う必要がある．YNL，CNL，ONLの発光を取得するためのバンドパスフィルターはそれぞれFF01-520/44-25，FF01-488/50-25，FF01-600/52-25（すべてSemrock社製）をわれわれは用いている．Semrock社製フィルターは高価ではあるが透過率は抜群で，かなり明るく画像を取得することができる．3色を観察する場合は1色を取得するための波長幅が狭くならざるをえないため，少しでも透過率のよいフィルターを選ぶのが望ましい．

4. 撮像

❶ ウイルスを共感染させたES細胞をHBSS（＋）で2回洗った後，セレンテラジンh（最終濃度60 μM）入りの2 mL HBSS（＋）をガラスボトムディッシュに加える．

↓

❷ ガラスボトムディッシュを，顕微鏡ステージに載せて，位置を固定する．

↓

❸ Nano-lanternの蛍光タンパク質部位に由来する蛍光を観察しながら，焦点をあわせる.

❹ この状態で20分間放置した後，再び蛍光を観察しながら焦点をあわせる.

❺ 3種類のバンドパスフィルターを用いて，発光を撮像する.

❻ 最後に明視野でES細胞を観察する.

❼ 次に，単一ウイルスに感染させたES細胞について，❶～❻を行い3チャンネルの発光画像を撮像する．この時，撮像条件（露光時間，ゲイン，ビニング）は変更してはいけない.

5. スペクトラアンミキシング

蛍光タンパク質のマルチカラーイメージングの場合は，励起スペクトルと蛍光スペクトルの違いの両方を利用することで，異なる色の蛍光タンパク質のシグナルを選択性高く取得することが可能である．対して，発光イメージングは励起光を一切必要としないため，発光スペクトルの違いのみでおのおののシグナルを分離する必要がある．図1にあるとおり，CNL，YNL，ONLのスペクトルは大きく重なっており，単純にバンドパスフィルターを挿入するだけでは3色のシグナルを分離することはできない.

そこで，われわれはおのおののスペクトル情報から，互いのチャンネルへの混入割合を計算して真の発光量を算出するスペクトラアンミキシング法によりシグナルの分離を行っている[7].

$$\begin{pmatrix} 1 & Y_1 & O_1 \\ C_2 & 1 & O_2 \\ C_3 & Y_3 & 1 \end{pmatrix} \begin{pmatrix} I_C \\ I_Y \\ I_O \end{pmatrix} = \begin{pmatrix} CH1 \\ CH2 \\ CH3 \end{pmatrix}$$

ここで，CH1，CH2，CH3はCNL，YNL，ONLの各発光取得用チャンネルで検出した発光強度をあらわす．CNL，YNL，ONLの各チャンネルへの寄与を，各発光シグナルを本来取得す

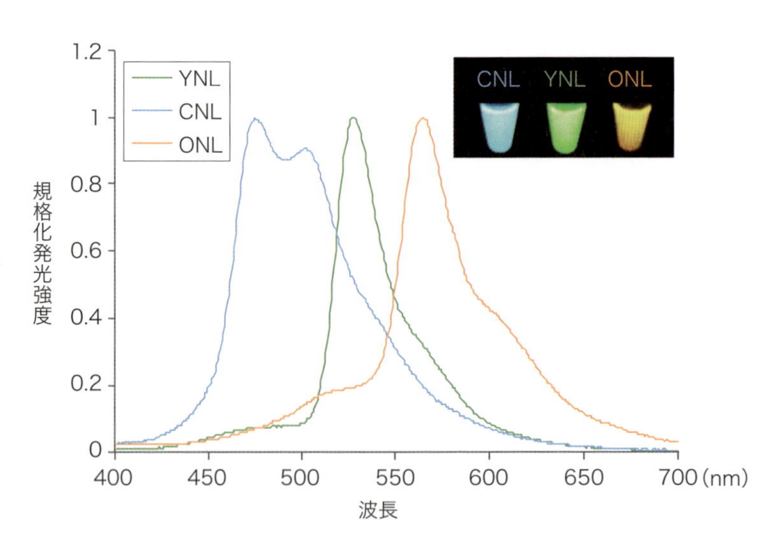

図1　多色Nano-lanternYNL，CNL，ONLの発光スペクトル
文献4より引用.

べきチャンネル（例えばYNLであればCH2）の輝度値で規格化した値をC_n，Y_n，O_n（下付きのnはチャンネルの番号をあらわす）とする．そして，最終的に求めたいのは，CNL，YNL，ONLそれぞれのCH1，CH2，CH3における正味の発光輝度値であり，それぞれをI_C，I_Y，I_Oとあらわしている．

$$\begin{pmatrix} I_C \\ I_Y \\ I_O \end{pmatrix} = \begin{pmatrix} 1 & Y_1 & O_1 \\ C_2 & 1 & O_2 \\ C_3 & Y_3 & 1 \end{pmatrix}^{-1} \begin{pmatrix} CH1 \\ CH2 \\ CH3 \end{pmatrix}$$

I_C，I_Y，I_Oは，C_n，Y_n，O_n行列の逆行列を計算し，左からかけることで解析的に得ることができる．実際の画像処理ではこの操作をピクセルごとに行い，正味の発光画像を取得する．その計算をわれわれは，PrizMage（モレキュラーデバイス社）を用いているが，ImageJ（https://imagej.nih.gov/ij/download.html）などでもlinear unmixingは可能である．

よくあるトラブル

Q. 発光基質を添加しても発光が観察されません．

A. 発光タンパク質が高輝度化したといっても，いまだ蛍光タンパク質から得られるシグナル強度の1/100以下である．したがって，露光時間を1～10秒程度までのばしたうえで，画像のコントラストをあげることを試してみてほしい．シグナルは小さいが，蛍光観察と異なりバックグラウンドノイズが低いので，高い品質で画像を取得できる．また，本稿で紹介したオリンパスLV200を用意できず，市販の蛍光顕微鏡で観察を試みる場合にも注意が必要である．一部の電動顕微鏡は，筐体内部の基盤上にパイロットランプなどの光源があり，これが観察光路に迷い込んで背景光となる．われわれの試した限り，オリンパス社製蛍光顕微鏡IX83では問題にならないが，ニコン インステック社製蛍光顕微鏡Tiでは観察中筐体の電源をOFFにする必要がある．

Q. 厚さのあるサンプルを観察すると，画像がぼやけます．

A. 蛍光では，絞った光で励起し焦点面からの蛍光のみピンホールで検出する，いわゆる共焦点観察が可能である．一方，そもそも励起光がいらない発光イメージングでは共焦点観察は不可能であり，焦点面上下からのシグナルの影響を受けてしまう．つまりは，Z軸分解能が乏しいのが現状である．これに関しては現時点では解決策を提示できないが，今後の技術革新が待たれる．

Q. 発光シグナルの減衰が激しく，長時間の観察ができません．

A. 発光は酵素反応であるため，発光基質が消費されシグナルが徐々に減衰する．特に，血清入りの培地中で観察する場合は，血清中に多量に含まれるアルブミンが発光基質を酸化してしまうため，特に減衰が早くなる．これを抑える方法として，われわれはセレンテラジンhの誘導体ジアセチルセレンテラジンhを報告している．ジアセチルセレンテラジンhは，活性部位をメチルエステル基で保護されているため不活性であるが，細胞内のエステラーゼで徐々に脱保護され活性のあるセレンテラジンhに変換される．これにより，長時間の発光観察が可能になる．合成手法は，文献4に記載されている．有機合成を行うことが困難な場合は，同様の狙いの発光基質がプロメガ社から販売されているので（ViviRen™およびEnduRen™ Livc Cell Substrates），参照してほしい．

Q. 発光画像は取得できたが，スペクトラアンミキシングができません．

A. スペクトラアンミキシングは，発光タンパク質間の強度差が大きいと分離の正確性に欠けることがある．例えば，発光強度比が2：1や3：1であれば問題ないが，10：1となると分離は非現実的である．とすると，発現レベルが大きく異なる遺伝子は同時に観察できないことになるが，観察条件を最適化することである程度解決可能である．

もし，事前の検討で著しく発現量が低いことがわかっている遺伝子発現を観察する場合は，その下流にある発光タンパク質からのシグナルを最大にする努力をする．具体的には，まずバンド幅の広いバンドパスフィルターを使うことがあげられる．次に，撮像条件（露光時間）の最適化である．各チャンネル間で撮像条件が異なることはスペクトラアンミキシングにとって問題はないので，暗いチャンネルについては露光時間を長くすることをおすすめする．

実験系カスタマイズのコツ

全能性マーカーとしてOct4，Sox2，Nanogを選択したが，当該プラスミドのプロモーター部位を興味ある遺伝子のプロモーターに置換することで，容易にさまざまな実験に拡張可能である．また，本稿では，遺伝子発現レポーターとしての応用を紹介したが，これまでたくさんの細胞内シグナル伝達の発光プローブが開発されている．こうした機能性イメージングにも本稿で紹介した手法を適用可能である．

実験例

ここでは，われわれが行った撮像を実例として解説する．図2は，それぞれのレポーターカセットを導入したES細胞塊を，4種類のバンドパスフィルターで撮像した画像である．Oct4-CNLは460～510 nmのチャンネルでは強い発光強度を示すが，575～625 nmチャンネルでは比較的弱い発光強度を示す．対して，Sox2-ONLは逆の傾向を示す．このように，プローブ同士で互いに相反する傾向を示すリファレンス画像を取得することがスペクトラアンミキシングを成功させる秘訣であり，そのようなバンドパスフィルターを選択する必要がある．

このリファレンス画像をもとに，3種類のレポーターカセットを導入したES細胞塊を撮像・演算した画像が図3である．本画像は，それぞれのチャンネルに対して露光時間10秒，合計30秒かけて取得された．すなわち，遺伝子発現のダイナミクスを観測するに十分早く，また細胞塊中の一細胞を認識するのに十分な空間分解能で画像取得することができた．その結果，ES細胞塊中において，Nanogの発現は比較的均一なのに対してOct4とSox2の発現は不均一であることがわかった．

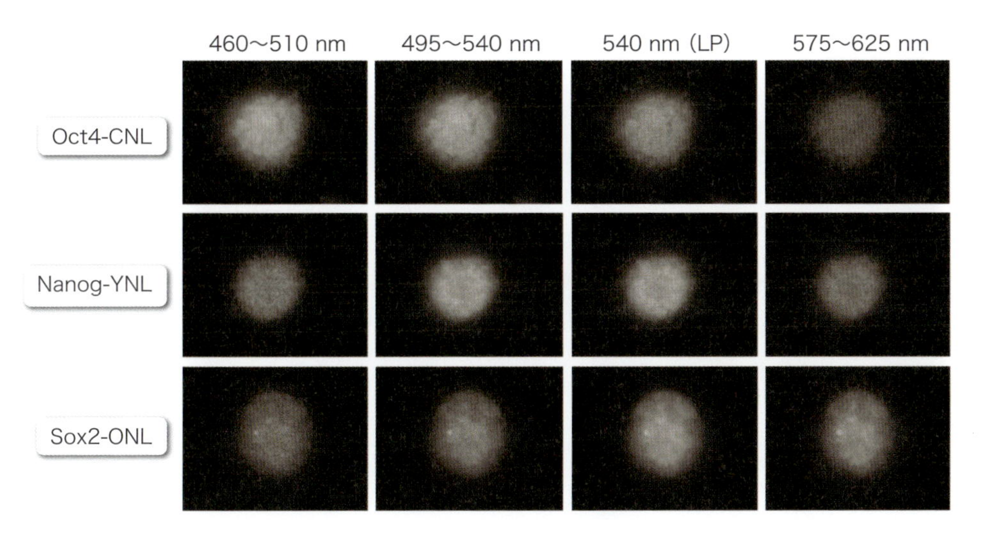

図2　スペクトラアンミキシングのためのリファレンス画像
CNL，YNL，ONLをそれぞれ発現するES細胞塊を，4種類のバンドパスフィルターを介して発光画像を撮像した（文献4より引用）．

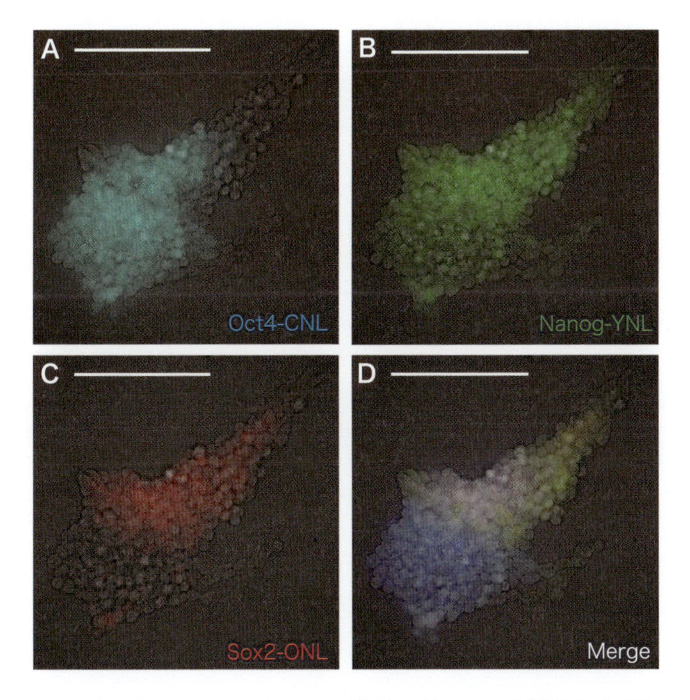

図3　Oct4，Nanog，Sox2の発現レポーターを導入したES細胞塊
CNL，YNL，ONLシグナルをスペクトラアンミキシング法で分離し，明視野像と重ね合わせた．スケールバーは100 μm（文献4より引用）．

おわりに

今回，励起光のいらない発光イメージングにより，ES細胞塊内の3つの遺伝子発現を同時に可視化した．これまでもホタルルシフェラーゼなどの発光タンパク質を用いたプロモーターアッセイは広く行われてきたが，非常にシグナルが弱く，大量の細胞を集めるか，画像取得に長時間要することが課題であった．近年，Nano-lanternに代表されるように高輝度発光タンパク質が開発されたことで，単一細胞レベルかつ実時間で複数の遺伝子発現をモニターすることが可能になった．光毒性がなく非侵襲的で，自家蛍光の影響を受けない定量的な本手法が，幹細胞が有する遺伝子発現の多様性や分化過程の遺伝子発現ダイナミクスの観測に役立つツールとなることを期待してやまない．

◆ 文献

1） Takahashi K & Yamanaka S：Cell, 126：663-676, 2006
2） Takahashi K, et al：Cell, 131：861-872, 2007
3） Toyooka Y, et al：Development, 135：909-918, 2008
4） Takai A, et al：Proc Natl Acad Sci U S A, 112：4352-4356, 2015
5） Ogoh K, et al：J Microsc, 253：191-197, 2014
6） Takai A & Okada Y：Seikagaku, 88：669-673, 2016
7） Zimmermann T, et al：FEBS Lett, 546：87-92, 2003

12 マウス肝におけるアポトーシス・イメージングの実際

芳賀早苗，尾崎倫孝

実験の目的とポイント

生理的環境下あるいは病的環境下にて誘導されるプログラム細胞死を従来の生化学的手法，分子生物学的手法で解析する場合，いつ細胞死が誘導され，どの程度の強度でどの程度の期間持続しているかを非侵襲的に知ることは困難である．また，薬剤の効果を評価する際には，適切なタイミングが選ばれなくては，薬剤の作用の有無・程度を評価することは難しい．

今回，カスパーゼ3活性化発光プローブを用いて，マウス肝におけるさまざまな病態下でのアポトーシス発現をリアルタイムに観察する手法を概説する．これにより，さまざまなストレスが原因で発生するアポトーシスのタイミングと程度で，経時的・非侵襲的に知ることができ，持続的な観察により予想していなかった場面でのアポトーシスの発生を観察することも可能である．薬剤効果についても，実際にカスパーゼ3の活性を抑えているのか，あるいは反応を遅延しているだけなのかなどを評価することも可能である．

はじめに

マウス肝におけるカスパーゼ3活性化発光プローブによるイメージング実験を行うために，われわれは，肝（細胞・臓器）に対して特異的で高い導入効率をもち，一過性ながらも比較的長い遺伝子発現が得られるアデノウイルスベクターを選択している．以下，本発光プローブベクターを用いた細胞・小動物臓器のカスパーゼ3活性化イメージング実験の手法例について実験プロトコールを紹介する．

準備

1. カスパーゼ3活性化発光プローブアデノウイルスベクターの作製

□ カスパーゼ3活性化発光プローブ：pcFluc-DEVD

Sanae Haga[1)]，Michitaka Ozaki[1) 2)]（北海道大学大学院保健科学研究院生体応答制御医学分野[1)]，北海道大学大学院保健科学研究院健康イノベーションセンター生体分子・機能イメージング部門[2)]）

□ **アデノウイルスベクター作製キット**：Adenovirus Expression Vector Kit（Dual Version）（タカラバイオ社，#6170），Adenovirus genome DNA-TPC（タカラバイオ社，#6171）
□ **アデノウイルスタイター測定キット**：Adeno-X Rapid Titer Kit（タカラバイオ社，#PT3651-1）
□ **HEK293細胞**：ヒト胎児腎細胞293（Human Embryonic Kidney cells 293）
□ **細胞培養機器**：クリーンベンチ，遠心機，インキュベーター
□ **細胞培養に関連する培地，ディッシュなどの消耗品**
□ **CsCl法によるベクター精製に関連する試薬**
□ **遠心機・超遠心機**

2. 肝細胞レベルにおける発光プローブベクターの機能確認実験

□ **培養細胞長時間リアルタイム発光計測システム**：Kronos Dio（ATTO社，#AB-2550）
□ **マウス肝細胞株**：AML12細胞（ATCC，#CRL-2254）
□ **細胞培養機器**：クリーンベンチ，遠心機，インキュベーター
□ **細胞培養に関連する培地，ディッシュなどの消耗品**
□ **アポトーシス誘導試薬**：Staurosporine（STS），（シグマ・アルドリッチ社，#19-123-M）
□ **D-Luciferin（基質）**：D-Luciferin K salt L226（同仁化学研究所）

3. 発光プローブベクターによる小動物実験（マウス70％肝虚血再灌流実験）

□ **マウス**：ヘアレスマウスHos:HR-1，8〜10週齢（日本エスエルシー社）
□ **超高感度小動物フォトンイメージングシステム**：フォトンイメージャー（BIOSPACE LAB社）
□ **画像解析ソフト**：photo vision（BIOSPACE LAB社）
□ **小動物用麻酔器**
□ **小動物実験用器具**：ハサミ，ピンセット，開腹器，綿棒など
□ **小動物用手術台**
□ **吸入麻酔液**：フォーレン吸入麻酔液（アボットジャパン社，#439196756）
□ **シリンジ**：テルモシリンジ1 mL（テルモ社，#SS-01T）
□ **31G針**：BD Precisionglide Needle 30G×1/2（日本ベクトン・ディッキンソン社，#305106）
□ **26G針**：テルモ注射針26G（S・B）×1/2インチ（テルモ社，#NN-2613S）
□ **血管クランプ用クリップ**：動脈瘤クリップ（ミズホ社，#07-940-01）
□ **クリップ・ホルダー**：杉田クリップ鉗子（ミズホ社，#07-941-04）
□ **針糸**：糸付縫合針3-0ブレードシルク（夏目製作所）
□ **D-Luciferin（基質）**：D-Luciferin potassium salt，99％（SYNCHEM社，#bc219）

プロトコール

1. カスパーゼ3活性化発光プローブアデノウイルスベクターの作製

アデノウイルスベクター作製キット〔Adenovirus Expression Vector Kit（Dual Version）〕のプロトコールに従ってベクターを作製する．

❶ アデノウイルスベクター作製キットのプロトコールに従って，カスパーゼ3活性化発光プローブをインサートとしてコスミドベクター（pAxCAwtit）に導入し，組換えコスミドを構築する．

↓

❷ 構築した組換えコスミドについて，構造確認を行った後，大量精製する．

↓

❸ 調製した組換えコスミドとAdenovirus genome DNA-TPCをHEK293細胞にトランスフェクションし，組換えアデノウイルスを作製する．

↓

❹ 作製した組換えアデノウイルスをHEK293細胞に感染させ，感染細胞のDNAを抽出し，アデノウイルスの構造確認を，制限酵素処理によって行う．

↓

❺ 構造が確認できた組換えアデノウイルスは，再度HEK293細胞に感染させ，高力価組換えアデノウイルスを調製し，大量調製する．

↓

❻ 大量調製したウイルスは，塩化セシウム（CsCl）の密度勾配を用いた超遠心法によりウイルスを精製する．

↓

❼ アデノウイルスタイター測定キット（Adeno-X Rapid Titer Kit）のプロトコールに従って，作製・調製したカスパーゼ3活性化発光プローブアデノウイルスベクターのタイターを測定する．

前述の方法により，10^8～10^9 pfu/mL程度の高力価アデノウイルスベクターの作製が可能である．

2. 肝細胞レベルにおける発光プローブベクターの機能確認実験

作製したカスパーゼ3活性化発光プローブアデノウイルスベクターが，細胞レベルで機能することを確認する（図1）．

❶ ϕ 3.5 cmディッシュにAML12細胞を2～2.5×10^5 cells播種する．

↓

❷ 翌日，カスパーゼ3活性化発光プローブアデノウイルスベクターをトランスフェクションする．

① 細胞の培養液をFBS／グルコースフリーの培地に交換する．

② ウイルスベクターの力価より細胞数に対して1～50 moi（multiplicity of infection）になるようにifuを計算し，そのボリュームのウイルスベクターを細胞培養培地に添加する．

③ 4～5時間，インキュベーターにてインキュベートする．

④ ①の培地と等量のグロース培地を添加して，一晩インキュベーターで培養する．

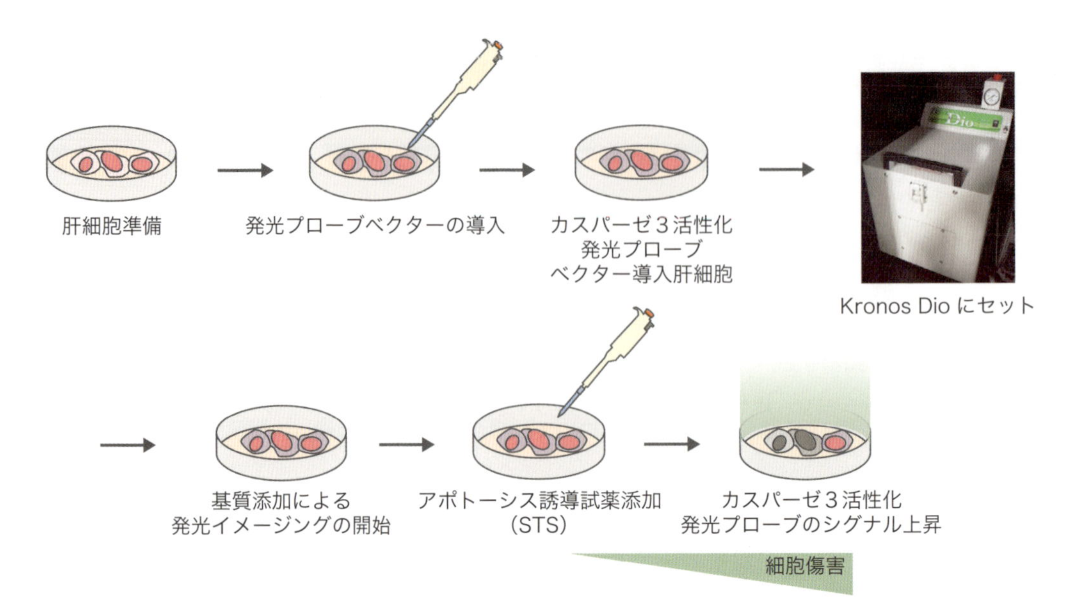

図1　肝細胞レベルにおけるカスパーゼ3活性化発光プローブベクターの機能確認実験の流れ

⑤ トランスフェクションの翌日，培地をグロース培地に交換して，48～72時間後，実験に用いる．

↓

❸ 1 mM D-Luciferinを培地に添加し，Kronos Dioにセットし，37℃，5％ CO_2条件でプローブの発光状態が安定するまで観察を行う．

↓

❹ アポトーシス誘導試薬（1 μM STS）を添加し，発光の観察を行う．この肝細胞のアポトーシス誘導系において，細胞刺激後，プローブの発光増強が確認できれば，作製・調製したカスパーゼ3活性化発光プローブを組み込んだアデノウイルスベクターは機能している．

3. 発光プローブベクターによる小動物発光イメージング実験

❶ ヘアレスマウス（Hos:HR-1，8～10週齢）に5×10^7 pfu/body程度（100～200 μL）のカスパーゼ3活性化発光プローブアデノウイルスベクターを尾静脈より31G針にて静脈注射する．

↓

❷ 48～72時間後，未処置肝のカスパーゼ3活性化発光プローブの発光イメージングを行う[*1]．

↓

❸ 70％肝虚血および再灌流処置[*2]を行う．

↓

❹ 再灌流後，任意のタイミングにて，カスパーゼ3活性化プローブによる発光イメージングをフォトンイメージャーにて行う[*1]（図2）．

↓

❺ 発光データより虚血再灌流肝部位の発光カウントデータを抽出，解析し，虚血再灌流後の肝のカスパーゼ3活性化状態を把握する．

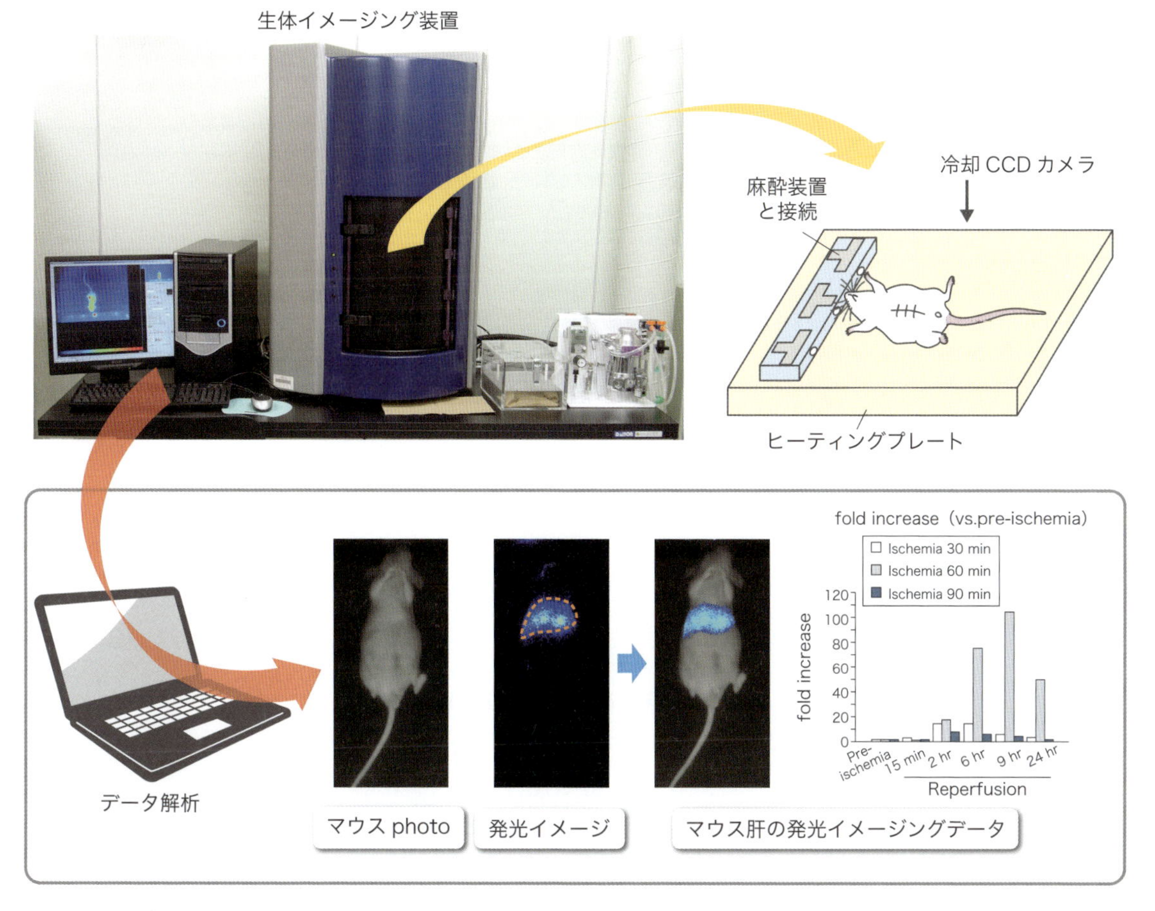

図2　発光プローブによるマウス肝イメージング実験のフロー

発光プローブを肝へ導入したマウスは，（外科的）処置の後，経時的に発光基質を導入し，麻酔下で小動物イメージングシステムにて発光測定を行う．われわれが使用しているフォトンイメージャー（BIOSPACE LAB社）では，イメージング装置のチャンバー内にヒーティングプレートを備えたステージがあり，そこにマウスサンプルをセットする．マウスは麻酔状態のまま，上部の冷却CCDカメラによって発光シグナルを高感度に得ることができる．得られたマウス写真と発光イメージデータは，マージして，マウス肝の発光イメージングデータとすることができるほか，測定部位をROIで範囲指定（例：図の点線部位）し，この領域の発光カウントを抽出し，発光強度を解析することができる．また，マウスイメージングが同一条件の場合には，数匹同時にイメージングを行うことも可能である．

＊1　生体肝カスパーゼ3活性化発光プローブの発光イメージング実験

① D-Luciferin（3 mg/100 μL in PBS）を26G針にてマウス腹腔内投与する（図3）．
② マウスはフォーレン吸入麻酔液による全身麻酔をかける．
③ 基質投与後，フォトンイメージャーのチャンバーステージに麻酔を維持したままマウスをセットする．
④ D-Luciferin投与5分後より，5分間，生体の発光シグナルをフォトンイメージャーにより，積算値を測定（Fluorescence mode）する．
⑤ 前述のイメージング実験を，未処置および肝虚血再灌流後経時的に行う．
⑥ 得られたデータについて画像解析ソフト「photo vision」を用い，虚血再灌流肝部位をROIとして範囲指定し，この領域の発光カウントを抽出し，発光強度を解析する．

＊2　マウス70％肝虚血再灌流実験（図4，5）

① マウスにイソフルラン吸入による全身麻酔をかける.
② 麻酔維持状態のマウスを手術台に固定する.
③ マウス腹部の正中切開にて剣状突起まで開腹し，開創器で開腹創を設ける.
④ 綿棒などを使って，肝中葉を反転させ，門脈，肝動脈，胆管を露出させる.
⑤ 肝中葉・左葉へつながる門脈，肝動脈，胆管を動脈瘤クリップにてクランプする（70％肝虚血）.
⑥ 中葉・左葉が虚血状態になり，かつ右葉・腸管にうっ血がないことを確認し，3-0シルク針糸による連続縫合にて閉腹する.
⑦ 肝虚血終了後，再びマウスに麻酔をかけ，手術台に固定，開腹する.
⑧ 動脈瘤クリップを注意深くとり外し，虚血肝の再灌流を確認する（再灌流後，すみやかに虚血肝が一様にピンク色となることを確認する）.
⑨ 縫合結紮により閉腹する.

図3　発光基質のマウス腹腔内投与

マウス肝発光イメージングにおいて，イメージング直前に発光基質（D-Luciferin）をマウス腹腔内に投与する．一方の手でマウス尻尾をもち，他方の手で後頭部から頸部の皮膚をしっかりつかみ，前肢が張るように保持し，腹部を上に向ける．尻尾および後肢も自由の利かないようにしっかり保持する．下腹部の正中線に向かって，左右どちらか側にずれた部位に針を刺入する．シリンジの内筒を少し引いて，液体の戻りがないことを確認し，発光基質を打ち込む.

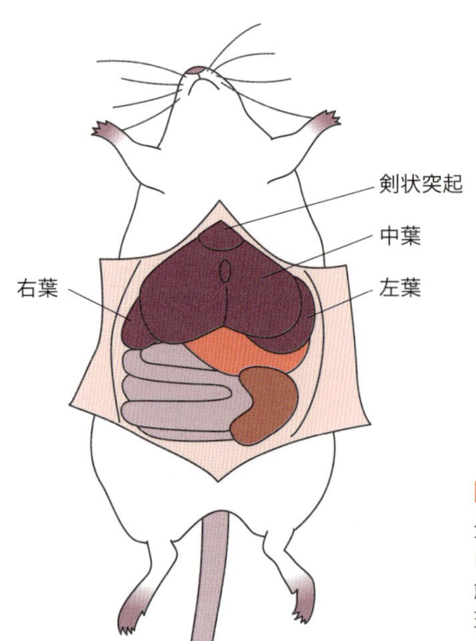

図4　マウス肝の外科的処置における開腹例

全身麻酔をかけたマウスを手術台に固定し，マウス腹部の正中切開にて剣状突起まで開腹し，開腹創を設ける．実際には，開腹創は開創器によって開創し，術野を確保する．肝の処置の際は，綿棒や生理的食塩水で濡らしたガーゼなどを用いて，肝やその他臓器を保定し，目的視野を広く開けることで処置が行いやすくなる.

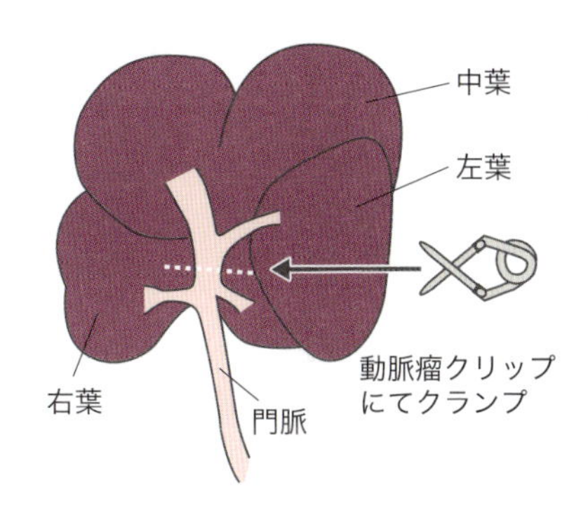

図5　マウス70％肝虚血再灌流モデルの作製
小動物肝における肝傷害誘導モデルとして，70％の虚血再灌流処置を施す．マウス肝の中葉/左葉を虚血することで，70％の肝虚血とする．図4のごとく開腹したマウスにて，肝中葉を頭部へ反転させ，門脈，肝動脈，胆管を露出させる．肝中葉・左葉へつながる門脈，肝動脈，胆管部位（図の点線部分）を動脈瘤クリップを用いてクランプする（70％肝虚血）．中葉・左葉が虚血状態になり，かつ右葉・腸管にうっ血がないことを確認する．再灌流時，クリップは注意深くとり外し，虚血肝の再灌流を確認する（再灌流後，すみやかに虚血肝が一様にピンク色となることを確認する）．

よくあるトラブル

Q．発光プローブの導入が確認できません．

A．今回作製したカスパーゼ3活性化発光プローブは，細胞・肝組織内に導入されれば，未刺激の状態でも基底レベルの発光が認められる．したがって発光プローブ導入後に，未刺激状態での発光を測定すると，導入の確認が可能である．または，発光レベルが顕著に低い場合，遺伝子が細胞内に導入されていない，もしくは発光プローブが細胞内で発現していない可能性が考えられる．細胞レベルの実験でルシフェラーゼや発光プローブのタンパク質発現を他の方法（ウエスタンブロット法など）で確認し，導入効率を検討する．場合によっては，導入するウイルス量や，導入後のイメージングのタイミングについて検討する．ウイルスベクター自体に問題がないと考えられる場合には，マウス皮下に直接注射し，その発現を確認してみる．

Q．細胞死誘導刺激を行っても，発光プローブのシグナル（発光）増加が確認できません．

A．細胞死誘導刺激が，至適でなかった可能性が考えられる．その場合，発光プローブを用いる実験の前に，細胞死が誘導される至適条件を従来の方法で事前に検討する．特に，細胞死誘導が顕著に強い場合（特に，虚血実験では），急激にネクローシスが引き起こされ，細胞死に至ってしまう可能性があるので，注意が必要である．

Q．動物イメージング実験で，皮膚の縫合部位が発光シグナルを邪魔しませんか？

A．発光プローブの発光レベルが高い場合は大きな問題にならない．また，閉腹時に，1針ずつの縫合結紮により閉腹すると，発光シグナルへの影響を小さく抑えられる．

実験系カスタマイズのコツ

・本実験プロトコールは，発光プローブの標的分子機能を変更しても行うことが可能である．発光プローブに必要なことは，特に動物実験では，発光プローブのS/N比が高いものを用いることが望まれる．そのため，発光プローブの作製においては，その特異性のみならずS/N比を高くする必要がある．

・発光プローブの導入方法について，今回アデノウイルスを選択したが，肝への導入に関しては，他の方法も可能である．特に肝への一過性導入で十分な場合には，例えばハイドロダイナミクス法を用いることで，煩雑なベクター調製ステップを行うことなく，動物実験に進める可能性がある．その他，プローブの導入方法として，エレクトロポレーションのような物理的方法や，近年ではさまざまなキャリアを用いての送達法が考案されている．
・発光系のプローブでは，一般に深部組織での観察は困難と考えられている．しかしながら，マウス実験においては，肝臓などの腹腔内臓器あるいは胸腔内・頭蓋腔内臓器の観察も，測定環境などを工夫することで十分に可能である．体表に近い臓器（皮膚，皮下組織，リンパ組織）は，発光イメージングが得意とする領域であり，直接導入，リンパ管を経由した導入など目的に応じた方法で，さまざまな研究への応用が可能である．
・今回の実験では，肝での発光シグナルを見やすくするためにヘアレスマウスを選択したが，C57BL/6やBalb/cマウスなどでも，腹部（観察部位）をバリカンで剃毛することで，肝の発光イメージング実験は十分可能である．

実験例

1. マウス肝虚血再灌流実験（図6）

カスパーゼ3活性化発光プローブを組み込んだアデノウイルスベクターにてマウス肝に遺伝子導入した．発光プローブをマウス肝で発現させた後（48時間後），麻酔下にて開腹後マウスの肝（中葉および左葉）に対して肝動脈，門脈をクランプし（30〜90分），その後クランプを外し再灌流させた．その後，麻酔下にてマウス肝から発せられるカスパーゼ3活性化シグナルを経時的に観察した．肝虚血30分および60分では，虚血60分の方がより強いシグナルを示し，再灌流後2時間からアポトーシスシグナルが発生し，9時間の時点で最大値に達した．虚血90分では経時的な変化は30分，60分のものと同様であったが，シグナル強度は弱くなった（図6A）．肝細胞傷害（sGPT/LDH値）は90分のものが最も強く，虚血90分による肝傷害は再灌流後に生じる酸化ストレスにより誘導されるアポトーシスとは異なり，虚血自体による肝細胞の壊死性の傷害が主要な原因と考えられた（図6B）[1]．

2. マウス脂肪肝における肝切除実験（図7）

レプチン受容体欠損マウス（db/dbマウス）を用いて，マウス脂肪肝肝切除後に生じる肝傷害をアポトーシスの観点から解析した．カスパーゼ3活性化発光プローブを組み込んだアデノウイルスベクターを用いて，マウス肝（C57BL/6マウスおよびdb/dbマウス，雄性）に遺伝子導入した．発光プローブをマウス肝で発現させた後（48時間後），麻酔下にて開腹後マウスの肝の部分切除（中葉および左葉）を行った．閉腹した後，肝切除後24時間まで残存肝（右葉）のアポトーシス（カスパーゼ3活性化）を経時的に観察した．コントロール肝では，肝切除後不活性状態の発光プローブからの基底レベルのシグナルを認めるのみであった．一方，脂肪肝では，肝切除後4時間の時点で一過性にシグナルの増強を認めたが，その後徐々にシグナル強度は減少した．この結果は，生化学的な手法によるアポトーシスの解析データとも一致してお

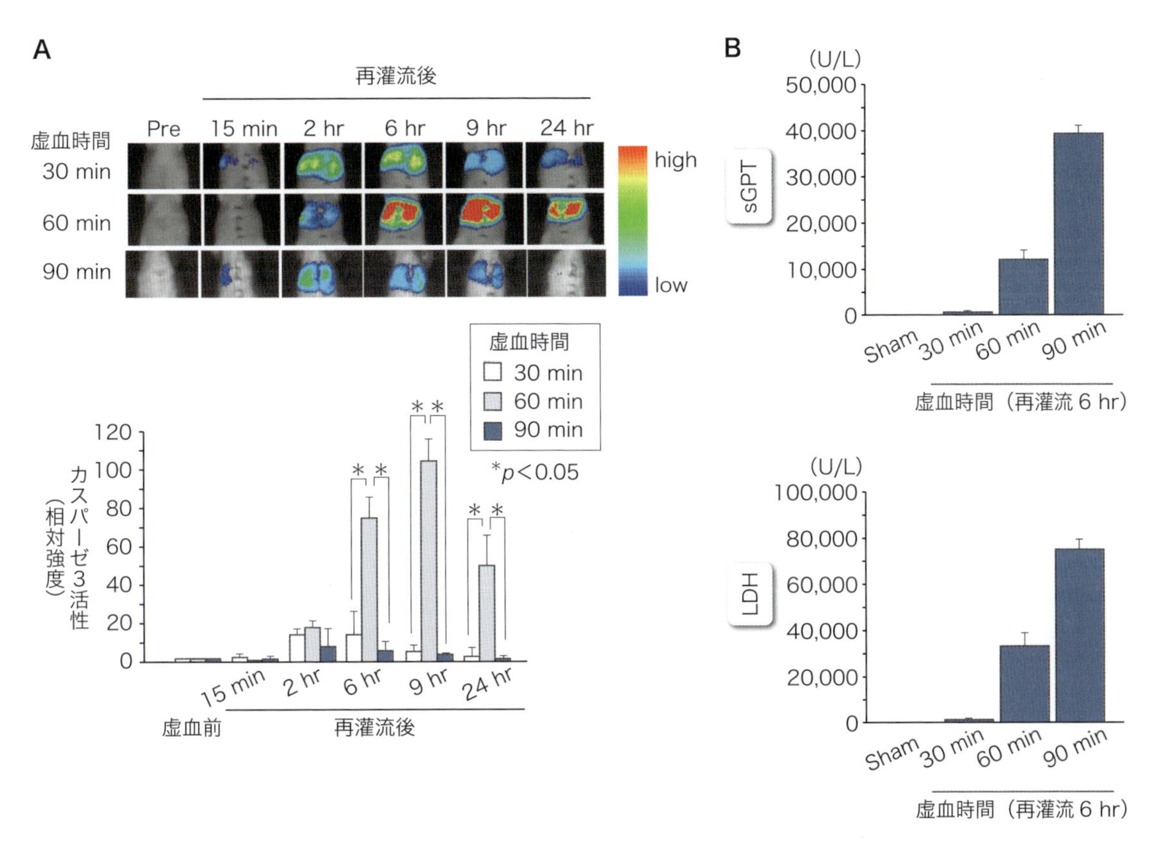

図6　マウス肝虚血再灌流傷害モデルにおける肝カスパーゼ3活性のイメージングと肝傷害

アデノウイルスベクターにてカスパーゼ3活性化発光プローブ遺伝子を導入発現させたマウスを，麻酔下にて開腹後マウスの肝の中葉および左葉に流入する肝動脈，門脈をクランプし（30〜90分），その後再灌流し生体イメージングを行った．閉腹した状態でマウス肝から発せられるカスパーゼ-3活性化シグナルを経時的に観察し，定量的に評価した（**A**）．血液生化学検査にて，肝傷害（sGPT, LDH）を測定し，イメージング結果と比較評価した（**B**）．文献1より引用．

り，カスパーゼ3活性により生体臓器・組織におけるアポトーシスの評価が可能であることがわかった．この実験では，同時に肝細胞からの活性酸素も観察しており（レドックス感受性GFPプローブを用いて），肝切除後脂肪化肝細胞の酸化ストレスを観察したが，酸化ストレスは肝切除直後に増加しその後時間をかけて徐々に正常レベルまで回復した．これにより，脂肪化肝細胞における酸化ストレスとカスパーゼ3活性化の関係をダイナミックに解析することも可能であった[2]．

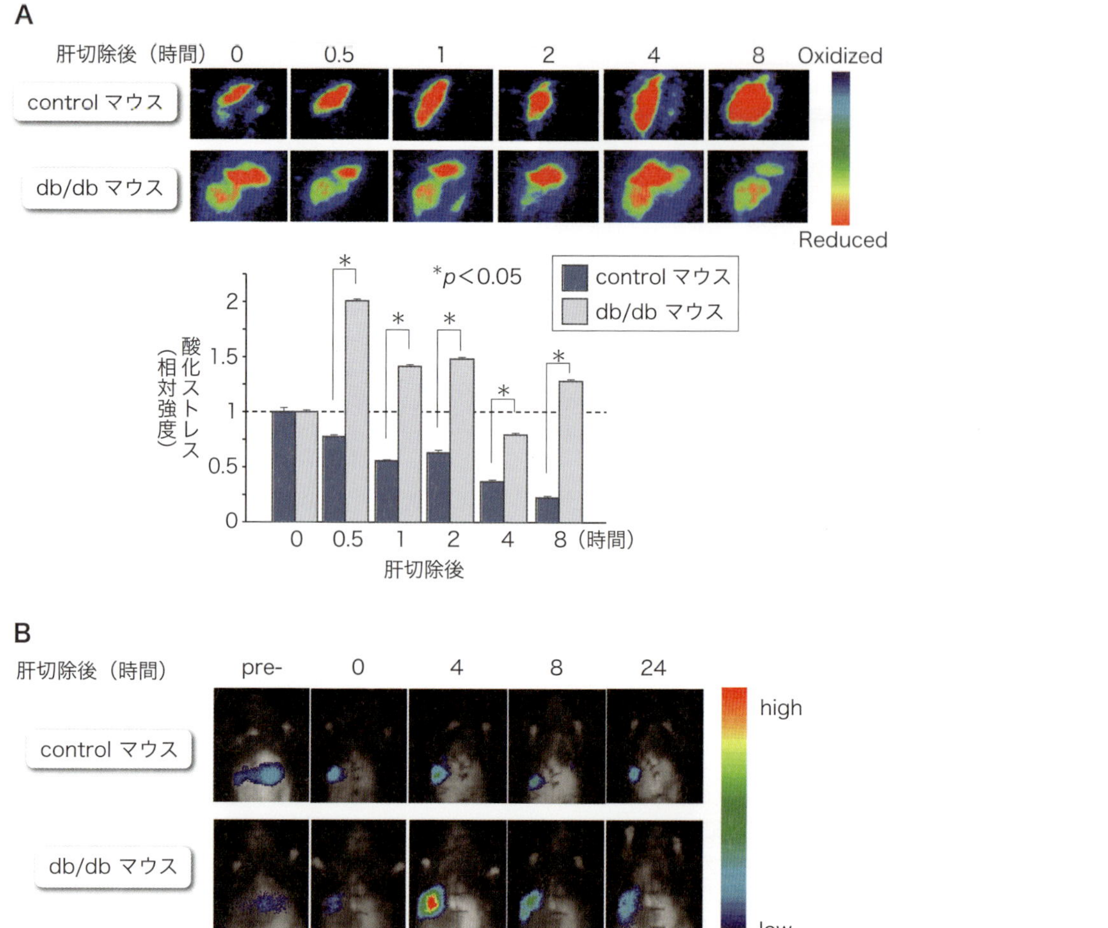

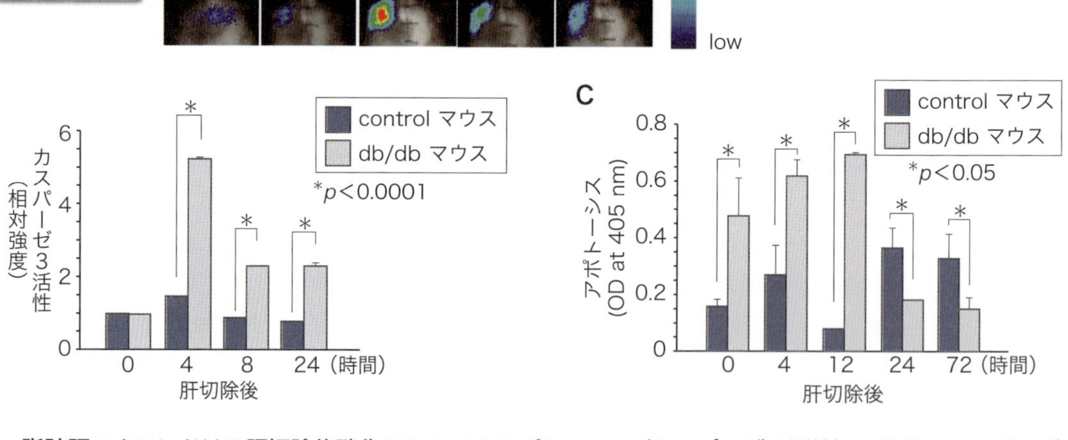

図7　脂肪肝マウスにおける肝切除後酸化ストレスとアポトーシス（カスパーゼ3活性）の生体イメージング

レドックス感受性GFPプローブあるいはカスパーゼ3活性化発光プローブをアデノウイルスベクターにてマウス肝（C57BL/6マウスおよびdb/dbマウス，雄性）に遺伝子導入し，マウス肝の酸化ストレス（**A**）とアポトーシス（**C**）を評価した．肝切除直後から，酸化ストレスは増加しその後時間をかけて徐々に正常レベルまで回復した．また，カスパーゼ3活性は，肝切除後4時間の時点でシグナルの増強を認めたが，その後徐々にシグナル強度は減少した．この結果は，従来法によるアポトーシスの評価とほぼ一致した（**B**）．文献2より引用．

おわりに

今回，マウス肝におけるアポトーシス解析を目的とした発光プローブによるカスパーゼ3活性化のイメージング法につき概説した．ホタル・ルシフェラーゼをベースとしてカスパーゼ3活性の可視化プローブを作製しアデノウイルスベクターに組み込んだ．アデノウイルスにより肝特異的にプローブを発現させ，マウスの種々の病態におけるアポトーシス観察の手技とその解析の実際を例示した．このような手法は，アポトーシスのみならずそれ以外のプログラム細胞死[3)〜5)]にも応用可能であり，病態の多次元的な解析を非侵襲的に進めることが可能である．アデノウイルスベクターは，一過性ではあるが肝細胞特異的に遺伝子を発現させることが可能であり，小動物の肝細胞解析に適している．

また，小動物を用いた生化学実験，分子生物学的実験の多くは侵襲的な解析であり，個体による差異を評価できない．一方，発光プローブを用いたイメージング技術は，同一個体における変化を経時的に解析できることも大きな利点である．

これらのツールを組合わせることにより，さまざまな要因から成り立っている肝の重要な病態が明らかとなることが期待される．

◆ 文献

1）Ozaki M, et al：Theranostics, 2：207-214, 2012
2）Haga S, et al：Antioxid Redox Signal, 21：2515-2530, 2014
3）Haga S, et al：Oncol Res, 26：503-513, 2018
4）Ozaki M, et al：「Development of a New In Vivo Optical Probe for Biological Diagnosis and Therapy」(Nakao K, et al, eds), pp265-279, Springer, 2015
5）Haga S, et al：Lab Invest, 90：1718-1726, 2010

13 動物細胞におけるシングルセル発光イメージング

小江克典，中島芳浩

実験の目的とポイント

動物細胞におけるシングルセル発光イメージングでは，細胞内でのルシフェリン-ルシフェラーゼ反応により生じる光をイメージングする．このため，蛍光イメージングとは異なり励起光の照射を必要としないことから，励起光照射による光毒性やプローブの光ブリーチングの心配がない．この利点を活かし，長時間（数時間〜数日以上），単一細胞レベルでの定量的な解析を目的とする場合に発光イメージング法が選択される．実験操作は非常にシンプルである．解析の目的にあわせて作製したコンストラクションを一過的あるいは安定的に細胞に導入後，ルシフェリンを含む培地に交換し，発光イメージング装置でタイムラプスイメージングを行うことで，個々の細胞における遺伝子発現，タンパク質間相互作用，セカンドメッセンジャーなどの動的変動を定量的に追跡することができる．

はじめに

シングルセル発光イメージングの主役であるルシフェラーゼは，ルシフェリンを酸化する酸化酵素である．ルシフェラーゼの存在下で，酸化によりルシフェリンの酸化物が励起され，これが基底状態に戻る際，分子内に生じた過剰なエネルギーが光として放出される．発光イメージングでは細胞内で起こるこの反応（ルシフェリン-ルシフェラーゼ反応）により発する微弱な光を，高感度CCDカメラなどで連続的に撮影することで，個々の細胞で生じる変化を可視化することができる[1]．

ライフサイエンス研究の分野では，ルシフェラーゼは古くからレポーター遺伝子として広く用いられており，その主な用途は任意のタイミングで細胞を破砕し，溶液中の発光を光電子増倍管で測定するレポーターアッセイであった．一方，GFPをはじめとする蛍光レポーター遺伝子と比べ，ルシフェラーゼ遺伝子を導入した細胞から発する光はきわめて弱いため，蛍光レポーターの独壇場であったシングルセルイメージングには不向きとされていた．しかし，2000年以降のルシフェラーゼ遺伝子の改良・創出，さらに発光イメージングに特化した装置の市販化により，現在では汎用的な細胞解析方法として定着した[2]．

動物細胞におけるシングルセル発光イメージングでは解析の目的にあわせたレポーターベク

Katsunori Ogoh[1], Yoshihiro Nakajima[2]（オリンパス株式会社 R＆D機能 生体評価基盤技術 技術2[1]，産業技術総合研究所 健康工学研究部門 細胞光シグナル研究グループ[2]）

ターを使用することで，単一細胞レベルでのさまざまな解析が可能である．代表的な例としては，プロモーター断片とルシフェラーゼ遺伝子を連結させたレポーターベクターを用いる遺伝子発現（プロモーター活性）解析，スプリットルシフェラーゼを用いるタンパク質間相互作用解析，BRET[*1]を利用したセカンドメッセンジャー解析などがあげられる．いずれの解析においても，ルシフェラーゼ遺伝子を搭載したレポーターベクターを一過的あるいは安定的に細胞（組織切片なども利用可能）に導入し，解析の対象とする細胞内イベントに連動して生じる発光を高感度CCDカメラなどで撮影する．この際，発光に必要とされるルシフェリンは，撮影前にあらかじめ培地に適切な濃度で添加しておくことで細胞内に浸透・移行し，ルシフェリン-ルシフェラーゼ反応が起こる．

シングルセル発光イメージングの特徴としては，他のレポーター遺伝子，特に蛍光レポーター遺伝子を用いた細胞イメージングと比較して，励起光を必要としないことがあげられる．そのため，蛍光イメージングでしばしば問題となる長時間くり返して励起光を照射することによる細胞毒性やプローブの光ブリーチングについては考慮する必要はない．加えて，通常培地に添加するルシフェリンの量は，細胞内で発現（スプリットルシフェラーゼやBRETでは再構成）するルシフェラーゼの量よりも大過剰であり，ルシフェリンの濃度が一定の条件下では細胞から発する光量はルシフェラーゼ数に依存する．これらの特徴から，シングルセル発光イメージングは長期間，定量的に解析が可能な測定系であるといえる．またこれらの利点を活かし，シングルセル発光イメージングでは単一細胞における長期間の遺伝子発現，タンパク質間相互作用，Ca^{2+}，ATP，さらにはタンパク質の細胞内局在などの動的変動を測定することで，細胞の個性や細胞間相互作用の理解，個々の細胞応答性の違いに基づく薬理学的研究などに利用されている．

シングルセル発光イメージングの実施にあたり，最初に考慮すべき重要な点はルシフェラーゼの選択である．表1に示すように，現在では日本で購入可能なルシフェラーゼは10種類以上にのぼるが，所望する時空間分解能のイメージングが可能なルシフェラーゼを選択する必要がある．前述のように，発光イメージングでは発現あるいは再構成するルシフェラーゼ量に依存した光のみをとらえるため，蛍光イメージングと比較して相対的な光強度はきわめて低い．そのため，高い時空間分解能を必要とする解析には，可能な限り明るく光るNanoLucやGLuc（プロメガ社，ニュー・イングランド・バイオラボ社など）を選択することが望ましい（図1）[3]．しかし，これらの発光基質であるfurimazineやcoelenterazineは培地中での安定性が低いため，日単位でのイメージングは行えない．一方，ホタルルシフェラーゼ系はNanoLucやGLucと比べて発光強度は低くイメージング画像を得るために数分～数十分の露光時間を必要とするものの，その発光基質であるD-luciferinは培地中での安定性はきわめて高く，数日間にわたるイメージングが可能である[4]．このように，シングルセル発光イメージングでは長期間，定量的な測定が可能である反面，検出される発光強度が低いという欠点を有することを理解し，解析対象とする現象の時空間分解能を考慮したルシフェラーゼの選定が重要となる．

本稿では，1種類のルシフェリン（D-luciferin）で赤色および緑色に発光する2種類のホタ

＊1　ルシフェラーゼの発光エネルギーが近傍にある蛍光タンパク質へと移動する現象．物理現象はFRETと同じである．

表1　市販されているルシフェラーゼ遺伝子とルシフェリンの一覧

由来生物	ルシフェラーゼ遺伝子の名称	ルシフェリン	分子量(kDa)	最大発光波長(nm)	主な購入先
非分泌型ルシフェラーゼ					
北米産ホタル	*luc*（+），*luc2*	D-luciferin	61	562	プロメガ社
ウミシイタケ	Rluc	coelenterazine	36	480	プロメガ社
ヒオドシエビ	NanoLuc	furimazine	19	465	プロメガ社
ヒカリコメツキムシ（ジャマイカ産）	CBGluc	D-luciferin	60	537	プロメガ社
ヒカリコメツキムシ（ジャマイカ産）	CBRluc	D-luciferin	60	613	プロメガ社
ヒカリコメツキムシ（ブラジル産）	ELuc	D-luciferin	61	540	東洋紡社
鉄道虫	SLR	D-luciferin	61	630	東洋紡社
イリオモテボタル	SLG	D-luciferin	60	550	東洋紡社
イリオモテボタル	SLO	D-luciferin	60	580	東洋紡社
分泌型ルシフェラーゼ					
カイアシの仲間	GLuc	coelenterazine	20	480	ニュー・イングランド・バイオラボ社
カイアシの仲間	MetLuc	coelenterazine	24	480	タカラバイオ社
ウミホタル	CLuc	sea firefly luciferin	61	465	ATTO社 ニュー・イングランド・バイオラボ社

市販されているルシフェラーゼ遺伝子とルシフェリンを示す．由来生物，ルシフェラーゼ遺伝子の名称，ルシフェリン，分子量，最大発光波長，主な購入先を示す．

ルルシフェラーゼを一過的に導入した細胞を用い，薬剤刺激後の遺伝子発現のタイムラプスイメージングを例に，実験準備からイメージング，解析までの一連の操作について解説する（図2）．

準備

動物細胞におけるシングルセル発光イメージングの実験例として，ヒト子宮頸がん由来HeLa細胞を炎症性サイトカインtumor necrosis factor α（TNFα）により炎症を惹起し，炎症シグナル伝達の中心的役割を果たす転写因子nuclear factor-κB（NF-κB）の活性化のタイムラプスイメージングを記載する（図3）．具体的には，NF-κBに依存して赤色発光ルシフェラーゼSLRが発現するレポーターベクターと，内部標準用緑色発光ルシフェラーゼELucが恒常的プロモーター（本実験ではCMVプロモーターを使用）で発現するベクターをHeLa細胞に一過的に導入し，TNFα添加後の2種のルシフェラーゼの発光を撮影した（図2）．なお，SLRおよびELucはイメージング後の解析結果を容易に検証できるよう，おのおのを核およびペルオキシソームに局在化させている．

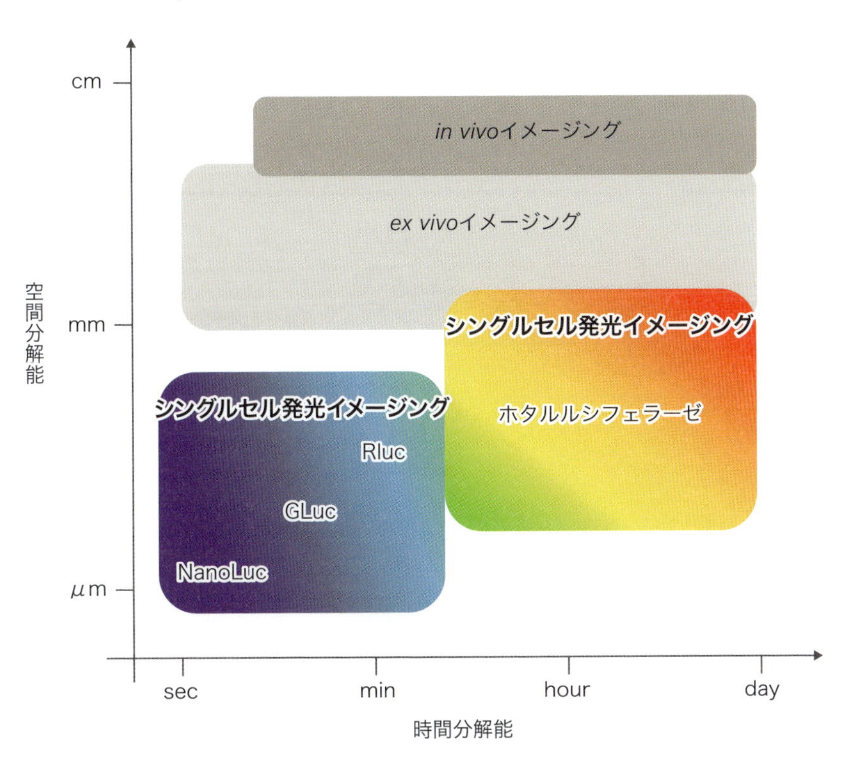

図1　シングルセル発光イメージングにおける各種ルシフェラーゼと時空間分解能

シングルセル発光イメージングに用いるルシフェラーゼは，それぞれ発光強度とルシフェリンの培地中での安定性が異なるため，解析したい時空間分解能に適したルシフェラーゼを選択する必要がある．高い時空間分解能を必要とする解析には，明るく光るNanoLucやGLucを選択することが望ましいが，発光基質であるfurimazineやcoelenterazineは培地中での安定性が低いため，日単位でのイメージングには適さない．一方，ホタルルシフェラーゼ系は発光強度が低いため数分〜数十分の露光時間を要するが，D-luciferinの培地中での安定性がきわめて高いことから数日間にわたるイメージングが可能である．

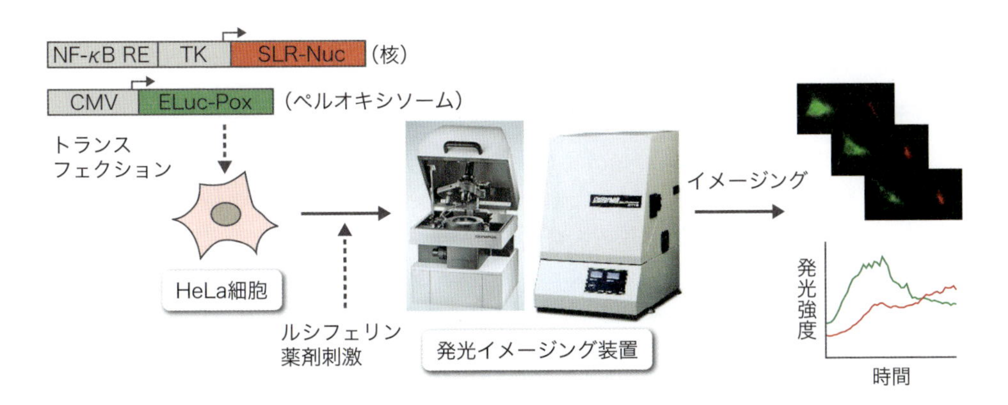

図2　動物細胞におけるシングルセル発光イメージングの実験スキーム

解析用のレポーターベクターを一過的あるいは安定的に細胞に導入し，ルシフェリン（薬剤刺激をする場合は薬剤も）を含む培地に交換後，発光イメージング装置でタイムラプスイメージングを行う．得られたイメージング画像を定量することで解析対象の動的変動を定量することができる．図中NF-κB REはNF-κB応答配列，SLR-Nucは核局在型赤色発光ルシフェラーゼ，ELuc-Poxはペルオキシソーム局在型緑色発光ルシフェラーゼを示す．

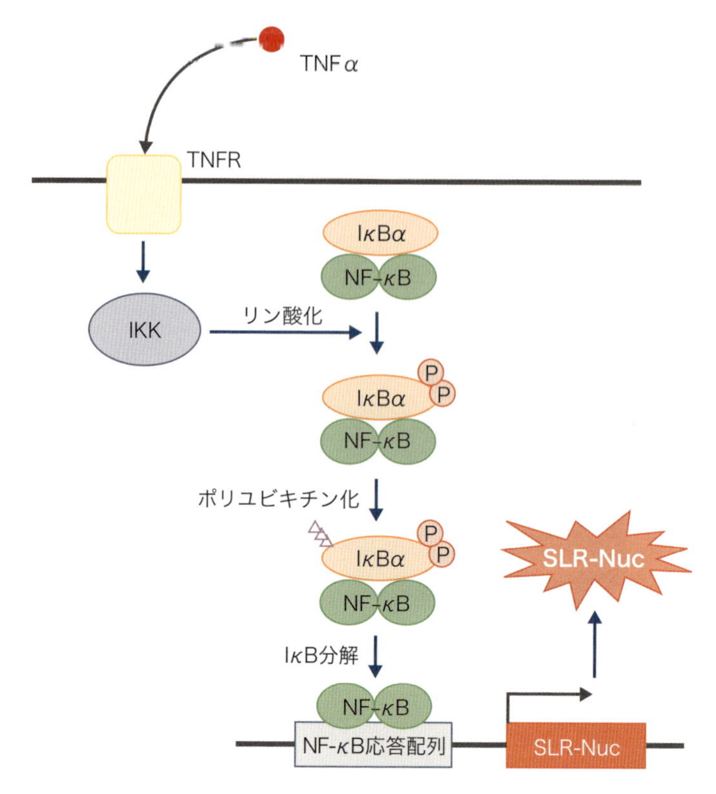

図3　TNFαに誘導されるNF-κB活性化のシグナル伝達経路および発光検出の模式図
TNFαによりTNFレセプター（TNFR）を介してIKKがNF-κBと結合しているIκBαをリン酸化する．リン酸化されたIκBαがポリユビキチン化を経てユビキチン-プロテアソーム系で分解されることにより，フリーになったNF-κBが核内に移行し，標的遺伝子のプロモーター内の応答配列と結合して転写を誘導する．応答配列を赤色発光ルシフェラーゼSLRの上流に配置することで，TNFαにより活性化されるNF-κBに依存したSLRの発現誘導が惹起され，発光シグナルとしてNF-κBの活性化を検出することができる．

1. 細胞へのベクター導入

プラスミド（図2および文献5を参照）

- □ **pNFκB-TK-SLR（Nuc）**：NF-κB応答配列（5′-CGGAAAGTCCA-3′）の6回くり返し配列をTKプロモーターの上流に，核移行配列（DPKKKRV）の3回くり返し配列がC末端に配置されたSLRをTKプロモーターの下流に挿入したレポーターベクター
- □ **pCMV-ELuc（Pox）**：ペルオキシソーム移行配列（SKL）がC末端に配置されたELucをCMVプロモーターの下流に挿入したレポーターベクター

試薬・培地・細胞

- □ FuGENE HD（#E2312，プロメガ社）
- □ HyClone FBS（#SH30910.03，GEヘルスケア社）
- □ DMEM high glucose（#D7777-10X1L，シグマアルドリッチ社）
- □ DMEM（1×）（#21063-029，サーモフィッシャーサイエンティフィック社）
- □ ホタル系発光基質D-Luciferin（#126-05116，富士フイルム和光純薬社）

□ HeLa細胞（ATCC）
□ TNF α（#203-15263，富士フイルム和光純薬社）

機器

□ クリーンベンチ
□ CO_2インキュベーター
□ 位相差顕微鏡（CKX53，オリンパス社など）

消耗品

□ 24wellガラスボトムプレート（#24-014-020-10，AGCテクノグラス社）
□ その他の細胞培養などに必要な汎用的な消耗品類

2. 発光イメージング装置

□ LV200（オリンパス社）*2

*2　ステージトップインキュベーターを搭載し，細胞培養に最適な状態〔CO_2濃度（5％），温度（37℃），湿度（100％）〕を維持しながら観察が可能である．また，ATTO社からも同様の機能を有する発光イメージング装置（CellGraph AB3000B）が販売されている．

□ 40倍位相差対物レンズLUCPlanFLN（オリンパス社）
□ 赤色ロングパスフィルター620LP（Omega Optical社）
□ 緑色バンドパスフィルター545QM75（Omega Optical社）
□ マルチバンド対応クロストーク補正ソフトウェアPrizMage（ケイレックス・テクノロジー社）

プロトコール

1. 細胞へのベクター導入

リバーストランスフェクション法を用いたトランスフェクションを一例として記載する．

❶ トランスフェクション当日：HeLa細胞を培養している培地を除き，適量のPBS（－）を加えて洗浄し，適量の0.25％ Trypsin-EDTAを加えて細胞を剥がす．

↓

❷ 遠心後，上清を除き，DMEM 1×に非動化したFBSを10％となるように加えた培地（10％ FBS-DMEM）を加え，ピペッティングによって細胞を懸濁する．

↓

❸ 2×10^5/mLとなるように細胞を調製し，24wellガラスボトムプレートに500 μLずつ播種する．

↓

❹ 細胞を播種後，直ちにDNA-トランスフェクションカクテルを調製する（下記は1 wellあたりのカクテルの組成を示す）．

DMEM（1×）	50 μL
プラスミドpCMV-ELuc（Pox）	0.7 μg
プラスミドpNFκB-TK-SLR（Nuc）	2.1 μg
FuGENE HD	4 μg

❺ カクテルを撹拌し，5～10分間室温で静置する．

❻ 細胞を播種したウェルにカクテルを全量添加し，CO_2インキュベーターで24時間培養する．

2. 発光イメージング用細胞の準備

❶ 10％FBS-DMEMに最終濃度が500 μMとなるようにフィルター滅菌したD-luciferin溶液を加え，37℃のウォーターバスで加温する＊3．

＊3　フェノールレッドが観察の妨げになる場合には，フェノールレッド不含の培地を使用する．

❷ プラスミドをトランスフェクションした細胞の上清を除去し，D-luciferinを含む10％FBS-DMEM 500 μLに交換する．

3. 発光イメージング装置の準備

❶ マニュアルに従い，装置本体，付属装置およびPCを立ち上げる＊4．

＊4　ステージトップインキュベーターやレンズなどを温める必要があるため，実験前にあらかじめ装置を立ち上げ，ウォームアップしておく（図4）．

❷ 目的とする発光イメージングに適したフィルターやレンズなどをセットする．

❸ ステージトップインキュベーターの加湿水を加える．

❹ 細胞を装置のステージにセットする．

❺ 位相差観察モード（明視野）で焦点をあわせる．

❻ 発光イメージングモードでスナップショットを1枚撮像する．発光の焦点があいにくい場合には，焦点面を少しずつずらして複数枚撮像し，最も焦点のあうZ軸の位置を確定する．

❼ 細胞の発光強度が弱い場合には，露光時間やEMゲインを調節する．ビニングを大きくすると感度は上昇するが，複数画素を1つの画素に見立てて発光シグナルを読み出すため画質は低下する．

❽ 発光強度や焦点に問題がなければ，タイムラプスイメージングを開始する．

4. 解析

❶ マルチバンド対応クロストーク補正ソフトウェアPrizMageを用いてクロストークを補正する．ソフトウェアの使用方法の詳細については添付の説明書を参照．

❷ クロストークを補正したタイムラプス観察画像を，画像解析可能なソフトウェアを用いて観察領域（ROI）を設定して測定する．本実験例では，解析フリーソフトウェア“TiLIA”を用いた．ソフトウェアの使用方法の詳細については文献6を参照．

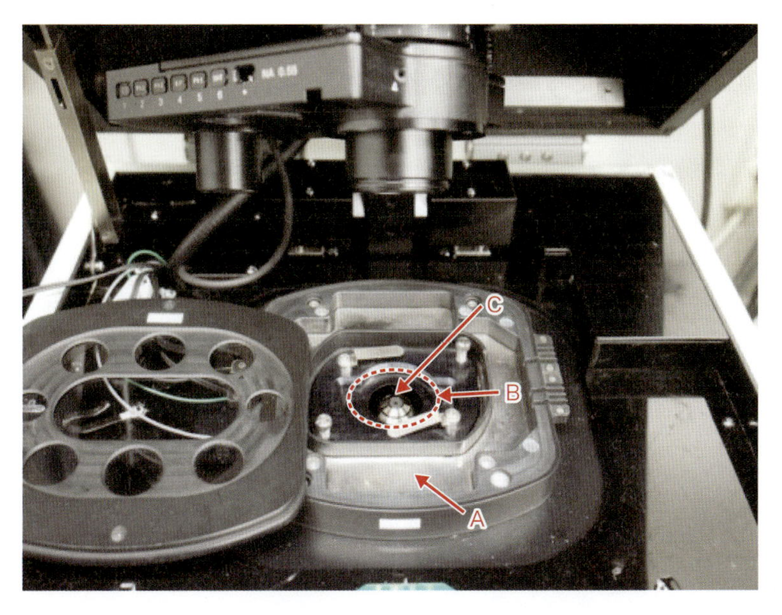

図4　発光イメージング装置にとり付けられているステージトップインキュベーターとその周辺の様子

A） ステージトップインキュベーターに設けられた加湿水を加えるスペース．**B）** サンプルホルダー（図では35 mmディッシュ用のサンプルホルダー）．**C）** 対物レンズ．

実験系カスタマイズのコツ

対物レンズの選択

開口数（N.A.）の大きい対物レンズを選択する．例えば，同じ倍率の油浸対物レンズ（N.A.＝1.42）と水浸対物レンズ（N.A.＝1.2）では，油浸対物レンズの方が開口数が大きいため，明るく撮像でき，明瞭なイメージング画像が得られる．一方，組織切片などの厚みがあるサンプルの場合は，水浸対物レンズが適している場合もある．

細胞培養容器（ディッシュまたはマルチウェルプレート）の選択

作動距離が長い低倍率の対物レンズを用いる場合は，ポリスチレン製の容器でも明瞭なイメージング画像を得られるが，油浸対物レンズなどの高倍率の対物レンズは作動距離が短いため，カバーガラス（厚さ約0.17 mm）を容器の底面に張り付けているガラスボトムディッシュやプレートを用いるとよい．補正環付きの対物レンズもあり，適切に調節して使用すると明瞭なイメージングの撮像ができる．

発光が見えない場合

- 装置の設定が適切でない（EMゲイン，ビニング，露光時間，シャッター，フィルターを確認する）．
- サンプルが適切でない（発光基質の入れ忘れ，間違った発光基質を加えている，ルシフェラーゼの発現量が低いもしくは発現していない，または細胞が剥がれているなどの原因が考えられる）.

発光基質とルシフェラーゼの組合わせに注意

生物発光系は基質特異性が厳密なため，異なる発光系のルシフェラーゼとルシフェリン（例えばホタルルシフェラーゼとcoelenterazineなど）を反応させても発光しない．実験開始前にルシフェラーゼと発光基質の組合わせを確認する．

培地中に加えるルシフェリンの濃度

ルシフェリンの濃度を高くすると細胞の発光強度も高くなるが，ルシフェリンの濃度が高すぎると細胞毒性を生じるため注意する．

ダイナミックレンジ内でのデータ取得

検出系のダイナミックレンジ内でのみ定量的なデータが得られる．そのため，発光強度が高すぎる場合は検出のリニアレンジから外れることに留意する．イメージング装置のダイナミックレンジはATTO社から販売されている参照用LED光源（KoshiUni 25など）を使い簡単に検証できる．

スペクトラアンミキシング

蛍光観察などと異なり，複数種のホタルルシフェラーゼを用いた多色発光イメージングでは，1種類の発光基質で複数色の発光が同時に観察される．このため，フィルターを用いておのおのの色を分離してイメージングするが，条件によってクロストーク（フィルターにより分離しきれずに他の色が混入すること）が生じる．クロストークを除去するために解析ソフトなどに付属しているスペクトラアンミキシングの機能を用いてクロストークを除去する．

蛍光発光併用観察時の注意点（発光基質の自家蛍光）

透過照明を活用して蛍光発光併用観察も可能であるが，D-luciferinは青色励起光によって緑色に蛍光を発するため，D-luciferinを原因とするバックグラウンドの上昇に留意する必要がある[7]．

系をカスタマイズする際のポイント

本稿ではホタルルシフェラーゼを用いたシングルセル発光イメージングを紹介したが，表1に示す他のルシフェラーゼを用いてイメージングを行う場合は，そのルシフェリンの培地中での安定性に留意する必要がある．例えば，GLucとNanoLucはきわめて強く光り，短時間（秒オーダー）のイメージングは可能であるが，そのルシフェリンであるcoelenterazineやfurimazineは培地中で不安定なため日単位でのイメージングには適していない．図1に示すように，解析したい時空間分解能に応じたルシフェラーゼとルシフェリンの組合わせを選択する．

実験例

図5に任意に選択した3つの細胞におけるTNF α 添加後のNF-κB依存的な遺伝子発現活性化（赤：SLR）と内部標準ルシフェラーゼ（緑：ELuc）のタイムラプス発光イメージングの結果を示す．図5Bは1時間ごとのイメージングの連続画像を，図5Cは各ルシフェラーゼの発光強度を定量した結果を示す．図5Bに示すように，2種類の光学フィルターを用いたイメージン

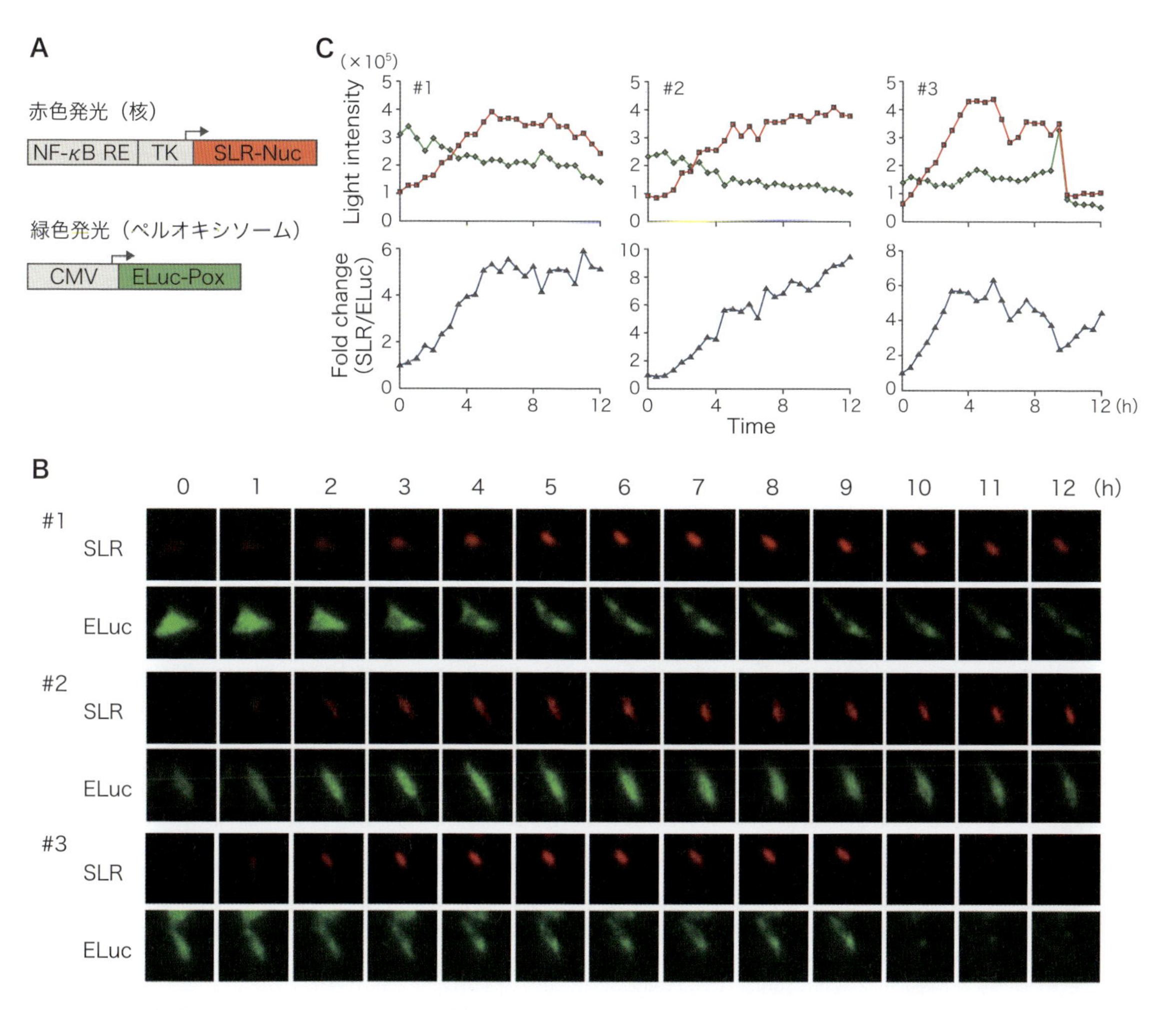

図5　HeLa細胞においてTNF αにより誘導されるNF-κB活性化の2色発光シングルセルイメージング

TNF αにより誘導されるNF-κB活性化のタイムラプスイメージングを示す．NF-κBに依存して赤色発光ルシフェラーゼSLRが発現するレポーターベクターと，内部標準用緑色発光ルシフェラーゼELucが恒常的プロモーター（CMVプロモーター）で発現するベクターをHeLa細胞に一過的に導入し，TNF α添加後の2種のルシフェラーゼの発光を撮影した．**A）** 解析用のレポーターベクターの模式図．NF-κB活性化によって細胞核が赤く発光する．**B）** 3つの細胞における赤色チャネルと緑色チャネルの発光イメージングの連続画像．赤色ロングパスフィルター620LPを通して1分間露光して得られた赤色発光ルシフェラーゼSLRのイメージング画像と，緑色バンドパスフィルター545QM75を通して10秒間露光して得られた緑色発光ルシフェラーゼELucのイメージング画像．タイムラプスイメージングは，30分間隔で12時間実施した．**C）** 3つの細胞の赤色および緑色ルシフェラーゼの発光強度の定量結果．上段は各ルシフェラーゼの定量結果を，下段は各タイムポイントにおけるSLRの発光強度をELucの発光強度で補正したfold change値を示す．

グにより，想定通りにSLRは核，ELucはペルオキシソームに局在する画像を得ることができた．またいずれの細胞においても，TNF α添加直後から急激なSLRの発光増加が観察された一方で，CMVプロモーターで発現させた内部標準ルシフェラーゼELucはアポトーシスに起因すると考えられる経時的な発光強度の低下が認められた．特に細胞#3ではTNF α添加10時間後にはSLRとELucの発光の急激な低下が認められ，他の2つの細胞とは異なる応答を示した．このように，シングルセル発光イメージングを行うことで，単一細胞レベルでの細胞応答の動的変化を追跡することができ，従来，細胞個々の発光シグナルを平均化して評価するプレートリーダーによる解析では不可能であった細胞群集のヘテロ性を含む解析を可能にした．

おわりに

本稿では薬剤刺激による細胞応答を一例として紹介したが，動物細胞におけるシングルセル発光イメージングは，とりわけ長い測定時間を要する概日リズム研究で汎用されており，ホタルルシフェラーゼを用いた概日リズム遺伝子発現の細胞間相互作用の分子メカニズムの解析が精力的に行われている[4]．また，スプリットルシフェラーゼを用いたGタンパク質共役受容体などの受容体活性化の動的変化，BRETプローブを用いたCa^{2+}，cAMP，ATPなどのセカンドメッセンジャーの高時空間分解能でのイメージングも行われており，解析の用途は非常に広い．近年では，蛍光イメージングとの併用もできるようになり，発光プローブと蛍光プローブがもつ互いの短所を補完しつつ両者の長所を活かすことで，解析の適用範囲が拡大されている．さらに，今後はゲノム編集や染色体工学[8]などの他の技術を利用することで，質の高い発光細胞が簡便に樹立され，発光イメージングの時空間分解能の向上に貢献することが期待される．また，将来的にシングルセル発光イメージングで“見た”細胞そのものをピックアップして種々の1細胞解析ができるようになれば，まさに“細胞にやさしい”発光イメージングの利用価値はさらに高くなるものと考えられる．

◆ 文献

1） Nakajima Y & Ohmiya Y：Expert Opin Drug Discov, 5：835-849, 2010
2） Suzuki H, et al：「Advances in Medical and Biology Volume 108」(Berhardt LV, ed), pp101-116, Nova Science Publishers, 2017
3） Ogoh K, et al：J Microsc, 253：191-197, 2014
4） Welsh DK & Noguchi T：Cold Spring Harb Protoc, 2012：doi:10.1101/pdb.top070607, 2012
5） Yasunaga M, et al：Anal Bioanal Chem, 406：5735-5742, 2014
6） Konno J, et al：Ecol Evol, 6：3026-3031, 2016
7） Goda K, et al：Microsc Res Tech, 78：715-722, 2015
8） Satoh D, et al：Drug Metab Pharmacokinet, 33：17-30, 2018

植物個体内の単一細胞発光モニタリング

村中智明，小山時隆

実験の目的とポイント

植物個体内の個々の細胞の遺伝子発現変動をとらえることを目的に，本稿では細胞が示す発光を個別に測定する技術について解説する．この技術は，パーティクルボンバードメント法で発光レポーターDNAを個体内の細胞にまばらに導入させることが，その出発点となる．原理が簡単なため材料を限定しないが，長期間の高解像度イメージングに適した材料として，われわれは小型で平坦なウキクサ植物を用いている．緑色組織では，表皮細胞と表層付近の葉肉細胞にレポーターが導入される．導入細胞の種類をある程度コントロールすることはできるが，厳密には選択できない．一度の測定で数十細胞のデータが取得できるため，個々の細胞の遺伝子発現のゆらぎやその分布特性など確率的な現象の解析が可能となる．照明下での長期の時系列測定にはカメラ・照明装置をPCソフトにより自動制御し，一定の間隔で撮影を行う必要がある．一例としてわれわれの作製した装置を紹介する．

はじめに

発光レポーター測定は非侵襲的であり，長期の遺伝子発現モニタリングが可能である．さらに，イメージングにより空間的な情報を得ることができるため，遺伝子発現の組織間・細胞間での差異をインタクトな状態で検出することができる．われわれは植物個体内の単一細胞発光測定系を開発した[1) 2)]．この手法では，パーティクルボンバードメント法による組織（細胞群）へのまばらな遺伝子導入を利用し，高感度カメラによるイメージングにより個体内の個々の細胞由来の発光を個別に測定する．まずパーティクルボンバードメント，イメージング装置のセットアップを概説し，イボウキクサを例として，遺伝子導入，単一細胞発光イメージング，自動制御による時系列測定の方法を紹介する．

準備

1．植物

例としてイボウキクサを用いる．他の植物でも，切除葉など平面的で動かない個体（器官）

Tomoaki Muranaka[1)]，Tokitaka Oyama[2)]（京都大学生態学研究センター[1)]，京都大学大学院理学研究科[2)]）

は材料として使用できる[3) 4)]，イボウキクサは滅菌状態で200 mLフラスコ内の液体培地で生育させる[*1].

*1　培地組成は2.7 mM $CaCl_2$，1.2 mM $MgSO_4$，1 mM KH_2PO_4，5 mM KNO_3，18 μM $MnCl_2$，46 μM H_3BO_3，0.77 μM $ZnSO_4$，0.32 μM $CuSO_4$，0.49 μM MoO_3，20 μM $FeSO_4$，50 μM Na_2EDTA．pHはKOHにより5.0に調整する．

2. パーティクルボンバードメント

装置

- □ **パーティクルデリバリーシステム**：PDS-1000/He，バイオ・ラッドラボラトリーズ社
- □ **真空ポンプ**：SVR-16F，日立製作所
- □ **ヘリウムガスボンベ**：650 psi以上
- □ **マイクロチューブミキサー**：MT-400，トミー精工社

消耗品

- □ **PDS-1000/He スタンダードプレッシャーキット**：金粒子，ラプチャーディスク，マクロキャリア，ストッピングスクリーンのセット（バイオ・ラッドラボラトリーズ社）[*2]

*2　個別でも購入できるがセットの方が安価．金粒子・ラプチャーディスクは複数の種類があるため，最初は条件設定キットを使用すると便利．

- □ **2.5 M 塩化Ca水溶液**：－20℃保存
- □ **0.1 M スペルミジン水溶液**：－20℃保存[*3]

*3　薬さじでの取り扱いが困難であるため，薬品ビンに滅菌水を入れて調製するとよい．

- □ **レポータープラスミド（1 μg/ μL）**：－20℃保存[*4]

*4　アグロバクテリウム用などの長鎖プラスミドは導入効率が低下する傾向があるため，pUC系のプラスミドなどにレポーター遺伝子領域だけ移し替えて用いるとよい．

- □ **QIAGEN® Plasmid Midi Kit**：キアゲン社[*5]

*5　レポータープラスミドの回収に用いる．一般的なMini-prep kitで回収したプラスミドも使用できる．

- □ **0.1 M D-luciferin K塩**：フィルター滅菌して－20℃保存
- □ **50％グリセロール**
- □ **60 mmプラスチックシャーレ**

3. 発光イメージング

装置（図1に概要）

- □ **EM-CCDカメラ**：ImagEM C9100-13，浜松ホトニクス社
- □ **冷却水循環装置**：NCB-1200，アイラ社
- □ **Windowsデスクトップ PC**[*6]

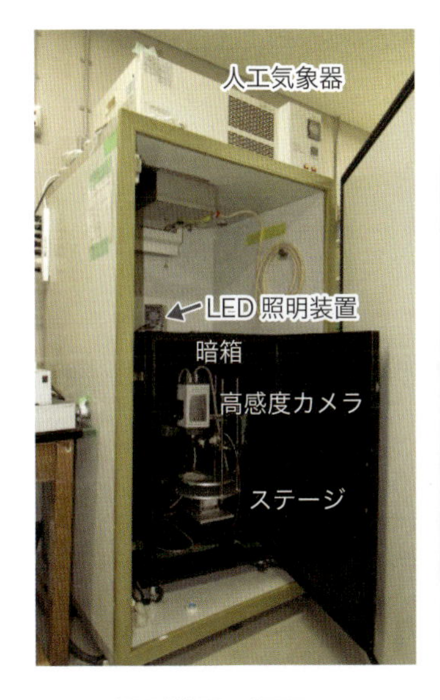

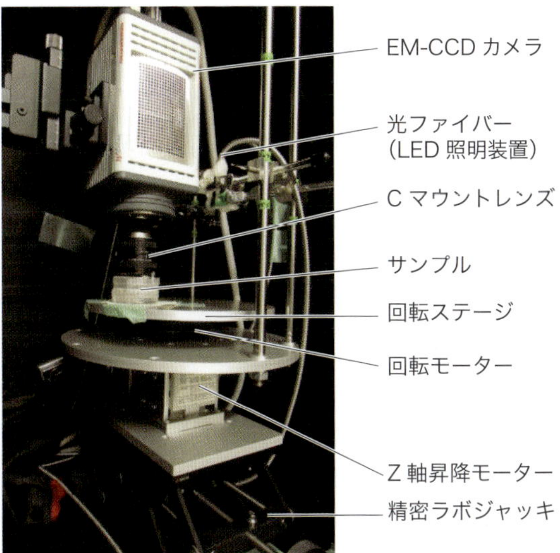

図1　撮影装置の概要
カメラは人工気象器内の暗箱の中に設置する．暗箱の後面，人工気象器の側面に配線用の穴があいている．

＊6　CameraLink インターフェース（ImagEM C9100-13 制御用）と RS232C シリアルインターフェース（回転/Z 軸昇降モーターおよび照明装置制御用）が必要．

- □ **イメージングソフトウェア**：HoKaWo，浜松ホトニクス社
- □ **画像解析ソフト ImageJ**
- □ **C マウントレンズ**：Xenon 0.95/25-0037，Schneider Optics 社
- □ **レンズ用エクステンションリング**：10 mm，5 mm，1 mm，0.5 mm，旭プレシジョン社
- □ **ショートパス干渉フィルター**：SV630，朝日分光社＊7

＊7　C マウントレンズにとり付け，葉緑体由来の遅延蛍光をカットする．

- □ **LED 照明装置**：RFB-20SW，シーシーエス社＊8

＊8　RS232C で PC と接続．コマンドの例を示す．ライト ON：@00L004C^M^J，ライト OFF：@00L104D^M^J．

- □ **LED 照明装置用光ファイバー**：FCB-W，シーシーエス社
- □ **自作ステージ**：アルミ製の円盤の下に回転モーター（ALV-902-HP，中央精機社）をとり付け，それを Z 軸昇降モーター（ARS-6036-GM，中央精機社）の上に設置したもの＊9．

＊9　昇降装置は焦点調整に必要だが，回転モーターは必須ではない．回転/Z 軸昇降モーターの位置センサーが光学仕様の場合，バックグラウンドが著しく上昇するため，ホール IC 仕様のものを使用する．

□ モーター制御装置：AT-ADM3，中央精機社＊10

＊10　RS232Cを介してPCと回転/Z軸昇降モーターを接続する．コマンドの例を示す．Aモーターを原点に移動：H:A^M^J，Bモーターを100の位置に移動：AGO:B100M^J．

□ 精密ラボジャッキ：LJA-16223，シグマ光機社
□ カメラスタンド：SL700，エス・エフ・シー社
□ 特注暗箱：幅57 cm，奥行き54 cm，高さ87 cm，後部に配線／配管用の穴
□ 人工気象器：KCLP-1000I，エヌケーシステム社

消耗品

□ シリコンゴムシート（1 mm厚，10 mm×10 mm）
□ 虫ピン（ステンレス0.1 mm径，Entomoravia社）
□ 35 mmプラスチックシャーレ

プロトコール

1. パーティクルボンバードメント用の金粒子の調製（約30分）

❶ 金粒子約30 mgを1.5 mLマイクロチューブに精密秤で量りとり，70％エタノール1,000 μLを加え，1分間ボルテックスする．

❷ 卓上遠心機で軽く遠心し，金粒子をペレットにする．

❸ 上清をマイクロピペットで除去し，滅菌水1,000 μLを加え1分間ボルテックスする．

❹ 軽く遠心し，上清を除去後，滅菌水1,000 μLを加え1分間ボルテックスする．

❺ 10分間静置後，軽く遠心し上清を除去し，50％グリセロールを500 μL加える．

2. パーティクルボンバードメント（約1時間）

❶ 調製済みの金粒子をよく懸濁する＊11．

＊11　ボルテックス後に超音波洗浄処理すると，よく懸濁される．

❷ マイクロチューブに金粒子懸濁液を8 μLとる．

❸ マイクロチューブミキサーに金粒子を入れたマイクロチューブをセットし，弱く振りながら2.5 M 塩化Ca水溶液を8 μL加え，1分間撹拌後，レポータープラスミド（1 μg/ μL）を2 μL，0.1 Mスペルミジン水溶液を3.3 μLを加える．

❹ マイクロチューブを5分間撹拌し，10分間静置する．マイクロチューブを静置している間にラプチャーディスク（450 psi），マクロキャリア，マクロキャリアホルダー，ストッピ

ングスクリーンを100％エタノールで軽く洗い乾燥させる.

❺ マイクロチューブを卓上遠心機で数秒遠心し，金粒子をペレットにする.

❻ 上清を捨て，100％エタノール80 μLを入れ，ペレットを洗浄後，数秒遠心する.

❼ 上清を捨て，100％エタノール80 μLを入れ，ピペッティングによりペレットをよくほぐす.

❽ 卓上遠心機で数秒遠心し，金粒子を沈殿させる.

❾ 上清を捨て，100％エタノール12 μLを入れ，マイクロチューブミキサーで懸濁する.

❿ マクロキャリアが乾いていることを確認し，マクロキャリアホルダーにはめ込む.

⓫ マクロキャリアの中心に，金粒子を懸濁したエタノールをアプライする*12.

*12　アプライ前によくピペッティングし，金粒子をよくほぐす.

⓬ マクロキャリア上のエタノールが完全に乾燥したら，ラプチャーディスク，ストッピングスクリーンとともにパーティクルデリバリーシステムにセットし，接続された真空ポンプを起動し，ヘリウムガスボンベの弁を開く.

⓭ ウキクサを60 mmシャーレにならべ，液体培地をピペットでよく除去する.

⓮ シャーレを装置にセットし，扉を閉めてバキュームスイッチをVAC方向に倒し，脱気する.

⓯ 目盛りが26.5 mmHgを超えたらVENTボタンを押す．FIREボタンをラプチャーディスクが破れるまで押し続け，破れたら直ちにバキュームスイッチをVENT方向に倒す.

⓰ シャーレをとり出し，8 mLの液体培地を加え，液体培地に0.1 M D-luciferinを16 μL添加する.

⓱ 導入遺伝子を十分に発現させるため，発光観測は遺伝子導入の翌日以降に行う.

3. 発光イメージング：発光測定する植物の選抜（約30分）

❶ ImagEMを制御するHoKaWoを立ち上げ，Acquisition Setupを起動する.

❷ EM-CCDカメラ素子の温度を−80℃にセットする（この温度まで冷却するために冷却水循環が必要）.

❸ 暗箱内に設置してあるEM-CCDカメラに1 mmエクステンションリングをつけたレンズをとり付ける.

❹ 植物サンプルの入った60 mmシャーレをレンズ直下のステージに置く.

❺ シャーレ全体が映るようにカメラのとり付け位置・ラボジャッキの高さを調整する．

❻ EMゲインが0であることを確認し，Liveモードで明視野観測しながら，Z軸昇降モーターを用いてシャーレ内の植物に焦点をあわせる．

❼ 焦点があったら，静止画を保存する．

❽ 暗箱内に部屋の照明が少し入る程度の光量で明視野観測をする．

❾ LED照明がOFFであることを確認し，暗箱の扉を閉める．

❿ 1分間待ち，葉緑体からの遅延蛍光を減衰させる．

⓫ EMゲインを1200（最大）にセットし，5分露光（Snapモード）で発光シグナルを撮影する（図2上）＊13．

＊13 *AtCCA1::LUC*の場合．

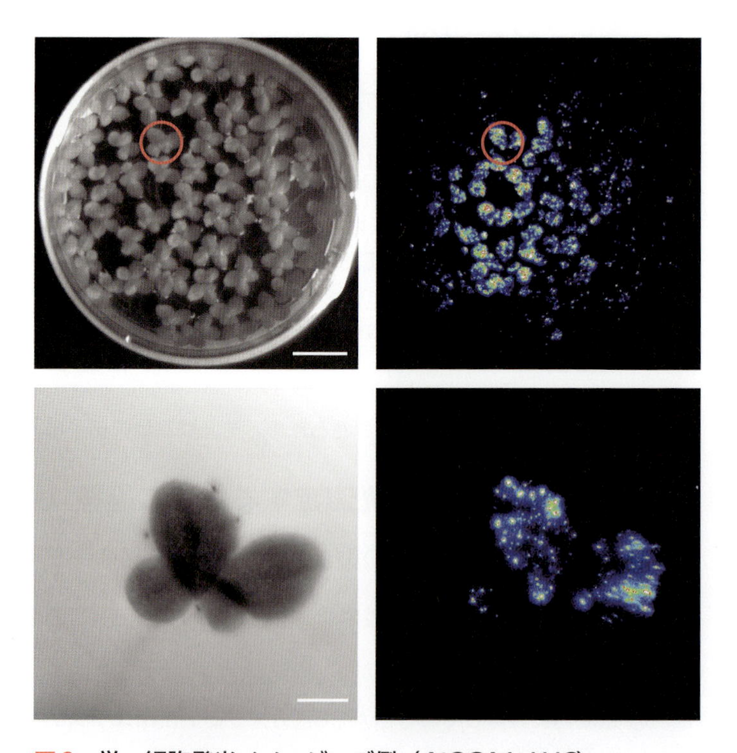

図2 単一細胞発光イメージング例（*AtCCA1::LUC*）

上：60 mmシャーレでの明視野像（左）と5分露光での発光像（右）．スケールバーは1 cm．下：赤丸で囲んだ個体の35 mmシャーレでの明視野像（左）と1分露光の発光像（右）．スケールバーは2 mm．

⓬ 発光画像をもとに発光スポット数が多い植物を長期連続測定用に選び，35 mmシャーレに移す．あらかじめ，35 mmシャーレの底にシリコンゴムシートを貼り付け，3.5 mLの液体培地，7 μLの0.1 M D-luciferinを加えておく．

↓

⓭ 植物をとり囲むようにシリコンゴムシートに虫ピンを刺し，植物体を固定する．

↓

⓮ 暗箱を開け，エクステンションリングを合計16.5 mmになるようにレンズにとり付ける．

↓

⓯ EMゲインが0であることを確認し，Liveモードで明視野観測しながら，Z軸昇降モーターを用いてシャーレ内の植物に焦点をあわせる．

↓

⓰ 焦点があったら，静止画を保存する＊14．

＊14　カメラのとり付け位置・ラボジャッキの高さを調整し，可能な限りレンズをシャーレに近づけておくと，モーターの作動範囲内（20 mm）で焦点あわせができる．

↓

⓱ LED照明がOFFであることを確認し，暗箱を閉める．

↓

⓲ EMゲインを1,200にセットし，1分露光（Snapモード）で発光を撮影し，焦点を再確認する（図2下）．

4．発光イメージング：細胞発光量の正確な定量（約15分／個体）

❶ 同一のレポーターを導入しても，細胞の発光強度は細胞ごとに100倍以上バラつく．発光が弱い細胞は長時間の露光でなければ正確に定量できないが，発光が強い細胞は長時間の露光で受光素子が飽和してしまい正確に定量できない．1つのサンプルからなるべく多くの発光細胞の発光量を測定したい場合は，複数の露光時間のデータを取得する（図3）＊15．

↓

＊15　*CaMV35S::LUC*の場合，0.1分（6秒），1分，10分露光で測定する．

↓

❷ CCD素子のバックグラウンドノイズを測定するためにカメラの受光部に蓋をして，発光データ取得時と同じ露光時間セットで撮影を行う．5回測定しその中央値を利用する＊16．

＊16　バックグラウンドノイズは，CCD素子の熱ノイズに起因し，ピクセル（素子）ごとに異なる値をとる．

↓

❸ ImageJで測定画像を開く．

↓

❹ Process＞Smooth，Process＞Sharpを続けて行った画像に対し，Process＞Find Maximaを，Noise tolerance：1,000，Output type＝Listで実行し，発光スポットを自動で選択する．

↓

❺ ポイントの座標リストが出力される．

↓

❻ この座標を中心とした6×6ピクセルのROIを作製する．

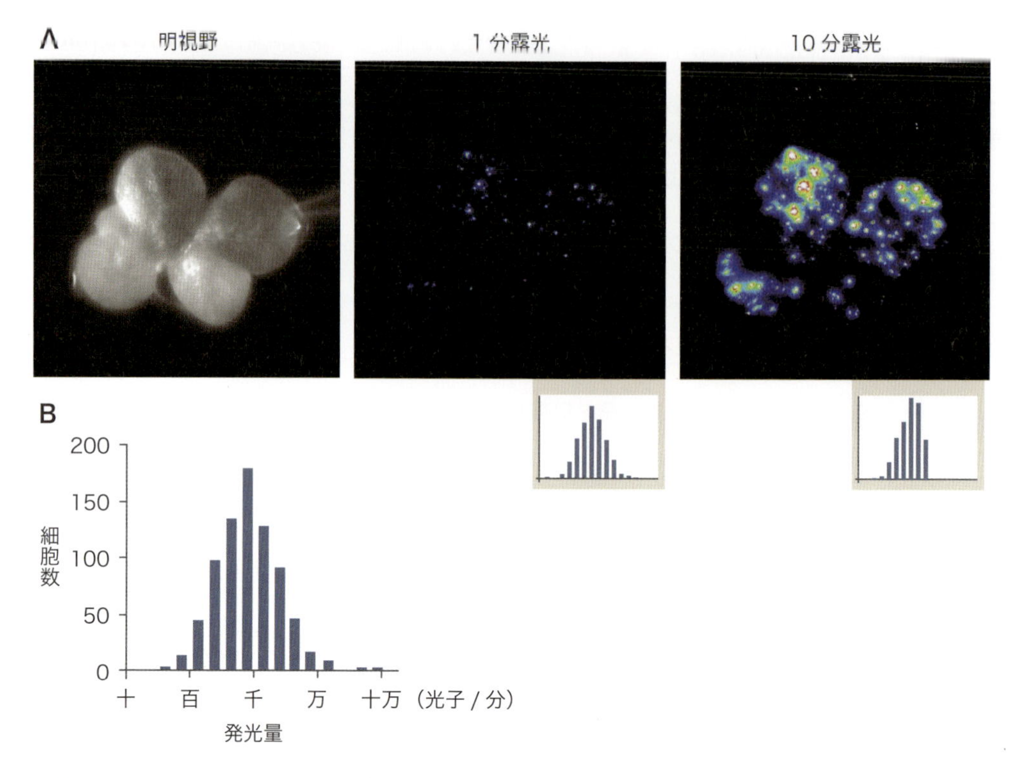

図3　細胞発光量の定量（*CaMV35S::LUC*）

A） 明視野像で示した個体を1分露光と10分露光で撮影した発光像と，細胞発光の分布．1分露光では高発光の細胞（分布の右側）が正確に定量できており，10分露光では低発光の細胞（分布の左側）が正確に定量できている．**B）** 0.1分（6秒），1分，10分露光での測定結果を統合したグラフ．細胞発光強度は対数正規分布を示す[1]．

❼ 作製したROIを用いて，測定画像データとバックグラウンド画像データに対し，ROI内のピクセル最大値とピクセル合計値を得る．

❽ 以下の式により受容した光子数を求める．光子数＝（測定画像輝度－バックグラウンド画像輝度）×変換係数／（EM ゲイン×変換効率／100）＊17．

＊17　われわれの条件では，変換係数＝5.8，EMゲイン＝1,200，変換効率＝0.9．

❾ 各スポットについて，ROI内のピクセル最大値が65,535（16 bitデータの上限）未満のなかで露光時間が最も長い画像データの値を1分あたりに受容した光子数に変換し，スポットの発光量とする．

5. 発光イメージング：タイムラプス撮影（撮影の開始に約15分）

❶ *AtCCA1::LUC*を導入したイボウキクサについて，前述の通り撮影植物を選び，35 mmシャーレに移す．

A

B

図4　撮影用に固定されたイボウキクサ（A）と乾燥防止用の容器（B）
乾燥防止容器は60 mmシャーレを重ねて，穴を開けて上下をつなげている．下のシャーレを水で満たし，上のシャーレに35 mmシャーレをセットする．写真ではシャーレに赤く着色した水を満たしている．

❷ シャーレを乾燥防止のための容器に入れ，カメラのもとにセットし，Liveモードで焦点をあわせる（図4）．

❸ Acquisition SetupのTime-Lapseモードで，スクリプトを編集する．

❹ スクリプト内のList Preが実行された後，List Loopに書かれた処理をくり返す．処理の間隔はInterval Timeで指定する．スクリプトエディタはGUI方式で，スクリプト編集が可能だが，慣れてくるとテキストエディタを用いて編集した方が早い．スクリプト例を図5に示す．Interval Timeを30分に設定することで，連続明条件で30分ごとに撮影を行う．

❺ 画像の保存フォルダを指定し，タイムラプス測定を開始する．スクリプトの記述どおりに撮影が行われ，画像が自動で保存される．

6. タイムラプス画像の定量（約1時間）

成長したウキクサ個体（フロンド）の大きさは変化しないが，新たな個体の増殖などに伴い，位置が変化する．細胞ごとの発光強度を時系列で取得する際に植物の移動を補正する必要がある．以下で，移動補正の手順を紹介する．

❶ ImageJで撮影画像をスタックとして開く．

❷ Image > Adjust > Sizeから，サイズを4倍にした後，発光が測定期間持続した発光スポットを2つ選ぶ．

❸ 1つ目の発光スポットを6×6ピクセルのROIで囲み，手動でトレースする（図6マゼンタ）．

❹ ROI情報からトレースした細胞が画像の中心にくるように平行移動させる．

❺ 平行移動処理を行ったスタックに対し，2つ目の発光スポットを6×6ピクセルのROIでスポットを囲み，手動でトレースする（図6シアン）．

A

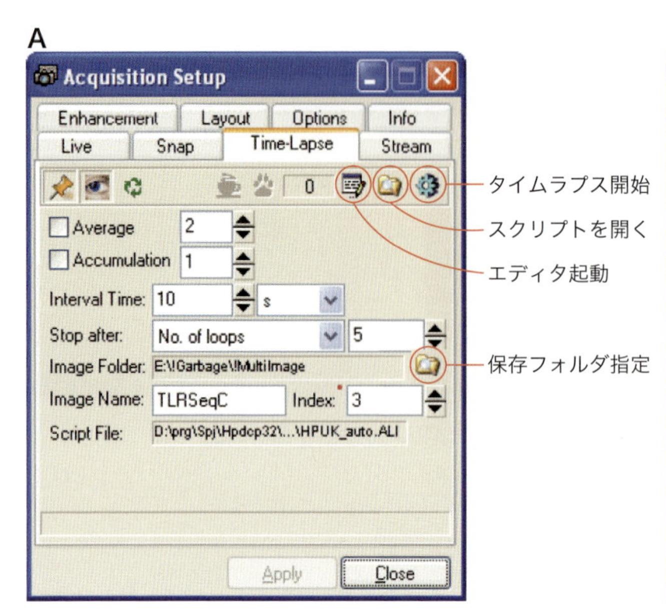

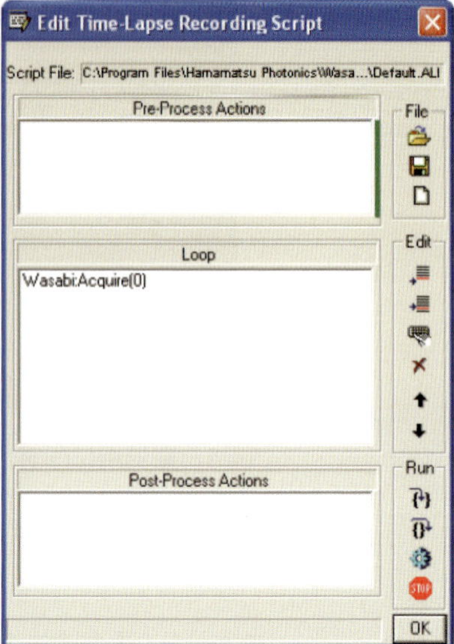

B

Hokawo Time Lapse Action List V.2.0	**スクリプトの意味説明**
[List Pre]	[List Pre] LOOP前処理
MultiCam:SetEMReadOutMode("EM Read Out")	EMモードに変更
Serial I/O:Send Strings(1,"D:A200,1200,900^M^J")	移動スピードを設定
Serial I/O:Send Strings(0,"@00L004C^M^J")	照明をOFF
Serial I/O:Send Strings(0,"@00F1000A7^M^J")	CCS光量を100に設定(ボタン登録を使用しない方法)
Serial I/O:Send Strings(1,"H:A^M^J")	HOMEに移動
Hokawo:Wait(10,0,"Rotating")	10秒待つ ステータスにRotatingと表示
Serial I/O:Send Strings(1,"MGO:A9000^M^J")	90度回転(照明位置に移動)
Hokawo:Wait(10,0,"Rotating")	10秒待つ ステータスにRotatingと表示
Serial I/O:Send Strings(0,"@00L104D^M^J")	照明をON
Serial I/O:Clear Responce()	機器からの返信記録を消去
[List Loop]	[List Loop]
Serial I/O:Send Strings(0,"@00L104D^M^J")	照明をON
Hokawo:Wait(750,0,"Light ON")	750秒待つ ステータスにLight ONと表示
Serial I/O:Send Strings(0,"@00L004C^M^J")	照明OFF
Serial I/O:Send Strings(1,"H:A^M^J")	HOMEに移動(サンプルがカメラの下に)
MultiCam:SetExposureTime(40.0)	露光時間を40秒に設定
Hokawo:Wait(60,0,"DF Waitng")	60秒待つ ステータスにDF Waitingと表示
Hokawo:Acquire(1)	撮影
MultiCam:SetExposureTime(200.0)	露光時間を200秒に設定
Hokawo:Acquire(1)	撮影
Serial I/O:Send Strings(1,"MGO:A9000^M^J")	90度回転(照明位置に移動)
Hokawo:Wait(10,0,"Rotating")	10秒待つ ステータスにRotatingと表示
Serial I/O:Send Strings(0,"@00L104D^M^J")	照明ON
Serial I/O:Clear Responce()	機器からの返信記録を消去
[List Post]	[List Post]
[List End]	[List End]

図5　連続明条件で30分ごとに撮影するHokawoスクリプト

撮影は60秒の遅延蛍光の減衰待ち，40秒の露光，240秒の露光で合計5分間の暗期を必要とする．Acquire（1）はループ中に複数回露光する際に使用する処理であり，画像ファイル名が“指定名_ループ数_ループ内の撮影数”となる．**A)** Acquisition SetupのTime-Lapseモード（左）とスクリプトエディタ（右）．**B)** Time-Lapseモード用スクリプト（左）と各コマンドの説明（右）．

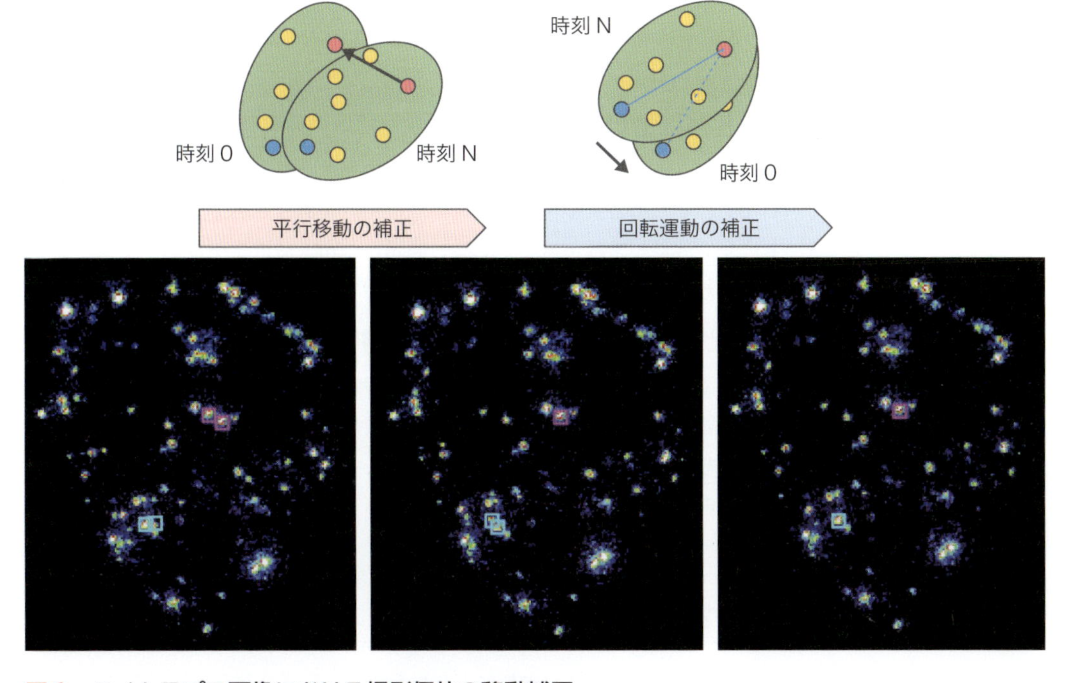

図6　タイムラプス画像における撮影個体の移動補正
平行移動の補正，回転運動の補正の概略（上）．補正の各ステップにおける，測定開始0時間と48時間の2枚の画像から作製した最大値投影図（下）．マゼンタとシアンのROIはマニュアルでトレースしたもの．

❻ ROI情報から1枚目のスポット位置に重なるように，2枚目以降の画像を回転移動させる．

❼ 発光スポットが測定期間中動かないことを確認しつつ，各発光スポットにROIを手動で設定する．

❽ 各画像のROI内のピクセル合計値をもとめる．バックグラウンドは照明の有無で変化するため，発光スポットのない領域の中央値をバックグラウンドとして，光子数を計算する＊18．

＊18　明条件では，照明をOFFにしても，しばらくの間は植物体・シャーレなどから蛍光が発せられる．

よくあるトラブル

Q．遺伝子導入の効率が悪いです．

A． パーティクルボンバードメントの導入効率を安定させることは難しい．筆者らが経験した効率低下の理由は，スペルミジンが劣化している・金粒子の量が少ない／多い・金粒子のペレットがほぐれていない，などである．マイクロチューブを低吸着タイプにすることで改善することもあった．

Q. 発光スポットがぶれます．

A. 長時間の露光中に植物体が動いてしまうと発光スポットがぶれた画像になってしまうので，データから外す．

Q. 発光スポットがぼやけます．

A. 拡大撮影のため，波長による焦点距離の違いが大きく影響する．植物は緑色であるため明視野で焦点をあわせた場合，緑色の波長域の像に焦点があう．広く用いられているホタルルシフェラーゼは発光波長が黄緑色域のため特に問題ないが，赤色発光ルシフェラーゼなどでは発光画像を確認しながら焦点をあわせる必要がある．

Q. 点状のノイズがランダムに画像にのります．

A. CCDの受光素子に宇宙線が吸収されると，その素子のみ飽和してしまい強いシグナルを示す．これを宇宙線ノイズといい，露光時間をのばすほど増加する．宇宙線ノイズを防ぐ方法はないが，同じ露光時間で撮った2枚の画像データを，ImageJのImage calculator機能で最小値合成を行うと宇宙線ノイズを消すことができる．

実験系カスタマイズのコツ

導入される細胞は，導入条件・材料により異なる．今回紹介した条件でGFPレポーターを導入した結果，導入細胞の約80％が葉肉細胞であり，約20％が表皮細胞となった[1)]．経験的には他の植物では表皮細胞に多く入る傾向がある[3) 4)]．導入時の圧力を変えることで導入効率は変わるが，導入される細胞はあまり変化がないようだ．一方，金粒子のサイズや，タングステン粒子の使用により導入細胞が変化するという報告がある[5) 6)]．圧力／粒子径については，組織へのダメージを小さくするためになるべく弱い条件を用いるとよい．回転ステージは必須ではなく，横から照明を与えてもよい（図7）．

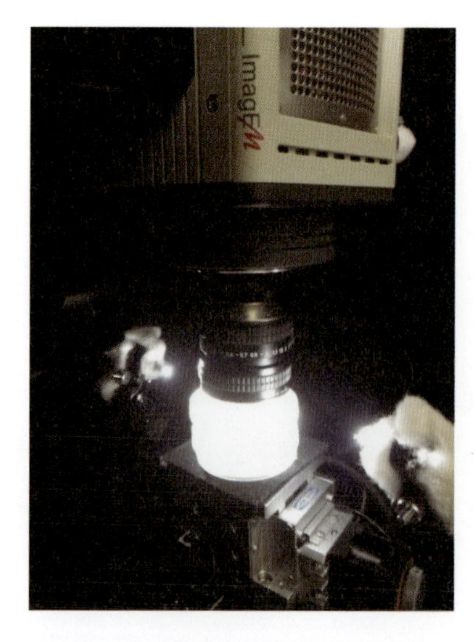

図7　サンプルの側面から照明を与えた発光測定装置の外観

実験例

概日時計は1日周期のリズムを生み出す装置である．このリズムは特定の時刻に発現する時計遺伝子群により生成され，定常条件でも持続する．*CCA1* 遺伝子は朝方に発現する時計遺伝子として古くから研究されている．イボウキクサに *AtCCA1::LUC* を導入し，連続明条件で細胞発光概日リズムを測定した例を図8に示す．植物体の中心近くの3細胞のリズムを示しているが，最初は揃っていたピーク時刻が徐々に細胞間でずれていることがわかる．これは個々の細胞で周期が異なるためであることをすでに報告している[2]．この実験例では1ピクセルは約25 μmであり，3つの細胞は200 μm程度離れている．このような近傍細胞でもピーク時刻の差異を検出することが可能である．また，9日経過しても発光が減衰していない．パーティクルボンバードメント法での遺伝子導入は一過的というイメージが強いが，長期間測定も問題なく行える．

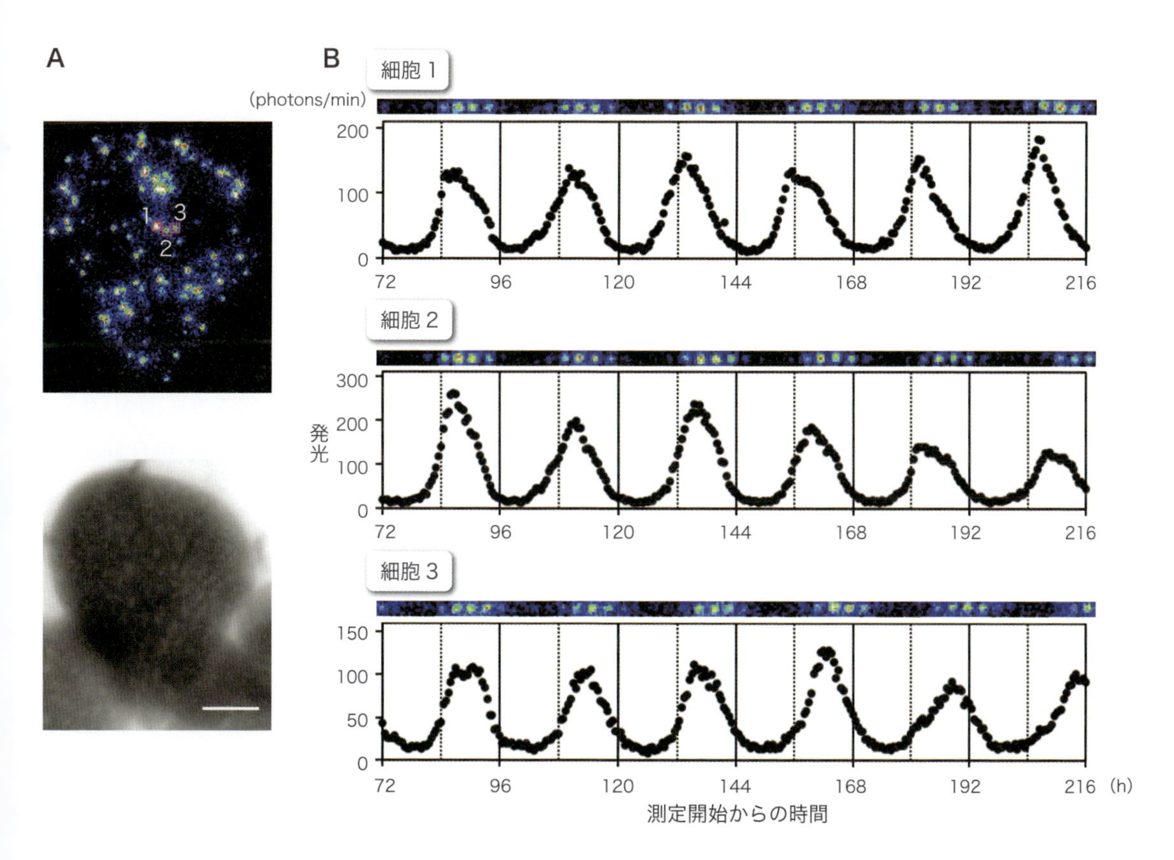

図8　連続明条件における細胞発光概日リズム
A) *AtCCA1::LUC* を導入したイボウキクサの発光画像（上）と明視野像（下）．スケールバーは1 mm．**B)** 30分ごとの測定データにより描いた3つの細胞の発光リズム．各グラフの上部に，3時間間隔でROIを切り出した画像を示す．

おわりに

一般的な植物細胞は色素が多いうえに光受容能が備わっているため，励起光を必要とする蛍光レポーターを用いた定量的／長期間の発現解析が困難になる．高感度カメラさえ用意できれば発光レポーターは使いやすいが，空間解像度を上げるのが困難である．本稿で紹介した測定手法はそれらの困難さをかなり克服した系になっている．また，さまざまなウキクサ植物やシロイヌナズナの切除葉でもこの測定系は利用できるうえ，発光レポーターに加えて過剰発現，RNAi，CRISPR/Cas9用のエフェクターを共導入することで，レポーター活性に対する遺伝子機能解析も細胞レベルで可能になる[4) 7)]．概日リズムの解析に限らず，遺伝子発現にみられる細胞間の確率的事象を実証できる系であり，細胞間相互作用などを含めた遺伝子発現制御の新たな研究展開が期待できる．

◆ 文献

1） Muranaka T, et al：Plant Cell Physiol, 54：2085-2093, 2013
2） Muranaka T & Oyama T：Sci Adv, 2：e1600500, 2016
3） Isoda M & Oyama T：Plant Biotechnology, 35：387-391, 2018
4） Kanesaka Y, et al：Plant Biotechnology, 36：in press, 2019
5） Rasco-Gaunt S, et al：Plant Cell Rep, 19：118-127, 1999
6） Hunold R, et al：The Plant Journal, 5：593-604, 1994
7） Okada M, et al：Sci Rep, 7：317, 2017

自由行動するショウジョウバエからの神経活動計測

Damien Mercier，高木（槌本）佳子，太田和美，風間北斗

実験の目的とポイント

自由に行動する動物の神経活動を観察することは，脳がどのように情報を処理することで行動が生み出されるかを研究するうえで，たいへん重要である．しかしながら，昆虫のような小さな動物を対象とする場合には，多電極アレイやCaイメージング用の内視鏡などの記録装置を個体に装着させることができない．したがって実際には，固定された動物の神経活動を記録しなければならず，フェロモンを介したコミュニケーションをはじめとする社会的行動の神経基盤を研究することは困難である．そこでわれわれは，発光計測システムを用いてこれらの問題を解決することを試みた．遺伝学を用いて，キイロショウジョウバエのオスの性フェロモンであるcis-vaccenyl-acetateに応答する少数の嗅覚受容ニューロンに，発光Caプローブであるtandem-dimer Tomato-aequorinを発現させた．光検出器に囲まれたアリーナに発光するハエを放つことによって，自由に同種とコミュニケーションをとるハエの神経活動をモニターすることに成功した．

はじめに

発光Caプローブを用いた計測システムは，自由行動する動物の神経活動をモニターするための強力な手段である．発光プローブは励起光を必要としないので，フォトブリーチング，実験時間の制限，脳を対物レンズの焦点面に維持する必要性，動物の動きの制限などの蛍光プローブを用いたCaイメージングに付随する問題を回避できる．遺伝学的手法により発光プローブをある特定のニューロンに発現させると，そのニューロンが唯一の発光源となるので，脳をイメージングする必要性がなく，個体から発せられるすべての光子を検出するだけでよい．光子の検出には光電子増倍管（PMT）を用いる．また，それと同時に，ハエがアリーナ内を自由に動き回って他のハエとコミュニケーションをとる様子を赤外線カメラで追跡する．赤外線カメラを使用すると，神経活動を記録する際にノイズとなる光源なしで動物をイメージングすることができる．なお，われわれが用いた発光Caプローブtandem-dimer Tomato-aequorin（tdTA）[1)]は，coelenterazineを基質とする[2) 3)]．セットアップの構築が完了すれば，後はtdTAの基質であるcoelenterazineを体液中に注入したハエをアリーナに移し，実験を開始するのみである．

Damien Mercier[1)]，Yoshiko Takagi-Tsuchimoto[1)]，Kazumi Ohta[1)]，Hokto Kazama[1) 2)]（理化学研究所脳神経科学研究センター[1)]，東京大学大学院総合文化研究科[2)]）

準備

記録装置

- □ 光電子増倍管（PMT）（浜松ホトニクス社，#H11123）
- □ 光子カウンティングユニット（浜松ホトニクス社，#C8855-01）
- □ 冷水循環式冷却プレート（特注品）
- □ 低温恒温水槽（EYELA社，#NCB-1200）
- □ 赤外線カメラ（Xenics社，#Onca-MWIR-InSbBB-320）

試薬

- □ coelenterazine hcp（AAT bioquest社，#21154）
- □ 2-Hydroxypropyl-b-cyclodextrin（ナカライテスク社，#18847-64）
- □ ミネラルオイル（ナカライテスク社，#23334-85）
- □ cis-vaccenyl-acetate cVA（Pherobank社，#10421）

実験器具

- □ マイクロインジェクター（Drummond社，Nanoject Ⅱ or Ⅲ）
- □ マイクロマニピュレーター（NARISHIGE社，#UM-3C）
- □ クールプレート（SCINICS社，#CP-085）
- □ アリーナ用ガラス片（東京硝子器機社，特注品）
- □ カバーガラス（松浪硝子工業社，#C030301）
- □ スライドガラス（松浪硝子工業社，#S2441）
- □ UV硬化接着剤（Norland Products社，#NOA63）
- □ UV照射器（UVIX社，Mos-Cure mini365）
- □ ガラス毛細管（Drummond社，#3-000-203-G/X）

実験動物

- □ キイロショウジョウバエ

プロトコール

1. 実験装置の準備

❶ ガラスアリーナを作製（図1）する．

実体顕微鏡下で，ガラス片を直方体になるように組み立て，UV硬化接着剤を接着面に塗布し，UV照射器で硬化させカバーガラスに接着する．天井のカバーガラスは，ハエの出し入れ用に接着しない．

↓

❷ 記録装置設置用暗箱を作製する．

暗箱の四方は遮光率99％以上の暗幕で覆う．外部の光源（室内灯，パソコンディスプレイなど）から光電子増倍管（PMT）を守るため，暗箱は暗室内に設置するのが望ましい．暗

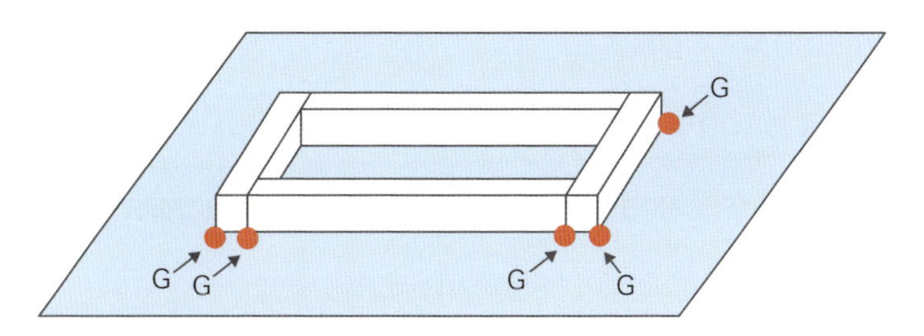

図1　ハエのアリーナ

ガラス片を少量のUV硬化接着剤でカバーガラスに接着させてアリーナを組み立てる．図中の「G」は接着剤を付ける箇所を示す．天井のカバーガラスは図中には描かれていない．

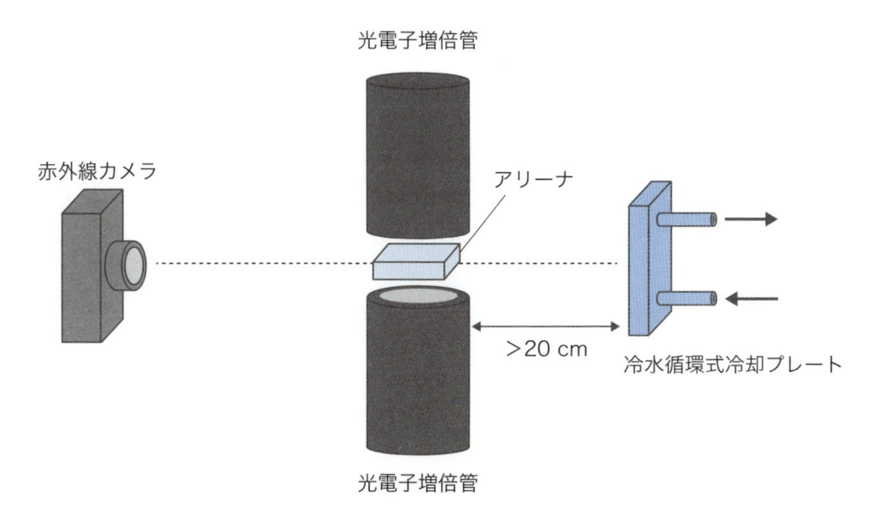

図2　発光計測システム

2つのPMTをアリーナの上下に配置し，横から赤外線カメラでハエの行動を撮影する．イメージングのコントラストを上げるために，アリーナの背後に冷水循環式冷却プレートを設置する．

室内では最小限の赤色灯のみを使用する．

❸ 記録装置を設置（図2）する．

アリーナの上下にPMTを設置し，神経活動により生じた発光を検出する．われわれの装置では，アリーナのサイズおよびアリーナとPMTとの位置関係を最適化したことで，発光の95％程度を検出可能である．アリーナの片側に赤外線カメラを設置し，アリーナ内で行動するハエを撮影する．低温恒温水槽の電源を入れ，冷水循環式冷却プレートをアリーナの背後に設置する．このとき，冷水循環式冷却プレートはアリーナから20 cm以上離して設置し，アリーナ付近の温度を室温に保つ．

2. coelenterazineのストック溶液の作製

coelenterazineの酸化を防ぐため，すべての作業は暗室内で最小限の赤色灯下で行う．

❶ 100 μLの水に2-Hydroxypropyl-b-cyclodextrin（HPBCD）45 mgを溶解し，45％

HPBCD溶液を作製する.

↓

❷ 20 μLの100%エタノールにcoelenterazine hcp1本(250 μg)を溶解する.

↓

❸ 40 μLの45%HPBCDを❷のcoelenterazine溶液に加え,10 mMのストック溶液を作製する.

↓

❹ 5 μLずつ小分けにし,−20℃で遮光保存する.

3. ハエの固定(図3)

❶ スライドガラスとカバーガラスを重ね合わせ,ハエを固定するホルダーを作製する.カバーガラスを重ねることで,ハエがクールプレートに接触することなく固定できる.

↓

❷ ハエを氷上で麻酔する.

↓

❸ 5℃に設定したクールプレート上にホルダーを置く.

↓

❹ ハエの羽を静かにつかんでホルダーに置き,複眼をカバーガラスで挟むように固定する.

↓

❺ 片方の複眼のみUV硬化接着剤でカバーガラスに接着する.

↓

❻ 先を細く引いたガラス毛細管で,頭頂部にある3つの単眼(ocellus)の中心付近のクチクラにインジェクション用の穴をあける.

↓

❼ クールプレートの電源を切り,20〜30分室温で麻酔から回復させる.

4. coelenterazineのインジェクション(図4)

すべての操作は暗室内で行い,最小限の赤色灯のみ使用する.顕微鏡の光源は輝度を最低限にし,赤色セロファンで覆う.

❶ coelenterazineのストック溶液に15 μLの生理食塩水を加え,ボルテックスで1分間撹拌する.

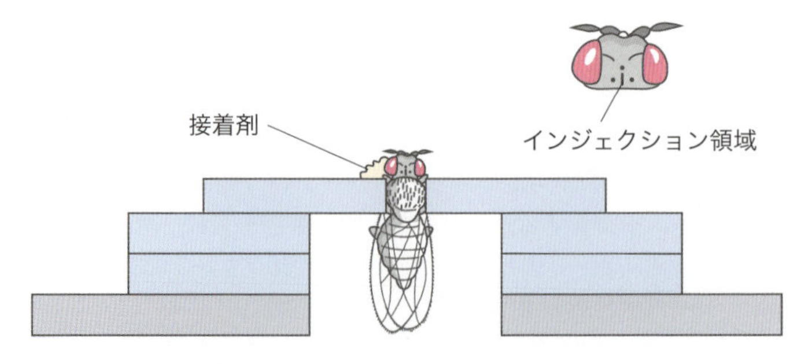

図3 ハエの固定法

スライドガラスの上にカバーガラスを数枚重ね,接着剤でとめる.最上部のカバーガラスは中心からずらして接着し,ハエをはさむ空間を確保する.頭頂部の3つの単眼の中心付近のクチクラにインジェクション用の穴をあける.

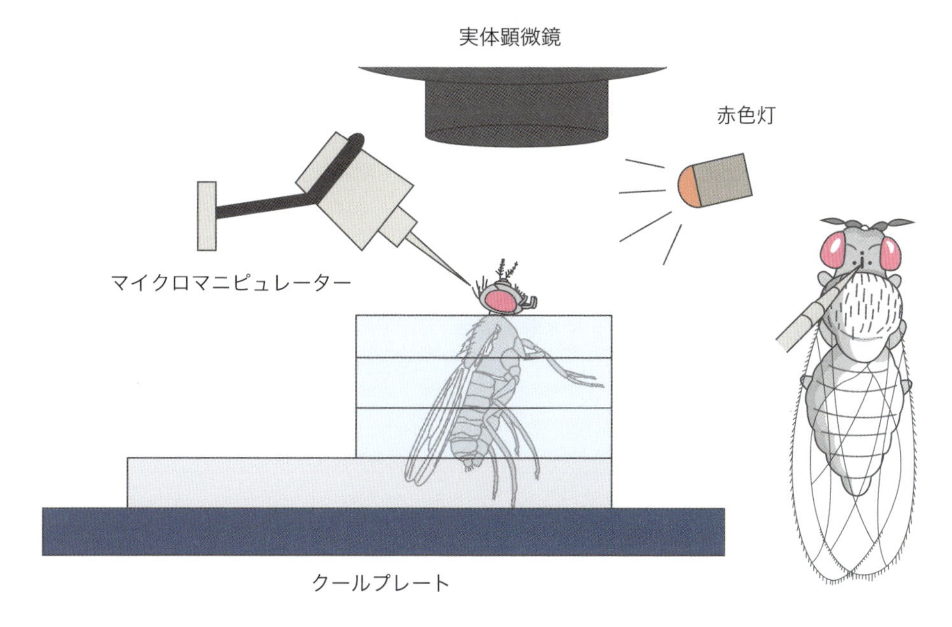

図4　coelenterazineのインジェクション法
顕微鏡下でハエをホルダーに固定する．マイクロマニピュレーターでガラス微小ピペットを操作し，単眼付近にあけた穴からピペットを挿入する．

❷ マイクロインジェクターの取扱説明書のとおりに，ガラス微小ピペットをミネラルオイルで満たし，マイクロインジェクターにセットする．

❸ coelenterazine溶液を吸い上げることでピペット先端部にcoelenterazineを充填する．

❹ ホルダーに固定されたハエをクールプレート上に置く．

❺ 実体顕微鏡下でマイクロマニピュレーターを操作しながら，ガラス微小ピペットを3つの単眼の中心付近の表皮に開けた穴に挿入する．ピペットの先端は，クチクラの下まで下げるが，深く挿入しすぎて脳にダメージを与えないように注意する．

❻ 9 nLのcoelenterazine溶液を10～20秒間隔で3回に分けてインジェクションし，溶液が脳から溢れ出ないようにする．

❼ ゆっくりとピペットを抜き，ハエを3分間休ませる．

5. ハエをアリーナに放つ

❶ クールプレートの電源を入れ，温度を3 ℃に設定する．

❷ ピンセットを使って複眼をカバーする接着剤を押し，ハエをホルダーからはずす．ハエはクールプレートの上に落ち，逃げ出す前に低温麻酔がかかるはずである．

❸ ハエの片方の羽をピンセットでつかみ，アリーナ内に放つ．

❹ カバーガラスをアリーナの上に乗せて蓋をする．

❺ アリーナを下部PMTの表面に置き，上部PMTを上部カバーガラスの直上にセットする．

6. 記録開始

- カメラとPMTをスタートさせ，ハエの行動と神経活動を同時に記録する．光子数は，光子カウンティングユニットで計測する．

よくあるトラブル

Q. インジェクションができません（溶液が出てきません）．

A. ピペットの先端が詰まっている可能性がある．ピペットの先端をピンセットでこするようにしてみて，それでも詰まりが解消されないようであれば，ピペットの先端が細すぎる可能性がある．coelenterazine溶液は溶解度が低く，使用濃度では非常に粘性が高いため，ガラス微小ピペットの先端サイズはよく調整する必要がある．ピペットの先端をピンセットでカットすると溶液は通りやすくなるが，ピペット先端サイズはクチクラに開けた穴より小さくする必要がある．

Q. coelenterazineを満たしたガラス微小ピペットは複数回使えますか．

A. ガラス微小ピペットは何回も使えるが，毎回新しいcoelenterazineを充填し直したピペットを使うことを推奨する．生理食塩水を加えたcoelenterazine溶液は，半日で使い切ることが望ましい．

Q. ハエをセットする前のPMTのベースラインカウントが高いです．

A. 暗箱がしっかりシールされ，外部の光が入り込んでいないかを確認する．新しいチューブや新しいガラス片などを暗箱に入れたときには，素材によっては自家蛍光を発している可能性があるので注意が必要である．

Q. ハエをセットした後のPMTのベースラインカウントが高いです．

A1. インジェクション中に，coelenterazineがクチクラ上に溢れ出た可能性がある．酸化されたcoelenterazineは発光するので，体表にcoelenterazineが付着しないように注意する．

A2. インジェクション前にcoelenterazineを絶対に光にさらさない．光にさらされたcoelenterazineは，蛍光を発し，脳内で不要な光を放つ原因となる．

Q. シグナル/ノイズ比が小さいです．

A. ハエから放出される光を上下のPMTで十分に捉えられるように，アリーナの形状を再設計する．データ解析で，2つのPMTが捉えた光子数を加算してノイズを減らし，アリーナ内のハエのPMT表面からの距離による光子数の変動をとり除く．また，coelenterazineの濃度を上げてみる．

Q. 時間とともにベースラインの発光が低下します．

A. インジェクションされたcoelenterazineは自然と酸化されたり，tdTAにより消費されたりするので，時間とともにベースラインの光子数は減少する．これは解析時に減衰曲線をフィッティングすることで補正できる．

Q. よい結果が得られません．

A1. インジェクションに失敗した場合，coelenterazineは頭部の標的ニューロンに到達せず，胸部または腹部のみに拡散する．この場合，ベースラインの発光のみ観察され，標的ニューロンのCa依存的活動は観察されない．例えば，後の実験例で紹介するように触角内の嗅覚受容細胞を標的とする場合は，インジェクションに成功すると，触角がインジェクション中に特徴的な動きをみせる．トレーニングにより，インジェクションの信頼性は上がる．

A2. 時間とともに，あるいは標的ニューロンのくり返しの活性化により，細胞内のcoelenterazineやcoelenterazineに結合したtdTAの量が減少する．シグナルが見えない原因を見極めるために，コントロールの刺激を用いることを推奨する．

Q. 赤外線カメラのコントラストが悪いです．

A1. 背後の冷却プレートの温度を調節する．プレートが冷たいほど，コントラストはよくなる．

A2. 画像処理アルゴリズムを使用して背景画像を差し引くと，より鮮明なハエの画像を取得できる．

実験系カスタマイズのコツ

- PMTとカメラのタイミングを同期させるために，データ取得システム（DAQ）を使用し，TTLパルスによりデータ取得をトリガーする．
- 冷水循環式冷却プレートの循環媒体として水の代わりにプロピレングリコールを使用すると，背景の温度を下げることができる．冷却プレートにペルチェ素子を貼り付けることで，背景の温度をさらに下げてコントラストの高い画像を得ることができる．
- 実験の鍵は，coelenterazineの溶解度をいかに上げるかにある．そのために，必ずHPBCDを添加する．
- インジェクションの効率を上げるために，ホルダーに複数のハエを並べて固定し，短時間で複数のハエにcoelenterazineを注入する．

実験例

キイロショウジョウバエでは，オスの性フェロモンであるcVA（11-cis-Vaccenyl acetate）によりさまざまな性的および社会的行動が調節されているが，これまでフェロモンに対する神経応答と行動を同時にリアルタイムで追跡するシステムがなかったため，コミュニケーション戦略の神経基盤はほとんどわかっていなかった．そこで，cVAに特異的に応答する嗅覚受容ニューロンOr67d ORNs[4) 5)]にtdTAを発現させ，その神経活動をアリーナ内で自由行動するハエにおいてリアルタイムでモニターするシステムを開発し，フェロモンを介したコミュニケーション戦略の解明を試みた．

まず，構築したシステムの感度を検証した．tdTAを発現させたOr67d ORNsは，10^{-4}という低い濃度のcVAに対しても応答したので，われわれの発光計測システムの感度は，蛍光Caイメージングの感度に匹敵することがわかった（図5）．

次に，2匹のオスのショウジョウバエをアリーナ内で放し，発光するハエの行動とPMTのシグナルを対応づけることで，cVAの自然発生源を調べた．その結果，意外なことに，Or67d ORNsはオス同士が接近した際にはほとんど活動を示さず，代わりにオスがマーキング行動を通して放出した分泌物に強く反応した（図6）．

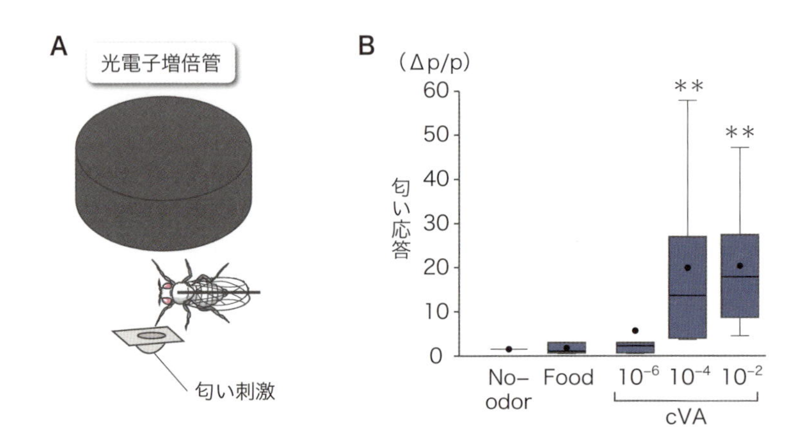

図5　Or67d ORNs嗅覚受容体ニューロンのcVAに対する応答

A） 匂い刺激に対する神経活動を記録するシステム．匂い刺激をハエの下から与えるため，下部のPMTははずす．**B）** Or67d ORNs嗅覚受容ニューロンの匂い刺激に対する応答（pはベースラインの光子数で縦軸は光子数の変化率をあらわす．文献6をもとに作成．

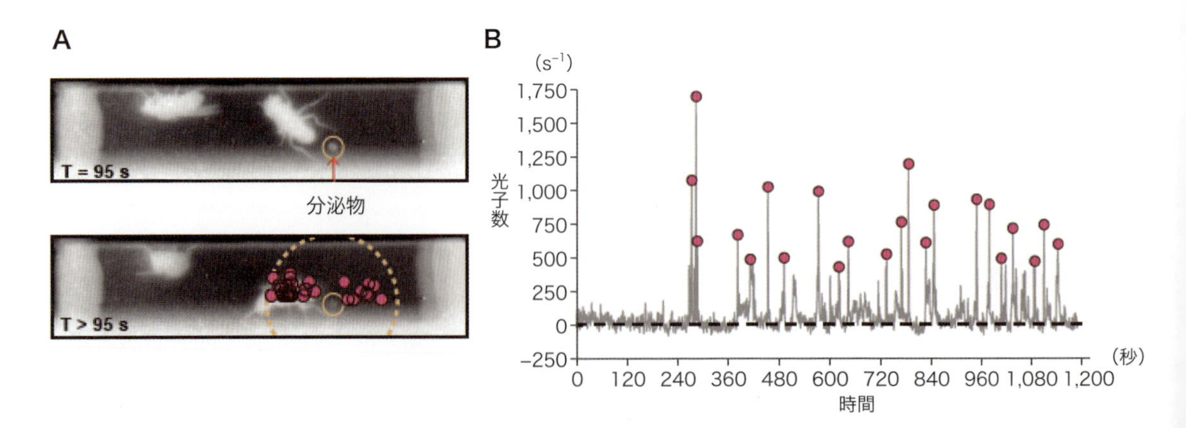

図6　自由に行動するハエから記録された神経活動

A） アリーナ内を自由に動き回るハエ．オスの分泌物（オレンジ○）に近づいたとき（オレンジ点線○）にOr67d ORNs嗅覚受容ニューロンが活動する（赤○）（文献6をもとに作成）．**B）** Or67d ORNs嗅覚受容ニューロンから放出された光子数．分泌物に近づいたときに光子数の一過的上昇（赤○）がみられる．

これらの結果は，cVAはハエの体表に提示されるという従来の仮説を覆し，むしろcVAは特定のタイミングで特定の場所に放出された分泌物に存在することを示す．さらに，この分泌物はメスもオスも誘引することがわかったので，オスはcVAを局所的に放出することで動物同士が交流する場を積極的に作り出していることが示唆された[6]．

おわりに

今回開発した技術を用いることで，自由に行動する動物内の特定の神経細胞から活動をリアルタイムでモニターすることが可能となった．これは動物間コミュニケーションの基礎をなす神経ダイナミクスを研究するうえで，たいへん強力な手段である．われわれはキイロショウジョウバエを用いたが，近年進展が著しいゲノム編集技術を用いることで本技術は他の動物にも適応可能である．アリやハチなどの，神経活動計測装置を装着できない小動物に特に有用である．今後，発光計測システムが社会的行動の神経基盤の研究に大きな変革をもたらすことが期待される．

◆ 文献

1）Bakayan A, et al：PLoS One, 6：e19520, 2011
2）Shimomura O, et al：Cell Calcium, 14：373-378, 1993
3）Teranishi K & Shimomura O：Biosci Biotechnol Biochem, 61：1219-1220, 1997
4）Kurtovic A, et al：Nature, 446：542-546, 2007
5）van der Goes van Naters W & Carlson JR：Curr Biol, 17：606-612, 2007
6）Mercier D, et al：Curr Biol, 28：2624-2631.e5, 2018

発光によるシアノバクテリアのコロニースクリーニング

高精度な概日リズムデータを得るための秘訣

伊藤（三輪）久美子，近藤孝男

実験の目的とポイント

地球上の生物の多くは昼夜環境に適応するために，約24時間周期の時計（概日時計）をもつ．概日リズムの測定は日単位と長期間にわたるため，発光測定による非破壊的なモニタリングが適しており，1990年代から概日リズムの解析に多く用いられてきた．筆者らは1990年代前半にシアノバクテリアの概日リズムを発光でモニターすることに成功し[1]，寒天培地上のコロニーで発光リズムが続くことを確認した[2]．これに基づき冷却CCDカメラによるシアノバクテリアコロニーの発光測定システム，LCM（Luminescent Colony Monitor）システムを開発し，時計遺伝子*kaiABC*やさまざまな時計関連遺伝子の同定に成功した[3][4]．この発光測定システムは10,000コロニーの発光リズムを同時に測定することができるシステムで，現在でも現役で活躍している．本稿では筆者らが1990年代前半，コロニーレベルの発光測定システムをどのように開発してきたかを振り返るとともに，測定系開発のためのポイントについて解説する．

微生物の遺伝学にとってのコロニースクリーニングの重要性

微生物の遺伝学の進展にとって表現型を寒天培地上で確認できることは最も重要なことであった．1枚の寒天培地での簡単な操作で1,000個以上のクローンの性質を検定できることは，これができない場合に比べ1,000倍程度の効率が得られるであろう．したがってバクテリアに発光レポーターを導入し，コロニーごとに遺伝子発現を測定できれば，測定にコストのかかる生理学的性質や遺伝子発現を栄養要求性や薬剤耐性と同様に検定することが可能である．さらにこの方法は発光系を調整することで生理現象に影響を与えず非破壊的にくり返し測定できる可能性をもっている．この利点を利用してわれわれはコロニーの発光を測定する方法を開発した．このシステムはシアノバクテリアの以下のさまざまな研究でたいへん有効であった．

①変異原処理による突然変異体の分離[3]
②ゲノムライブラリーによる変異原遺伝子の同定[4]
③ランダムなゲノム断片に含まれるプロモーター活性の包括的解析[5]
④PCRエラーにより構築したライブラリーによる，遺伝子領域を限定した変異体の分離[6]
⑤混合培養における生育の高精度解析[7]
⑥ランダムプロモーターを利用した刺激応答プロモーターの解析（未発表）

Kumiko Ito-Miwa, Takao Kondo（名古屋大学大学院理学研究科）

準備

1. 発光系の選択と測定用シアノバクテリア

□ **生物**：*Synechococcus elongatus* PCC 7942（以下シアノバクテリアとする）

ゲノムサイズが2.7 Mbと小さく，遺伝子組換えによる形質転換が容易で，分子生物学的研究に適している＊1＊2．

＊1　シアノバクテリアコロニーの状態：発光測定には十分な発光量が必要なため，ある程度成長した定常期のコロニーが適している．ただし，コロニーはバクテリアが層状になるため，上の細胞（培地の栄養分が不足）と，下の細胞（空気が不足）とで細胞の状態が異なるヘテロなシステムであることに注意する（図1）．シアノバクテリアの場合はコロニーの周辺部が最もよく発光するため，ドーナツ状にコロニーが発光する[2]．

＊2　他の生物で行う場合の注意点：他の生物で発光測定を行う場合は生物ごとに適した発光系を選択する．幸運なことに概日リズムの解析に適した*Synechococcus elongatus* PCC 7942ではVibrio harveyiのルシフェラーゼの安定性と活性は概日リズムの測定に最適であった．他のシアノバクテリアでは発光が弱すぎたり半減期が長すぎて測定に適さないものが多い．こうした場合は安定性を調節することが必要であろう．またコロニーでの長期間の測定のためには生育速度が高すぎないことと運動性をもたないことも重要である．運動性をもつ場合は長期の測定中にコロニーが重なってしまいコロニーごとの解析ができなくなる．概日リズムを測定する場合はリズムの谷とピークを明確にする必要があるため，その生物の生育温度で適度に安定な発光系を選択する．例えばバクテリアのルシフェラーゼは低温で安定なため，シアノバクテリアの発光リズムはプロモーター活性が低い時間に30℃以上では完全に発光が下がるが，25℃では発光量が下がり切らない[1) 9)]．

□ **ルシフェラーゼ**

目的遺伝子のプロモーターにバクテリア（*Vibrio harveyi*）のルシフェラーゼ（*luxAB*）を連結した遺伝子を形質転換によってシアノバクテリアに導入する[1) 8)]．*luxAB*は還元型フラビンモノヌクレオチド（FMN）による長鎖アルデヒドの酸化反応を触媒し，脂肪酸と490 nmの光を生じる．酸素を必要とする反応のため，細胞の状態が発光に影響を与えることに注意する．

□ **発光基質**

発光基質の長鎖アルデヒドとして，*n*-デカナールを機械油またはサラダ油で3％に希釈したものを用いる．揮発した*n*-デカナールは気相からシアノバクテリアに直接浸潤する．この方法は簡便であり，効果が長時間持続する，発光基質の投与および除去が簡単である，というメリットがある．発光基質を投与する代わりに，*Xenorhabdus luminescens*の*luxCDE*遺伝子を導入することも可能である[10)]．シアノバクテリアではバクテリアのルシフェラーゼの他，鉄道虫（*Phrixothrix vivianii*）のルシフェラーゼを用いたデュアルレポーターシステムも可能である[11)]．

2. 発光自動解析装置のデザイン（図2）

□ **冷却CCD（電荷結合素子）カメラ**

コロニーレベルでの概日リズム発光測定は長周期の現象なので，長時間の露光が可能であり，冷却CCDカメラによる測定が向いている．筆者らは現在，プリンストン・インスツルメンツ社製のPIXIS CCDカメラを－70℃に冷却して用いている．1枚のシャーレについて3分露光し，12枚のシャーレを順に測定するので，約40分で1回分の測定が完了する．なお，筆者らはプレート全体の発光測定システムとして，光電子増倍管を使用したシステム（通称

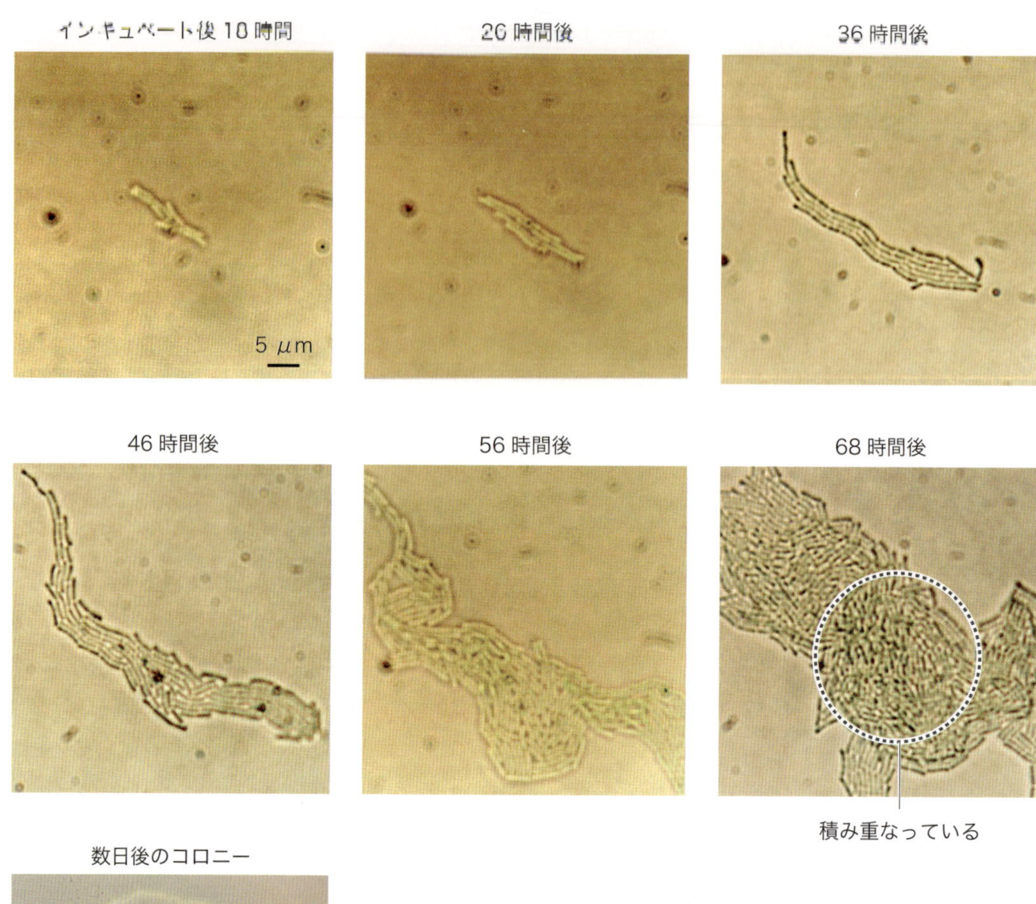

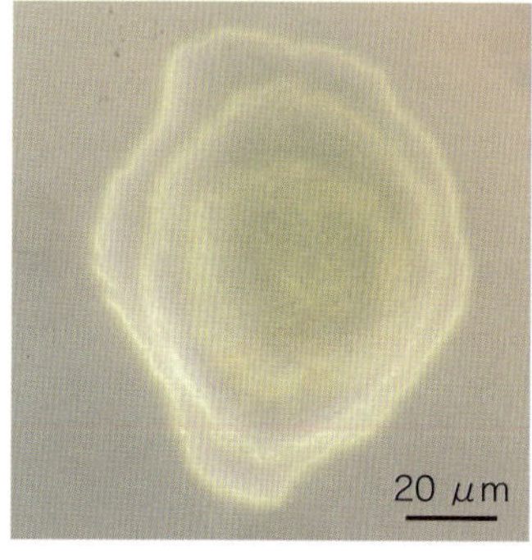

図1　寒天培地上でのシアノバクテリアのコロニー形成
シアノバクテリアをプレーティング後，30℃，連続明条件でインキュベートした．

ST，Small Turntable）を使用している．

CCDセンサー（撮像素子）はできるだけ大きい方がよい．フルサイズ（36 mm×24 mm）もしくは24 mm角のセンサーを採用したカメラは通常Fマウントが使用される．一方ビデオカメラのセンサーによく使われるのはCマウントである．

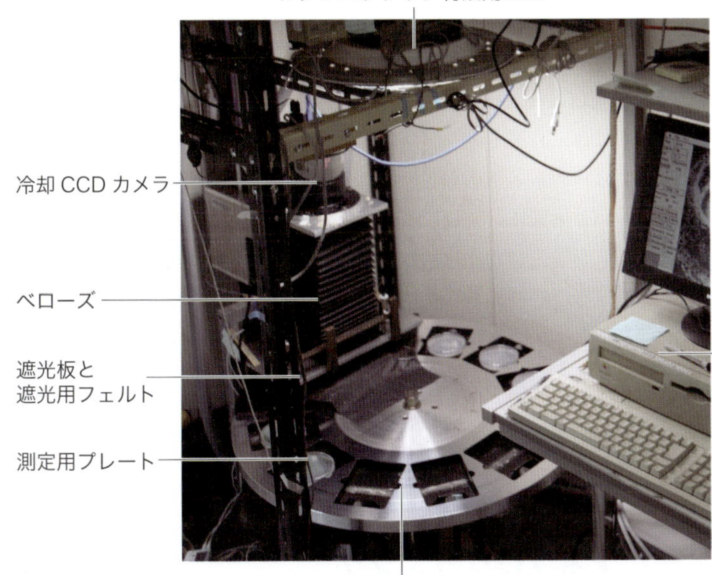

図2　LCMシステム

3. コロニーの発光測定を自動化するためのソフトウェア

発光測定の自動化には機械制御と測定，およびデータ解析のためのプログラムを作成する必要がある．筆者らは，Macintoshを使用し，プログラミング言語Pascalによって機械制御のためのプログラムとデータ解析のためのプログラムを作成した．このソフトウェア開発に必要な情報は①プログラミング言語Pascalの仕様書，②Apple社によって提供されるMacの基本ソフトウェアのライブラリー（Inside Macintoshに全容が解説されている），③CCDカメラメーカーの提供するGPIBインターフェースを介した入出力のルーチンとその仕様書，④パルスモーターを駆動するためのコントローラーの仕様書，である．それぞれ大量の情報を含んでいるが，実際に使用するのはその数％以下であり，提供されるサンプルプログラムを解析すればそれほどたいへんなことではない．最もハードウェアに直結するのはアセンブラのプログラムである．これはハードウェアの制御に不可欠であるが，多くは機器開発者によって汎用プログラム言語から利用できるようになっている．これを利用することでユーザーはハードウェアを制御し測定装置からデータを得ることができる．なおコンピューターとのインターフェースは，現在ではUSBポートを介するものが主流であるが，インターフェースはどんどん変わっていくので注意が必要である．必要な場合には入出力を制御するマイクロコンピューターArduinoなどを利用することも簡便である．

プログラムの作成には膨大な時間がかかるので，プログラム作成のためにかける時間と，その後自分が節約できる時間を考えて取り組むべきである．基本的には測定するターゲットと検出器の性質，行いたい処理の規模によってどのプログラムを使用するか，どこまでプログラミングに取り組むべきかを考える．なお，プログラムも含めたシステムの開発は最後まで完成させないと役に立たないので，いったんはじめたら，途中で投げ出さないようにしていただきたい．経験からいうと将来の利用でセーブできる時間がソフトウェア開発時間を上回る場合や他の方法がない場合には自己開発が必要であろう．システムの開発には長期の時間を要するが，いったん自己開発すれば，作製したソースコードは自由に再利用が可能なので初期投資に時間を使っても長期的には得られるものが多い．

プログラムはしたいことをよく考え，忍耐強く記述していけば必ず目的が達成されるものである．大切なことは，ひとたび自由に扱えるデータが得られれば，研究の進展に伴って必要なソフトウェアを自由に作成し利用できるようになることである．こうした自由度は新たな研究を進めるためにはたいへん有効なものであるので，多くの人にチャレンジしていただきたい．コロニーの発光解析は多数の試料を扱うので自由にプログラムが開発できることは，表計算ソフトウェアに移して解析するよりはるかにパワフルである．なお，こうして研究のツールとしてプログラミングを習得しておくことは生物学の分野では少ないかもしれないが理工学の分野では珍しいことではない．

4. 汎用コンパイラによるプログラミング

こうした入出力を制御し得られたデータを解析するのは汎用コンパイラを使うのが一般的で最もフレキシブルである．既存の画像解析パッケージ（パブリックドメインもしくは市販）に入出力を行わせることも可能であるが，得られたデータを自由に使うためにはその構造を理解する必要があり，結局プログラムの理解が必要になり，自己開発と同等の作業となる場合もある．汎用コンパイラはFortranやPascalが使われてきたが，現在ではCが最もよく使われている．これらを使えば大きな規模のシステムも自由に製作できる．CやPascalなどの汎用プログラミング言語の重要な特徴は構造化データが扱えること，手続きや関数内部で局所変数が利用でき，プログラムの要素の独立性が高く，大規模なソフトウェアの開発にも適していることである．

CやPascalといったコンパイラは通常プログラミング環境として提供される．これはeditor, compiler, linker, builder, libraryから構成される．開発者は作成するソフトウェア（projectとよぶ）をeditorでソースコード（テキストファイル）として記述する．editorにはフォーマットと文法のチェック機能があり，エラーを修正しつつプログラムを作成することができる．ソースコードは内容に応じていくつかに分割され管理される．ソースコードができあがるとcompilerが実行可能な機械語に翻訳し，バイナリーのオブジェクトとして保存される．多くのソースコードから作成されたオブジェクトはコンピューターや周辺機器のライブラリーとともにlinkerで調整されbuilderで実行可能なプログラムにまとめられる．こうした作業はコンパイラが自動的に行うことが可能である．

プログラムの最も重要な点はデータ構造である．データの基本要素として，整数，実数，論理値，集合などが規定されており，これらを自由な形で組合わせ，将来の利用も考えデータを設計する．後はコンパイラーが提供する制御構造に従ってくり返し動作を記述していけばよい．

参考のために筆者らが使用しているプログラムの概要を簡単に記載する．なおソースコードは公開していないが，希望する場合は近藤まで連絡してください．

□ **測定プログラム（Luminescent Colony Monitor）**

冷却CCDカメラによる露光，ターンテーブルの回転，測定データの受けとりなどを行う．画像解析で閾値を設定することにより自動で発光しているコロニーを自動で認識する．1枚のプレートあたり最大1,200個まで認識できる．ソースコード全体で110 kbで最終的なapplicationは71 kbである．12枚のプレートを測定できるので全体で10,000を超すコロニーの測定が全自動で可能である．

□ **解析プログラム（Luminescent Colony Analysis）**

すべてのコロニーの発光リズムの周期や位相，ピークおよび谷の時間を解析する．特定の範囲の周期や位相をもつコロニーを探し出すことができる．周期や位相などのヒストグラムを作成したり，コロニーをマークすることができる．ソースコード全体で199 kbで最終的なapplicationは117 kbである．

なお周期および位相の計算法は基本的にわれわれが目で確認する作業にできるだけ忠実に従うようにした．具体的には概日リズムのサイクルごとに，最も発光量が高い時間と低い時間の前後10個の測定データを放物線でフィッティングして，ピークおよび谷の時間を求める．これをサイクルごとに並べ，直線回帰を行って周期や位相を決定する．時系列全体を三角関数にフィッティングする方法は誤差が大きくなるようである．

プロトコール

時計遺伝子*kaiC*の遺伝子領域にPCRエラーを導入したシアノバクテリアのコロニースクリーニングの例を示す（図3）[6]．

❶ *kaiC*変異シアノバクテリア（*Synechococcus elongatus* PCC 7942）のライブラリーを形質転換によって作製する（図3A）．

↓

❷ 形質転換後，30℃で約5日インキュベートする．

↓

❸ 12時間の暗期により，概日時計をリセットする．

↓

❹ 発光基質として3％ *n*-デカナールを投与する＊3＊4．

＊3　1.5 mLのマイクロチューブの蓋を裏返してBG11プレート（直径90 mmのポリスチレンシャーレにBG11培地30 mLを入れた寒天培地）の上に置き，ここに3％ *n*-デカナール0.3 mLを入れる．

＊4　プレートはパラフィルムでシールするが，外気交換のため一部を開けておく．

↓

❺ LCMシステムで概日リズムを約5日間測定する（連続明条件，約40 μmol m^{-2} s^{-1}，30℃）＊5＊6．

＊5　はじめに全プレートの発光像を撮影し，閾値（並んだ2つのコロニーの間の発光量から決定する）とコロニーの大きさの範囲を決定する（図3B）．

＊6　測定終了後プレートを保存する場合は*n*-デカナールをとり除き，パラフィルムで周囲を完全に巻く．結露によるコンタミネーション防止のため寒天培地を下向きにして，薄暗い場所に静置する．

↓

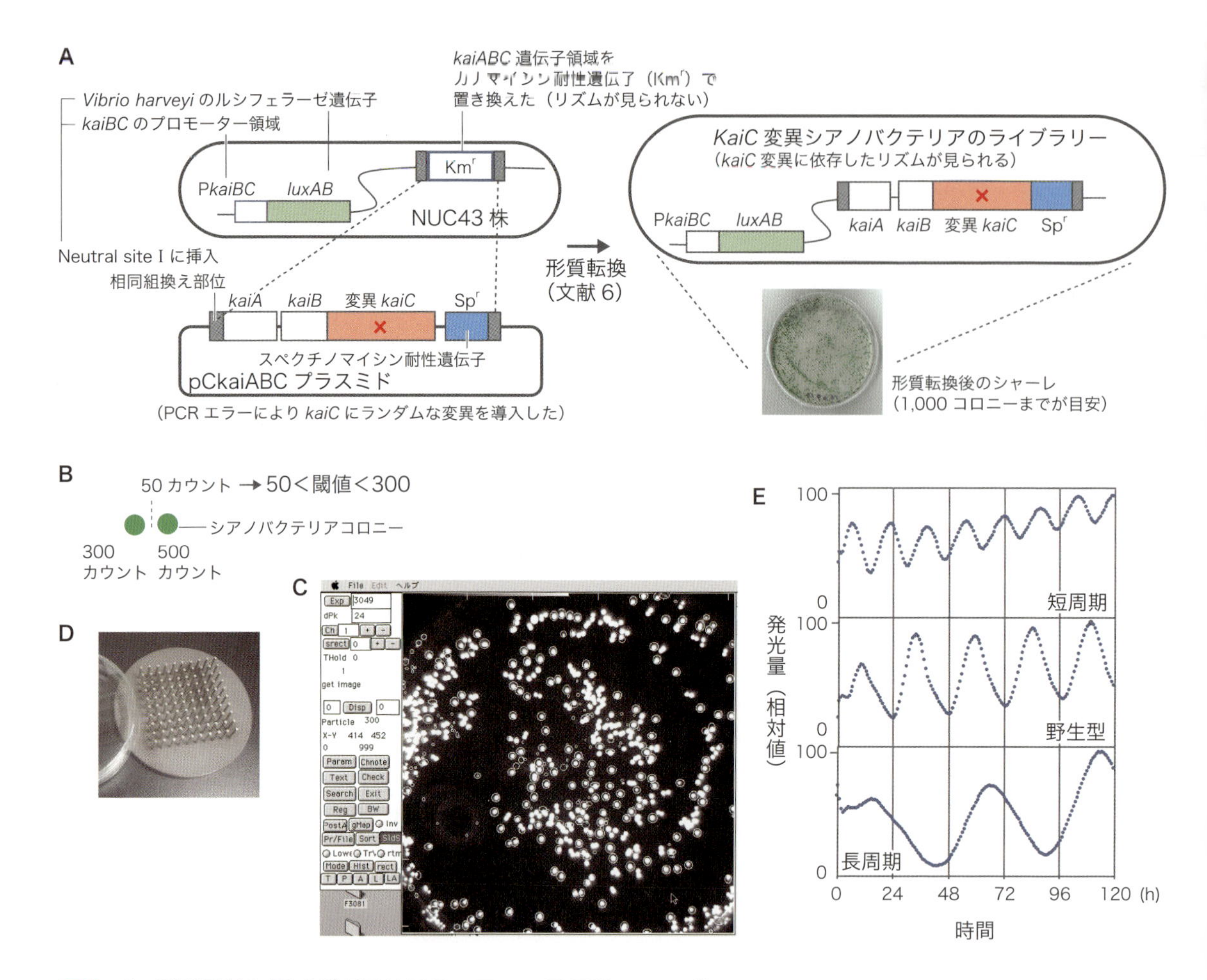

図3　*kaiC*変異体シアノバクテリアのコロニースクリーニング

A） PCRエラーによって*kaiC*遺伝子領域に変異を導入したプラスミド（pCkaiABC）を，*kaiABC*遺伝子領域を欠損したシアノバクテリア（NUC43株）に形質転換によって導入して*kaiC*変異シアノバクテリアのライブラリーを作製する．NUC43株はneutral site Ⅰ（外来遺伝子導入部位）に，*kaiBC*のプロモーター領域（P*kaiBC*）と*Vibrio harveyi*のルシフェラーゼ遺伝子（*luxAB*）を連結したレポーター遺伝子が組込まれている（文献6をもとに作成）．**B）** コロニー認識のための発光の閾値は，並んだ2つのコロニーの中間の発光量とコロニー自体の発光量から決定する．**C）** 解析ソフトウェアLCA．**D）** 10×10の剣山．**E）** *kaiC*周期変異体のリズムの例（投稿準備中）．

❻ データを解析用プログラムLCA（Luminescent Colony Analysis）で解析する（図3C）[＊7]．

＊7　目視でのリズムの確認，周期のヒストグラムによる分析，特定条件のコロニーの選別などを行う．

❼ 異常なリズムになったコロニーを拾ってマスタープレートを作製する[＊8＊9]．

＊8　ノートパソコンをクリーンベンチの横に置き，LCAで確認しながら目的のコロニーを拾うとよい．

＊9　研究室では10×10の先が平らな滅菌済みの剣山（特注，図3D）を寒天培地にスタンプして使用している（プレートごとの植え継ぎも可能）．植え継ぎが必要な場合は，1カ月以内をめどに行う．

⑧ 30℃で数日インキュベートする．

⑨ 発光でリズムの再現性を確認する（図3E）．

⑩ 適当なタイミングでシアノバクテリアをシングルコロニーにしてマスタープレートを作製し直す．目的のコロニーを爪楊枝などで拾い，BG11培地約1 mLに希釈して，2～3 μLをBG11プレートにプレーティングするとよい．

⑪ 異常なリズムになることを再確認できたシアノバクテリアについて，*kaiC*の遺伝子領域のシークエンスを行う＊10．

＊10　大腸菌と同じ方法でコロニーPCR法が可能である．

実験系カスタマイズのコツ

1．測定感度を上げるためのポイント

- 冷却CCDカメラの温度をなるべく低くする．
- 測定箇所の遮光を厳重に行う．
- ノイズの原因の1つに宇宙線のノイズがある．筆者らは宇宙線のノイズをとり除くために，宇宙線除去プログラム（3分間の露光を前半と後半に分けて比較し，極端に大きいシグナルは宇宙線によるノイズとしてデータを除く）をとり入れている．
- シャーレからの発光を測定する撮影用レンズはできるだけ明るいもの（開放でF1.2以下）で周辺像の乱れのないレンズを選ぶ必要がある．周辺の点光源が乱れないレンズは限られるので，夜間撮影用のものを注意深く選ぶ必要がある．また微弱光なのでフォーカスの確認・調整は時間をかけ丁寧に行うことが必要で，調節後はフォーカスリングを固定することも肝要である．

2．ターンテーブルと測定箇所の遮光

筆者らは25 mm厚のアルミニウム製のターンテーブルを使用している．ターンテーブルは機械的トラブルが少なく，測定箇所の遮光が容易，測定をしていないサンプルに均一に光を与えられるというメリットがある．モーターにパルスモーターを使えば操作は簡単で精度も十分である．発光は外界の明るさに比べきわめて弱いので測定箇所を完璧に遮光する必要があるため，筆者らは特別に表面を平らにしたターンテーブルを作製し，厚いフェルト（5 mm）で遮光している．この遮光はほぼ完璧で光漏れは全く生じない．なお光合成を対象にした場合はクロロフィルに由来した遅延蛍光に注意する．

おわりに

概日時計の研究は，発光測定によって大きく進展してきた．コロニーレベルでの発光測定システムは時計遺伝子*kaiABC*が同定された後も，周期や温度補償性にかかわる*kaiC*変異体の同定など，幅広いテーマで役立っている．さらに解析がタンパク質レベルとなってもさまざまな変異導入と多数の表現型が容易にできることは，大きなメリットである．本稿では，発光測定法開発の初期に，筆者らがどのような点に気をつけて測定法を開発してきたかを紹介した．本稿でのアドバイスが概日時計研究のみならず，他の測定系開発にも参考になれば幸いである．

◆ 文献

1） Kondo T, et al：Proc Natl Acad Sci U S A, 90：5672-5676, 1993
2） Kondo T & Ishiura M：J Bacteriol, 176：1881-1885, 1994
3） Kondo T, et al：Science, 266：1233-1236, 1994
4） Ishiura M, et al：Science, 281：1519-1523, 1998
5） Liu Y, et al：Genes Dev, 9：1469-1478, 1995
6） Nishimura H, et al：Microbiology, 148：2903-2909, 2002
7） Ouyang Y, et al：Proc Natl Acad Sci U S A, 95：8660-8664, 1998
8） Golden SS & Sherman LA：J Bacteriol, 158：36-42, 1984
9） Szittner R & Meighen E：J Biol Chem, 265：16581-16587, 1990
10） Golden SS, et al：Annu Rev Plant Physiol Plant Mol Biol, 48：327-354, 1997
11） Kitayama Y, et al：Plant Cell Physiol, 45：109-113, 2004

発 展 編

Coming Next Technologies

生体内深部可視化を可能とするホタル生物発光型長波長発光材料

牧 昌次郎

in vivo 光イメージングは精度高く可視化が可能であるのは周知であるが，波長が短いために，生体内深部可視化は難しかった．これを打破すべく近赤外発光材料AkaLumineやTokeOniが創製され，この特化酵素も作製されると，cm単位での生体内深部可視化が可能となった．実際にミニブタやマーモセットのような中大型動物の臓器も光イメージングできるようになり，従来の光イメージングの限界を打破できた．

はじめに

ホタルルシフェラーゼなどを利用した発光イメージングの手法が常法となってひさしい．研究者は競争を勝ち抜くために，より高い技術（ツール）を求めている．特に生命科学分野では，まだ誰も見ていないものを誰よりも早く可視化して，その機能や動態を研究したいであろう．まるで可視化ツールが水平線のようである．AkaLumine，TokeOniはAkalucの登場[1]で，近赤外発光材料のデファクトスタンダードとなり，最近は比較論文[2) 3]も散見されている．

背景とニーズ

先述の通り，生命科学は日進月歩であり，空間分解能が高く特別な設備を必要としない，光*in vivo*イメージングの利用者が急増している．従来，蛍光材料を用いた光イメージングの需要は高く，生命科学関連分野では常法である[4]．最近では，深部可視化に資する材料のニーズが非常に高い．「深部可視化に資する標識材料」は，技術的には「生体の窓領域[5]の波長に発光する」と同意である．

蛍光材料では，深部可視化に資する波長（600 nmできれば650 nm以上）を有する材料は以前から市販されていた．もし「外部照射が不要で，ターゲットだけを光らせること」ができたら，と考える研究者は少なくないであろう．

ホタルの発光[4]は発光基質（低分子：ルシフェリン；Luciferin）と発光酵素（タンパク質：ルシフェラーゼ；Luciferase），ATP，マグネシウムイオン，酸素があれば，発光する．外部照射が不要で生体内可視化には優れている．

ホタルの発光で深部可視化に資する長波長材料ができれば，生命科学，特に腫瘍・再生医療関連研究では大きな進歩が期待できると着想した．

AkaLumineとTokeOni

汎用されている北米産ホタルルシフェラーゼに対して，アナログを合成して構造活性相関データ[6) 7]を取

Shojiro Maki[1) 2]（電気通信大学・大学院情報理工学研究科基盤理工学専攻[1]，脳・医工学研究センター[2]）

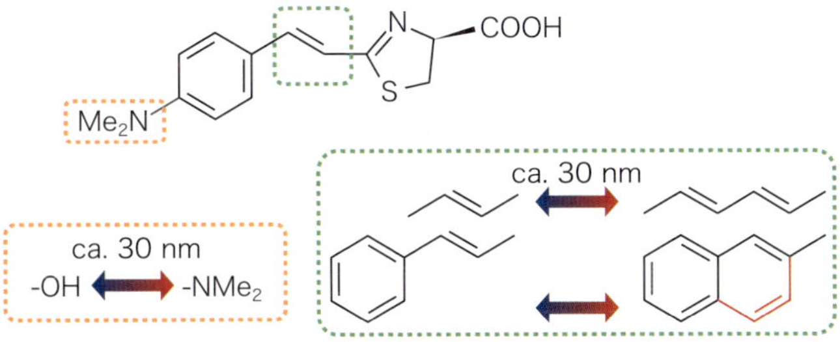

図1　化学構造と発光波長

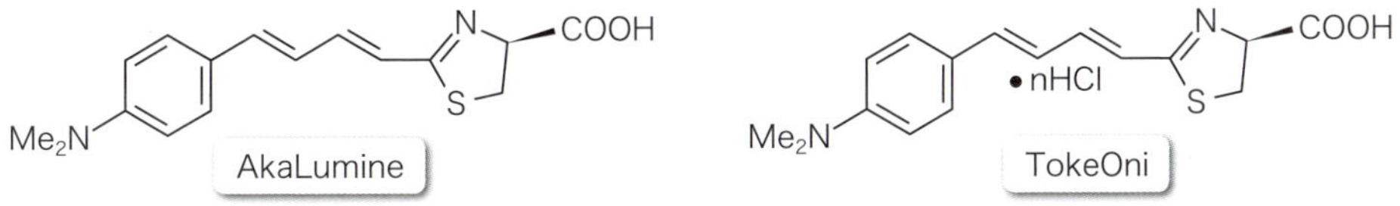

図2　AkaLumineとTokeOni

得した．これにより，図1のような波長制御の経験則[8]を見出した．

これにより，北米産ホタルルシフェラーゼを利用して，生体の窓領域[5]に発光する材料AkaLumine（675 nm）が得られた[9)～11)]．AkaLumineは2011年10月に和光純薬工業社（現：富士フイルム和光純薬社）から販売された．しかし，“AkaLumine”は水溶性が低く（ca. 0.2 mg/mL），水溶性が高い化合物のニーズが高まった．そこで，AkaLumineを塩酸塩にしたTokeOni[1,12]が2016年3月にシグマ アルドリッチ社（現：メルクグループ）から販売された．その後AkaLumine-HClという名称で2017年4月に和光純薬工業社から販売された．稀にユーザーの方からご質問があるが，TokeOniとAkaLumine-HClは同じ物質である（図2）．これらと同じ名称で，海外の企業数社が長波長発光標識材料を販売していることは承知しているが，筆者らが論文など[1,12]で紹介している動物実験はシグマ アルドリッチ社か，和光純薬工業社の2社の製品を使用したデータであり，これ以外の企業の製品で実験を行っても，筆者らの実験結果[1,12]は保証できないので，ご研究の際は厳にご注意いただきたい．AkaLumineやTokeOniの比較論文[3,4]のなかには，短波長化（652 nm）したものもあり，特に「深部可視化」でご利用の際は，「純正品」のご使用を重ねてお願いしたい．

深部可視化と動物の大型化

長波長発光材料で，生体内深部可視化ができるようになると，深度が十分あれば「動物を大型化しても光イメージングができる」のではないかという指摘が複数寄せられた．直ちにTokeOniで実験を行ったところ，約5 cmの肉を透過することが確認できた[13]．筆者らはこれに力を得て，実際にミニブタでの光*in vivo*イメージングに挑戦した．ミニブタを静岡県中小家畜研究センターからご恵与いただき，高信化学社のご厚意で輸送していただいた．同センターの大竹正剛先生（獣医師），東京工業大学の口丸高弘先生（現：自治医科大学）とともに，環太平洋大学の川島徳道先生にご紹介いただいた，横浜市にある中田動物病院の手術室でイメージングの実験を行った（2016年12月）．口丸先生にLuc2とAkalucを導入してあるHeLa細胞をご用意いただき，ミニブタの到着後は同動物病院の古守悟院長がミニブタの耳の血管からラインをとって検体の準備をしてくださった．TokeOniは製造企業である黒金化成社にご恵与いただき，イメージング装置はベルトールドジャパン社より測定室が大きい同社製の“Night SHADE”をご貸与いただいた．HeLa細胞をミニブタ体内に打ち込み（深さ1～2 cm程度），TokeOniを投与するとHeLa細胞からの発光が確認された．また，Luc2では見えにくかったが，Akaluc[1]を導入したHeLa細胞は血管が通っていなくても，明確な強い光を測定できた．この挑戦により，生きたブタの体内でもしっかりHeLa細胞がみられることが確認できた[13]．この後，さらに口丸先生と大竹先生はミニブタを開腹し肝臓にHeLa細胞を打ち込み，閉腹した後にTokeOniを投与してイメージングを行い，確実に生きたままでミニブタの肝臓の深度で光*in vivo*イメージングができることも示している[13]．すなわちミニブタ（体長50 cm程度）の大きさであれば，十分臓器を発光イメージングできることを実証した．これらを踏まえ理化学研究所宮脇敦史先生と岩野智先生は，生きたマーモセットの線条体をAkaluc-TokeOniの系で発光イメージングすることに成功している[1]．

このように，「光イメージングは深い臓器はみられない」という従来の概念を覆すことができた．さらに深度が伸びたことで，動物の大型化にも途を拓いた．

一方，米国ソーク研究所では2017年1月に，iPS細胞を応用して，ヒトのiPS細胞をブタの受精卵に導入して，ヒトの細胞が混じったブタの胎仔をつくったことを報告している[14) 15]．これは将来，ヒトの臓器をブタにつくらせてヒトへ戻す技術へ応用してゆくことを想定している．Akaluc-TokeOniの系は1細胞イメージングを可能とした[1]が，TokeOniはAkaLumineの塩酸塩だったので，生体内が酸性に傾くことがユーザーから指摘された．そこで，実施上の問題にならない程度の水溶性（＞10 mg/mL）を有し，かつ汎用されている北米産ホタルルシフェラーゼと反応して生体の窓領域[5]に発光を示す材料の創製に挑戦した．

新規材料“SeMpai”[16]のメリット

新規材料SeMpai（ca. 675 nm）は，図3のようにAkaLumineの構造にN原子を1つ導入しただけであるが，水溶性はAkaLumineの0.2 mg/mL程度から20 mg/mL程度へと大きく向上[16]した．水溶性向上にはN原子の導入は周知であるが光化学分野では，一般にN原子の導入は発光波長の短波長化を招くことが知られている．実際にBeteranは640 nm程度と生物発光波長は短波長化した．しかし，置換位置が異なるSeMpaiの生物発光波長は675 nm程度であり，AkaLumineやTokeOniと同等であった[16]．SeMpaiは，2018年12月にシグマ アルドリッチ社から市販されている．一方で，SeMpaiはAkalucと高輝度の交叉発光はしないことにはご注意いただきたい．SeMpaiの特化酵素のニーズは承知しており，本学の三瓶嚴一先生と共同で開発研究に着手した．SeMpaiの特化酵素ができればTokeOni-Akaluc系とセットで，長波長のデュアルモニターが可能になろう．

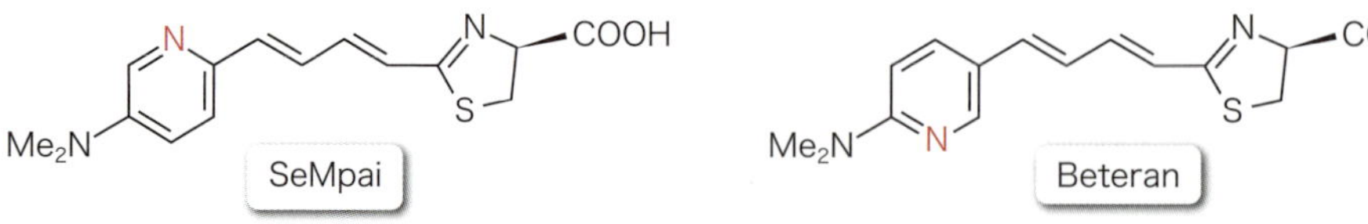

図3　新規長波長発光基質[16]

おわりに：次世代技術への期待

AkaLumineとTokeOniでは，遺伝子組換えをしていない（Lucを導入していない）マウスの肝臓で発光することが知られている．SeMpaiでは，この発光を抑えられることもわかっている．また肝臓から少し離れた部位のがんであれば，Akalucを用いて十分可視化可能であることも確認している．この詳細に関しては，共同研究者と近々に動物実験の論文報告を予定している．

またなぜ，Lucを導入していないマウスの肝臓が光るのか，このマウス肝臓の生体内物質の特定も本学の仲村厚志先生と鋭意研究中である．この生体内物質が特定できれば，「遺伝子組換えが不要な光イメージング」が実現するかもしれない．これが酵素のようなタンパク質であれば，各臓器にある相同性が高いタンパク質に対して，発光するような発光基質をおのおの有機合成すればよいことになる．夢のような次世代技術である「遺伝子組換えが不要な光イメージング技術」の創出に挑戦している．

◆ 謝辞

この研究は，理化学研究所脳神経科学研究センター宮脇敦史先生と岩野智先生，東京工業大学近藤科江先生，口丸高弘先生（現：自治医科大学）に，多大なご指導をいただいており，深く御礼申し上げます．

電気通信大学脳・医工学研究センター丹羽治樹先生，電気通信大学大学院情報理工学研究科先進理工学専攻平野誉先生，産業技術総合研究所近江谷克裕先生のご指導も頂戴しております．材料合成では，慶應義塾大学理工学部西山繁先生，小畠りか先生のご指導とご助力を頂戴しました．本研究の一部は，JSTA-stepシーズ顕在化ステージ（AS2321336E）およびハイリスク挑戦（AS2614119N），科学研究費新学術領域研究「レゾナンスバイオ」の助成で行いました．ミニブタは静岡県中小家畜研究センターにご恵与いただきました．同センターの大竹正剛先生には，ミニブタの取り扱いのご指導をいただきました．またミニブタのイメージングにご協力いただいた横浜市中田動物病院の古守悟先生，ならびに環太平洋大学の川島徳道先生に御礼申し上げます．

イメージング装置をご貸与いただきましたベルトールドジャパン株式会社，ミニブタの輸送では高信化学株式会社，標識材料の提供と工業製造では，黒金化成株式会社にお世話になりました．本研究の一部は，電気通信大学研究設備センター先端研究設備部門の装置で測定いたしました．末筆ながら，共同研究で新規人工材料をご試用いただきご教示をくださった先生方と根気強く材料創製を行ってくれた電気通信大学の学生諸氏に本書を拝借して深謝いたします．

◆ 文献

1）Iwano S, et al：Science, 359：935-939, 2018
2）Yeh HW, et al：Nat Methods, 14：971-974, 2017
3）Jathoul AP, et al：Angew Chem Int Ed Engl, 53：13059-13063, 2014
4）「バイオ・ケミルミネセンスハンドブック」（今井一洋，近江谷克裕/編），丸善，2006
5）Weissleder R：Nat Biotechnol, 19：316-317, 2001
6）Maki SA：ECS transactions, 16, 1-2, 2009
7）特開2006-219381「複素環化合物および発光甲虫ルシフェラーゼ発光系用発光基質」
8）Parker RD：Clin Pediatr（Phila），10：129-131, 1971
9）特許第5464311号「ルシフェラーゼの発光基質」
10）Patent, S. Maki, et al, US2011/033878A1
11）Iwano S, et al：Tetrahedron, 69：3847-3856, 2013
12）Kuchimaru T, et al：Nat Commun, 7：11856, 2016
13）Ehrhart IC, et al：Am J Physiol, 229：754-760, 1975
14）日本経済新聞：「人の細胞を持つブタ胎児　米チーム「iPS」で作る」，2017年1月27日
15）Wu J, et al：Cell, 168：473-486.e15, 2017
16）Saito R, et al：Bull Chem Soc Jpn, 92（3）：608-618, 2019

2 動物にやさしい *in vivo* 発光イメージング

岩野　智，牧 昌次郎，宮脇敦史

In vivo 発光イメージングの検出感度を劇的に改善する人工生物発光システム AkaBLI を開発した．このシステムは，動物個体の深部で生を営むごく少数の細胞を非侵襲かつ経時的に観察することを可能にする．生体透過性に優れた近赤外領域に発光を示すため，深いほどに威力を増し，げっ歯類のみならずウサギ，ブタ，サルなどの中大型実験動物を用いた研究においても役立つと期待される．

はじめに

発光イメージング（Bioluminescence imaging：BLI）を動物個体に適用する観察を *in vivo* BLI とよぶ．発光酵素を発現する細胞の体内分布を，発光基質の全身性投与によって生じる発光シグナルで画像化するというしくみである．同一個体で非侵襲※1にくり返し観察できることから，例えば，マウスなど小型実験動物を利用したがん細胞の増殖や転移の解析にさかんに利用されている．

筆者らは *in vivo* 発光イメージングの検出感度を飛躍的に改善する AkaBLI を開発した．ホタルの発光反応をもとに，発光基質と発光酵素をともに進化させることで完成した[1]．

本稿では，AkaBLI 開発に至る経緯と AkaBLI による *in vivo* 発光イメージングの威力を概説したい．AkaBLI の具体的な実験手順などは参考図書 1 に記載したので割愛する．

※1　非侵襲
「生体を傷つけないような」という意味．

人工生物発光システム AkaBLI

in vivo BLI は，ホタル由来の発光システムを利用することが多い．ホタルの発光は，発光基質ルシフェリン※2（D-luciferin）が発光酵素ルシフェラーゼ※3（Fluc）により酸素化されることで生じる．この発光システムは，波長が比較的長く（> 560 nm），基質が易水溶性かつ動物体内で安定であるなどの長所により，長きにわたり *in vivo* BLI の世界標準技術として利用されている．試験管や培養細胞では圧倒的な明るさを誇る海洋性発光生物由来の酵素 Rluc や Nanoluc は，基質であるセレンテラジン（類縁体）が生体内で不安定であることから，*in vivo* BLI ではあまり利用されていない[2]．

※2　ルシフェラーゼ
発光反応を「触媒」する酵素（タンパク質）の総称．

※3　ルシフェリン
ルシフェラーゼの触媒作用により，酸素化されて「発光」する化学物質の総称．

Satoshi Iwano[1], Shojiro Maki[2) 3)], Atsushi Miyawaki[1]（理化学研究所脳神経科学研究センター細胞機能探索技術研究チーム[1]，電気通信大学・大学院情報理工学研究科基盤理工学専攻[2]，脳・医工学研究センター[3]）

in vivo BLIの原理をD-luciferin/Flucをモデルにすると以下のように説明できる．まず腹腔や尾静脈などから投与された基質D-luciferinが血行性に個体全体に拡がる．次に血管外組織においてD-luciferinがFluc発現細胞に到達・浸入し発光反応に至る．放たれた光は動物組織を通過し体表シグナルとして高感度カメラによって検出される．ところが，D-luciferinの体内分布は一様ではない．特に血液脳関門の透過性は低く，脳実質への導入効率はきわめて低い[3]．加えて，発光波長が可視域であるため生体組織の中で吸収・散乱されやすいという問題があった．

このため，体内動態に優れた発光基質と，その基質にあわせて生体透過性良好の近赤外発光を示す発光酵素から成る生物発光システムを総合的に開発し，*in vivo* BLIの性能を劇的に向上する技術の開発が待ち望まれていた．

電気通信大学の牧研究室で開発された人工基質AkaLumine（-HCl）は，細胞膜透過性に優れFlucと反応し近赤外発光を示すことから，前述の条件を満たす発光基質だと考えられた[4]．FlucとAkaLumine-HCl（製品名：TokeOni，シグマ アルドリッチ社）を組合わせた*in vivo* BLIを行ったところ，腫瘍細胞の肺転移をD-luciferinより高感度に検出することができた[5]．しかしながら劇的な改善は認められなかった．FlucはAkaLumineに最適な発光酵素ではないからである．FlucはD-luciferinとともに悠久の時間をかけて進化してできた発光酵素である．AkaLumineの特長を最大限に活かすには，AkaLumineに最適な変異発光酵素の創出が不可欠であると考えた．そこで指向性進化法により，AkaLumineを明るく光らせる変異酵素の探索を行った．およそ2年の年月をかけて全21回のサイクルをくり返しAkalucの創出に至った（図1A）．

このような経緯で開発に至った人工基質AkaLumine（-HCl）と人工酵素Akalucからなる人工生物発光システムAkaBLIは肺，脳などの深部組織イメージングにおいて，従来のFluc/D-luciferinの100～1,000倍もの検出感度を示した（図1B，C）．劇的な高感度化により実現した3つのAkaBLIならではの実施例を以下に示していく．

深部組織のたった1つの標識細胞を非侵襲に検出する

In vivo BLIの最大の強みは動物個体内で遺伝的に標識した細胞の局在や増殖の様子を非侵襲に継続的に画像化し追跡できるところであり，他の技術では代替がまず不可能である．このような背景から，*in vivo* BLIが最も重宝されている研究分野の1つはがん研究分野である．しかし，従来のD-luciferin/Flucを用いたBLIでは発光シグナルが微弱であるため，多数の細胞が集まって腫瘍を形成しないと検出困難であった．そこで，AkaBLIによる生体深部組織にある少数細胞の可視化を試みた．

1，2，3，10個のAkaluc発現細胞をそれぞれ尾静脈から注入した直後にAkaLumine-HClを投与したところ，肺にトラップされたごく少数の細胞からの発光をとらえることに成功した．発光シグナル量と注入した細胞数は高い相関性を示しAkaBLIの定量性が実証できた．この結果は，がん研究において，ごく初期の転移過程や，少数の悪性度の高いがん細胞の亜集団の解析にAkaBLIが有用であることを示している．がん研究に限らず，個体内の少数細胞の追跡に威力を発揮するであろう．

神経活動記録を非侵襲に可視化する～レポーター遺伝子としてのAkaluc～

AkaBLIは動物個体内での標識細胞の追跡を可能にするだけではない．レポーター遺伝子として利用することで，多様な生命現象にアプローチすることが可能になる．これまでにも，Flucをレポーター遺伝子とする個体レベルでの遺伝子発現動態のイメージングはいくつか例がある．しかし，従来BLIでは検出感度の低

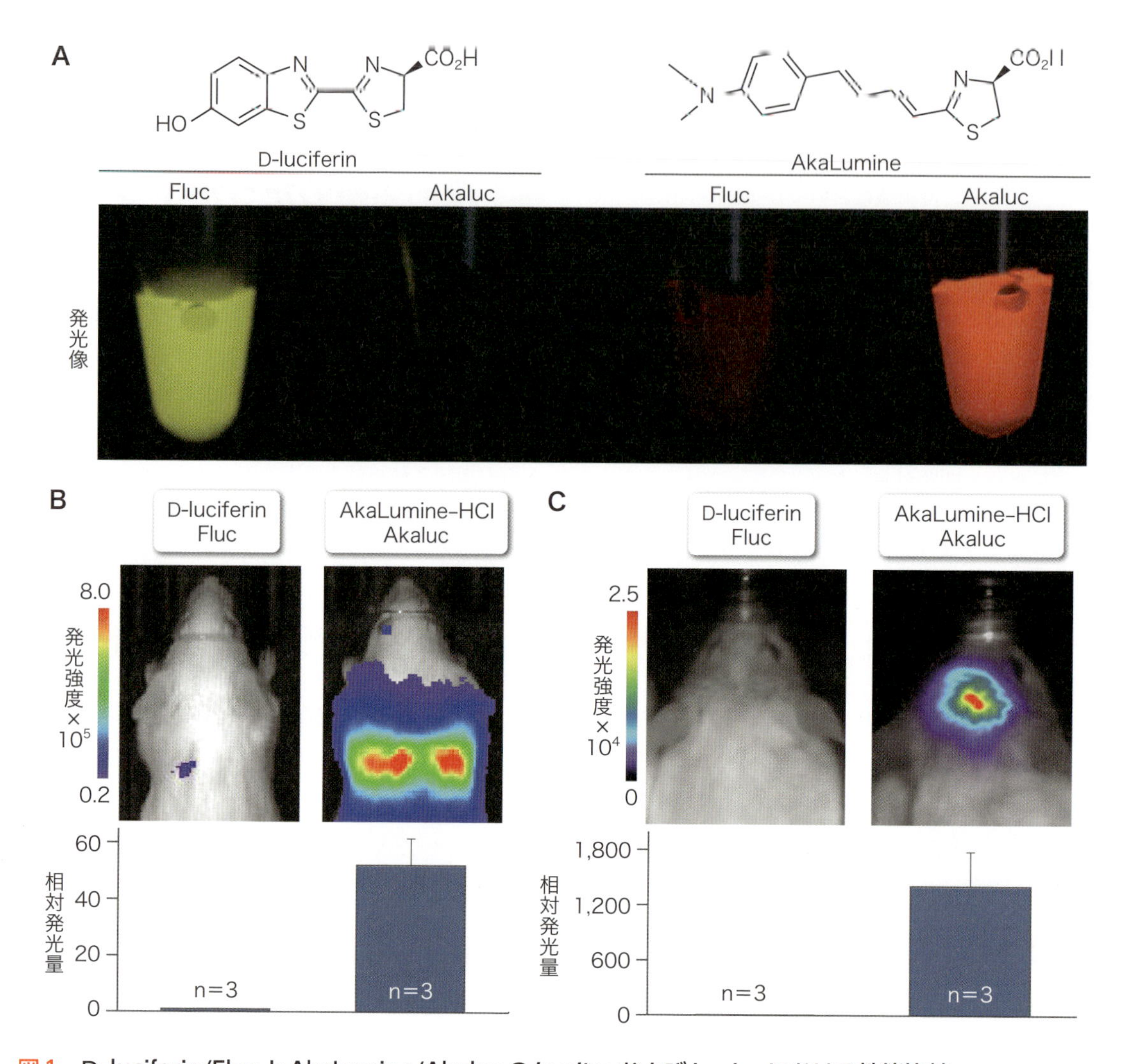

図1　D-luciferin/FlucとAkaLumine/Akalucの*in vitro*および*in vivo*における性能比較

A) 上段：発光基質の化学構造，下段：同一条件で発光基質と酵素を反応させたときの発光像（左から，D-luciferin/Fluc，D-luciferin/Akaluc，AkaLumine/Fluc，AkaLumine/Akaluc）．**B)** 肺のイメージングでのD-luciferin/Fluc（左）とAkaLumine（-HCl）/Akaluc（右）の感度比較．**C)** 脳深部のイメージングでのD-luciferin/Fluc（左）とAkaLumine（-HCl）/Akaluc（右）の感度比較．**B**，**C**の実験において，発光基質は腹腔投与．基質投与量はそれぞれ，D-luciferin（500 nmol/g BW），AkaLumine-HCl（75 nmol/g BW）．文献1より転載．

さから，マウス個体全体にわたる遺伝子発現動態を可視化するのが精一杯であった[6]．

ここでは，神経科学研究において古典的に用いられる神経活動依存的プロモーターc-fosとAkaBLIを組合わせて，少数細胞の神経活動記録を非侵襲かつ経時的に可視化した実験を紹介する．神経活動依存的にプロモーター活性がONとなるc-fosプロモーターにテトラサイクリン誘導発現システム（Tet-Off）を介してAkalucの発現を紐づけ，神経活動とAkalucの発現量（すなわちシグナル強度）がリンクするような実験をデザインした（図2A）．

c-fos tTAマウスに対して，TRE-Venus-Akalucをコードするアデノ随伴ウイルス（AAV）を海馬のCA1に注入した（図2B）．このマウスの海馬神経活動を，

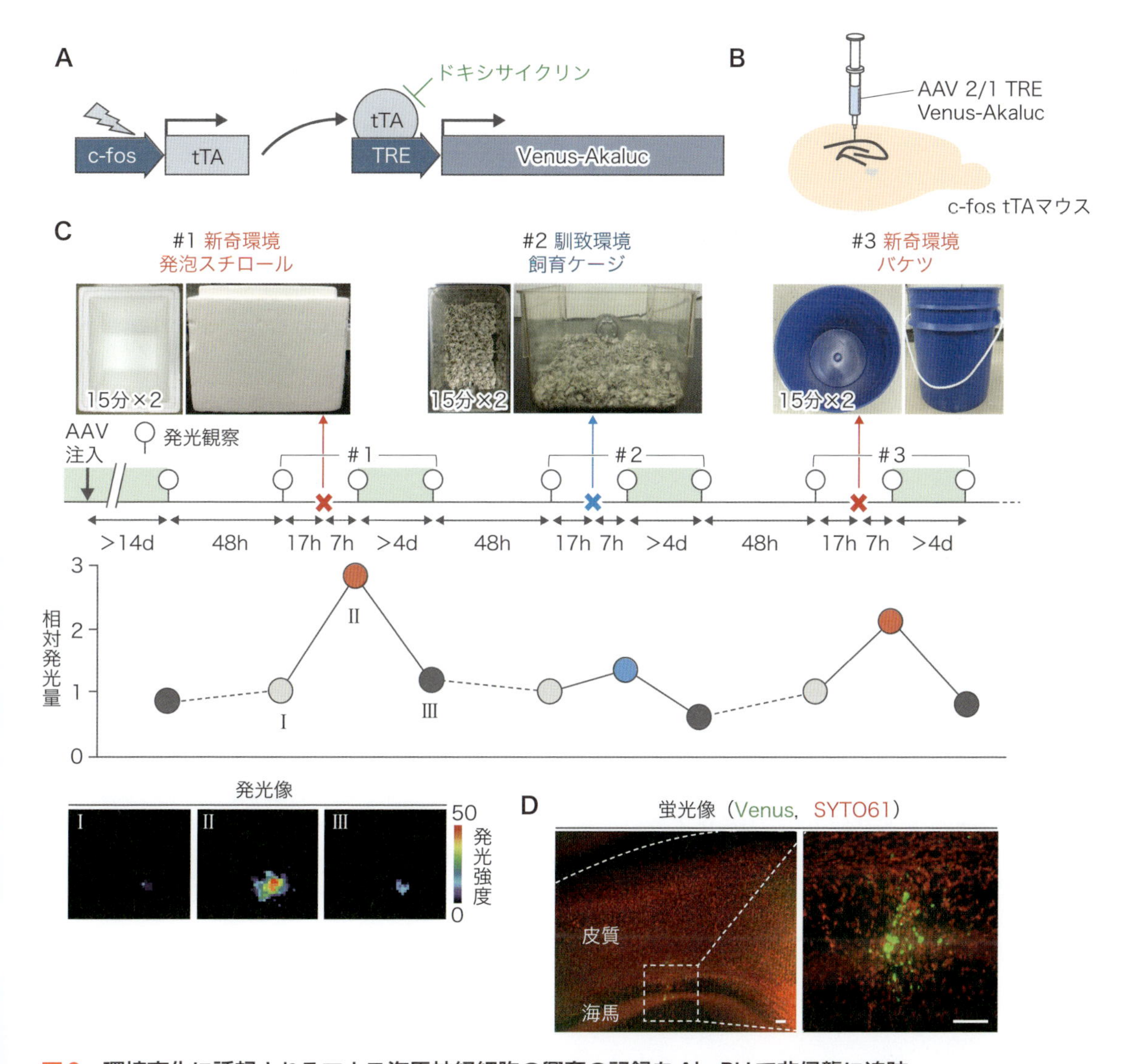

図2　環境変化に誘起されるマウス海馬神経細胞の興奮の記録をAkaBLIで非侵襲に追跡

A） 神経活動とVenus-Akaluc発現を紐づける実験デザイン．Tet-Offシステムを介するため，ドキシサイクリン投与により，Venus-Akalucの発現を除去できる．**B）** c-fos tTAマウスに対して，TRE-Venus-AkalucをコードするAAVを海馬CA1に注入．**C）** 一週的に（15分2回），白い発泡スチロール，飼育ケージ，青いバケツの環境にマウスを体験させる実験を連続して行った．各実験において，体験の前後およびドキシサイクリン投与（緑色で影を付けた時間帯）によるVenus-Akaluc除去後の発光を観察．白い発泡スチロールを使った実験における3つの発光像を示す．新奇環境の体験で発光シグナルが増強し，ドキシサイクリン投与で元のレベルに戻ることが示された．観察と観察（体験）の間隔を下に記した．d：日．h：時間．**D）** 脳スライスの蛍光画像（緑：Venus，赤：SYTO61）．カイニン酸投与後，灌流固定，透明化処理を施し，SYTO61（赤色）で核染色を行った．海馬におけるVenus蛍光の三次元再構築を行い，AAV感染細胞を包括的に検出した．文献1より転載．

発光シグナル強度を指標にモニターしたところ，見知らぬ新奇環境に置かれた場合に活動の増強が起こり，一方，慣れ親しんだ飼育ケージに置いた場合には増強が起こらないことを，同一個体を使った発光観察により追跡することができた（図2C）．その後，マウスにカイニン酸を投与し神経細胞をくまなく活性化した後

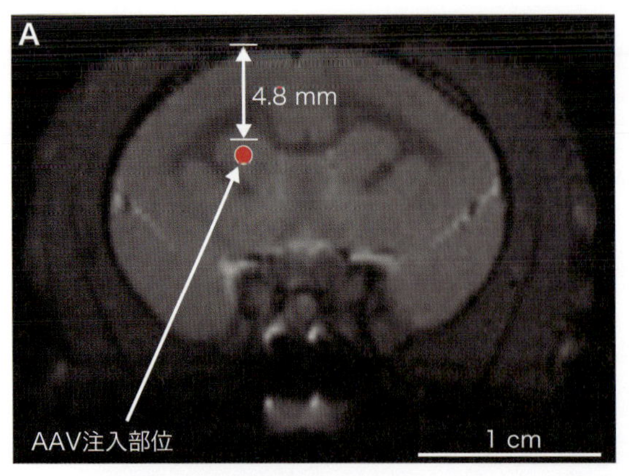

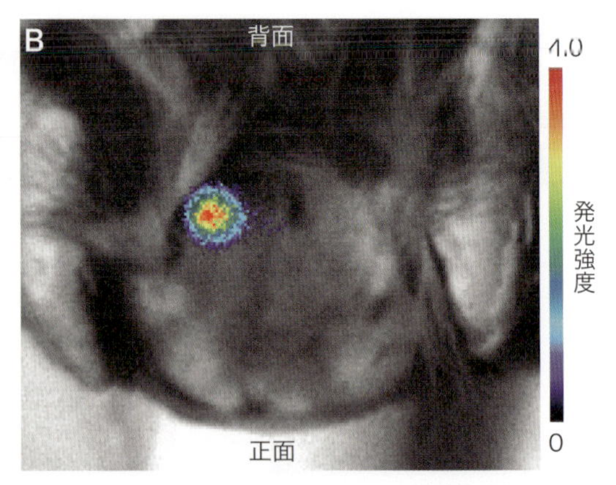

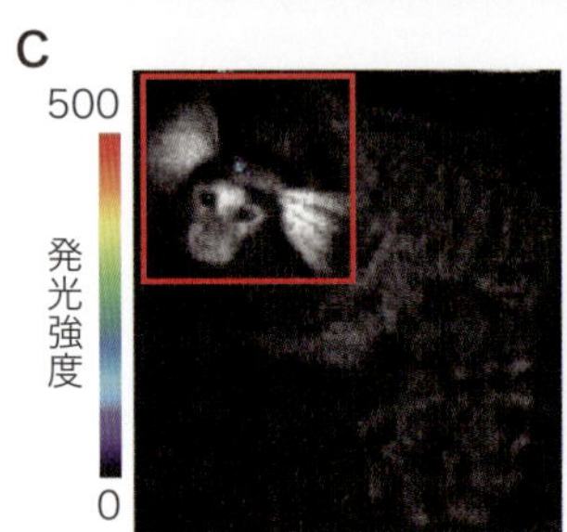

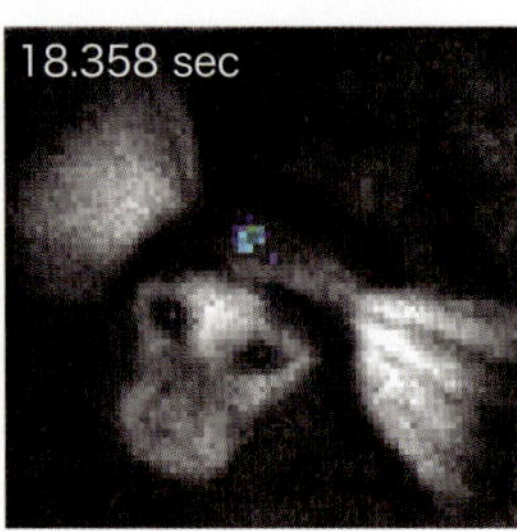

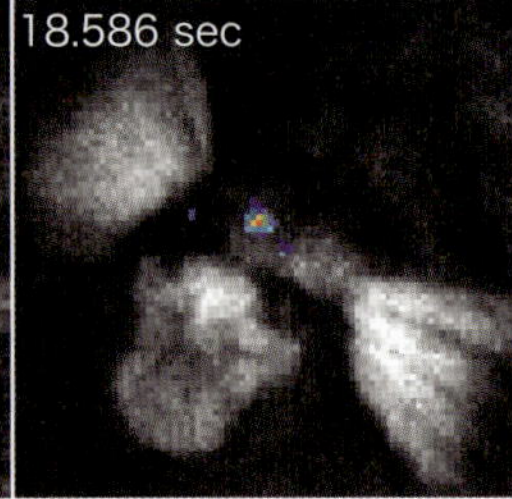

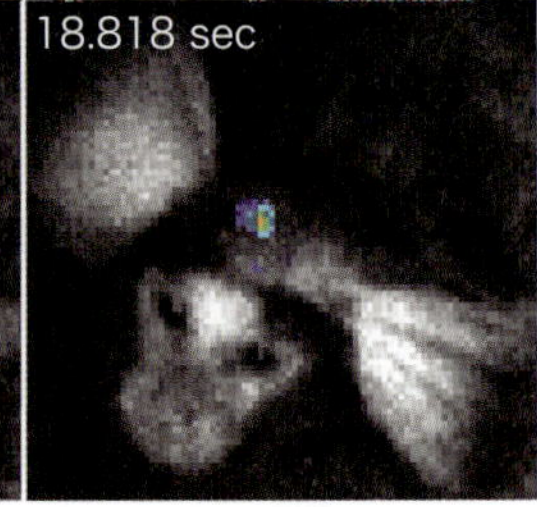

図3　自由行動下のコモンマーモセットの脳深部をAkaBLIで非侵襲に可視化

A) コモンマーモセット（雌，4歳）の脳のMRI画像．右脳の脳線条体（赤点）にVenus-AkalucをコードするAAVを注入．**B)** 麻酔下での発光イメージング画像．AAV注入から4カ月後．露光時間は30秒．**C)** 自由行動下での発光イメージング画像．AAV注入から12カ月後．露光時間は100ミリ秒．**B**，**C**の実験にあたって，除毛を行った．頭皮や頭蓋骨はそのままの状態．AkaLumine-HClは腹腔投与．動画は文献7にアップロードしている．文献1より転載．

に，灌流固定次いで組織透明化技術Sca*l*eSを利用し，Akalucに融合したVenus蛍光を指標にAAV感染細胞をカウントしたところ，わずか49個の神経細胞が発光源であることが明らかとなった（図2D）．

これまで，このような実験は，多数のマウスを新奇環境および対照の群に分け，多くの脳切片において免疫染色によりc-fosの発現量を計測し，各群間で統計的な比較を行うことで実施されてきた．AkaBLIを用いれば同一個体で追跡可能であり，より直接的な比較検討が可能となる．Less Cruelをめざしながら，動物個体を利用するすべての生命科学研究に有効なアプローチを提供することができる．

小型霊長類の脳深部を非侵襲に可視化する

筆者らは本研究において，“深部組織”を“非侵襲”に可視化することにこだわって研究を進めてきた．確かにAkaBLIはマウスにおいて確実に威力を発揮した．さらに“深部”をきわめることを考え，より大型の実験動物である霊長類コモンマーモセットの脳深部の発光イメージングに挑んだ．Akalucをコードしたアデノ随伴ウイルスを脳深部（線条体）に注入し，神経細胞特異的にAkalucを恒常発現するコモンマーモセット（成獣）を作製した（図3A）．AkaLumine-HClの腹腔投与により，その発光を脳深部から頭蓋骨，頭皮を通過して，非侵襲に観測することができた（図3B）．AAV

を注入後，3～4カ月で発光シグナルは安定し，1年半後にも同様の発光シグナルが得られることがわかった．発光シグナルは十分に強く，無麻酔，自由行動下における高速な発光観察も可能であった（図3C，文献7）．このことはAkaBLIが大型実験動物の非侵襲イメージングに適応可能であることを示しており，今後も，さらに大型の動物（マカクザル，ブタ，ヒツジなど）への展開が期待できる．

おわりに

二光子顕微鏡や顕微内視鏡に関連する*in vivo*蛍光イメージング技術が世界中でさかんに開発されている．これらの技術が孕む問題点として，観察対象への侵襲性および観察視野の狭小性があげられる．

今回紹介したAkaBLIは，非侵襲に加えて動物個体を広く観察できることが強みである．高精細観察を得意とする蛍光イメージング技術とは相補的な関係にある．発光イメージング特有の空間分解能の低さは課題であるが，Cre-loxPシステムを利用した細胞種特異的発現システムを活用すれば，AkaBLIは，解剖学的あるいは生理学的に限定された細胞（群）のふるまいをマクロに可視化する技術として活躍することは間違いない．

◆ 文献

1）Iwano S, et al：Science, 359：935-939, 2018
2）Vassel N, et al：Luminescence, 27：234-241, 2012
3）Berger F, et al：Eur J Nucl Med Mol Imaging, 35：2275-2285, 2008
4）Iwano S, et al：Tetrahedoron, 69：3847-3856, 2013
5）Kuchimaru T, et al：Nat Commun, 7：11856, 2016
6）Izumi H, et al：BMC Neurosci, 18：18, 2017
7）https://www.youtube.com/watch?v=yib8EgNrymk

◆ 参考図書

1）岩野 智，他：クローズアップ実験法「*in vivo*生物発光イメージングのすゝめ」．実験医学，Vol. 36 No. 19：3273－3281，2018
2）岩野 智，他：解説「ライフサイエンス指向のホタル発光進化研究」．生体の科学，vol. 70 No. 3：244-251，2019

3 特定の生体分子を検知するホタルルシフェリンプローブ

小嶋良輔，浦野泰照

特定の生体分子と反応してはじめて発光性となる発光プローブは，その生体分子や細胞が関連する生体内のイベントを *in vitro, in vivo* で高感度にモニタリングすることを可能にするきわめて有用なツールである．本稿では，生命科学研究で最も汎用されるホタルの発光システムに注目し，特定の分子と反応してはじめて発光性となるホタルルシフェリンプローブについて紹介する．

はじめに

発光プローブは，特定の生理活性分子の存在を高感度に検知するのに有用であるが，蛍光プローブと比較して検出可能な分子のバリエーションは乏しかった．しかしながら，最近の化学の進展により発光プローブの設計原理が拡張され，さまざまな生体分子を検出可能なプローブが設計可能になってきている．今回はその一端を紹介し，読者の皆様が機能性発光プローブの最先端を知る一助としたい．

ケージドルシフェリンタイプの発光プローブ

ホタルルシフェラーゼの天然の基質であるD-luciferinは，そのフェノール基がアルキル化されると，発光特性を失うことが知られている．このことを利用して，生体分子との反応前は発光しないが，生体分子との反応後にD-luciferinがアンケージ※1されるために発光性を回復する“ケージドルシフェリン※1”タイプのプローブが開発されている．

例えば，D-luciferinのフェノール部位（-OH）にガラクトースを結合した基質Lugal（プロメガ社，#P1061）は，β-ガラクトシダーゼとの反応前は無発光性であるが，β-ガラクトシダーゼによって糖部位が加水分解されるとD-luciferinとなり，これがルシフェラーゼと出会うことで発光する．これを用いて *in vivo* で高感度にβ-ガラクトシダーゼを発現する細胞を追跡することが可能になる[1]．

同様に，D-luciferinをアンケージする原理でアルカリホスファターゼプローブ（シグマ アルドリッチ社，#L9402），シトクロムP450プローブ（プロメガ社，P450-Glo™シリーズ），過酸化水素プローブ[2]，生細胞上のペプチドグリカンを検出するプローブ[3]などが

※1 ケージド（化合物），アンケージ

保護基によって活性がマスクされた化合物をケージド化合物とよぶが，本稿ではD-luciferinやALをエーテルやアミドなどの形でマスクしたプローブを，ケージドルシフェリンと呼称している．ケージされた化合物から，活性のある本来の化合物が放出されることを，アンケージとよぶ．

Ryosuke Kojima[1) 2)], Yasuteru Urano[1) 3) 4)]（東京大学大学院医学系研究科[1)]，JSTさきがけ[2)]，東京大学大学院薬学系研究科[3)]，AMED-CREST[4)]）

開発されている．

D-luciferinのフェノール部位をアミノ基に置換したaminoluciferin（AL）もホタルルシフェラーゼ存在下で強発光性を示す基質であり，このアミノ基をアミド化すると発光性が失われることが知られている．この特性を用いて，特定の生体分子がアミド基を加水分解するような反応も検出可能である．例えば，カスパーゼ3/7が認識するDEVDペプチドで保護されたALは，カスパーゼ3/7の活性を発光で高感度に検出することを可能とする（プロメガ社，#P1781）．こちらも同様の原理で，カスパーゼ1プローブ[4]，スルファターゼプローブ[5]，鉄イオンプローブ[6]などさまざまなプローブが開発されている．

以上に紹介したプローブは図1にまとめた．これらのケージドルシフェリンタイプの発光プローブはすでに市販されているものも多いため，目的に合うものがあれば積極的に利用を検討してみるとよいであろう．

電子移動のOFF/ONを作動原理とした発光プローブ

ここまでケージドルシフェリンタイプの発光プローブを紹介してきたが，観測したい生体分子が引き起こす反応が必ずしもD-luciferinやALをアンケージできるとは限らない．従来，D-luciferinやALをアンケージする以外の活性を発光で検出することは困難だったが，われわれは全く新しい制御原理を開発し，検出可能な分子の幅を広げてきたので，これについて紹介したい．

まず，生理活性分子の活性を検出するために幅広く利用されている蛍光プローブに目を向けてみる．蛍光は発光より多彩な原理，例えば光誘起電子移動（Photo-induced electron Transfer：PeT）やFörster共鳴エネルギー移動（FRET）によるOFF/ONの制御が可能であるため，検出できる生体分子もよりバラエティーに富んでいる．PeTを制御原理に用いた蛍光プローブについて詳しく説明すると，観測対象分子と特異的に反応し，反応前後でその電子供与能が大きく低下する基質を蛍光団近傍に組込むことで，反応前はPeTによりほぼ無蛍光であるが，反応後にPeTが起こらなくなることで蛍光を回復するようなプローブを開発することが可能である．例えば血管拡張作用などの重要な生理活性をもつ一酸化窒素（NO）を検出する蛍光プローブは，励起された蛍光団に対して，高い電子供与能をもつジアミノベンゼン部位から電子移動が起きるために通常無蛍光性であるが，NOと反応してトリアゾール環が形成されると，このベンゼン環部位の電子供与能が低下してPeTが起こらなくなり，蛍光性が回復する，というように機能している（図2A）[7]．

ここで，発光と蛍光のプロセスを比較すると，励起過程は前者がルシフェリン-ルシフェラーゼ反応であり，後者は励起光の吸収という違いがあるが，励起過程から光子を放出して基底状態に戻る緩和過程は非常に似た過程であると考えられる．PeTは緩和過程に影響を与えるプロセスなので，われわれは発光のOFF/ONをPeTと同様の原理でコントロールできるのではないかと考えた．

ALのアミノ基はアルキル化しても発光特性が消失しないことが知られているため，ここから炭素鎖をのばして，さまざまな電子供与能をもつベンゼン環を結合し，その発光特性を精査したところ，予想通り電子供与能が高いベンゼン環を結合するほど，基質の発光強度が低下することがわかり，PeTと同様の現象が発光基質においても起きることが判明した．われわれはこの現象をBioLuminescent enzyme-induced electron Transfer（BioLeT）と命名して新しい発光プローブの開発に用いることとした[8]．

蛍光プローブと同様の戦略で，ジアミノベンゼンを結合したAL誘導体，DALを開発した（図2B）．DALは予想通りBioLeTによってほぼ無発光性となったが，NOと反応してトリアゾール体となると強発光性になり，NOプローブとして機能することが明らかとなった．このプローブを用いることで，全身にルシフェラーゼを発現する“ホタルラット”[9]腹腔内でNO前駆体から放出されるNOを，開腹することなく高感度に検出

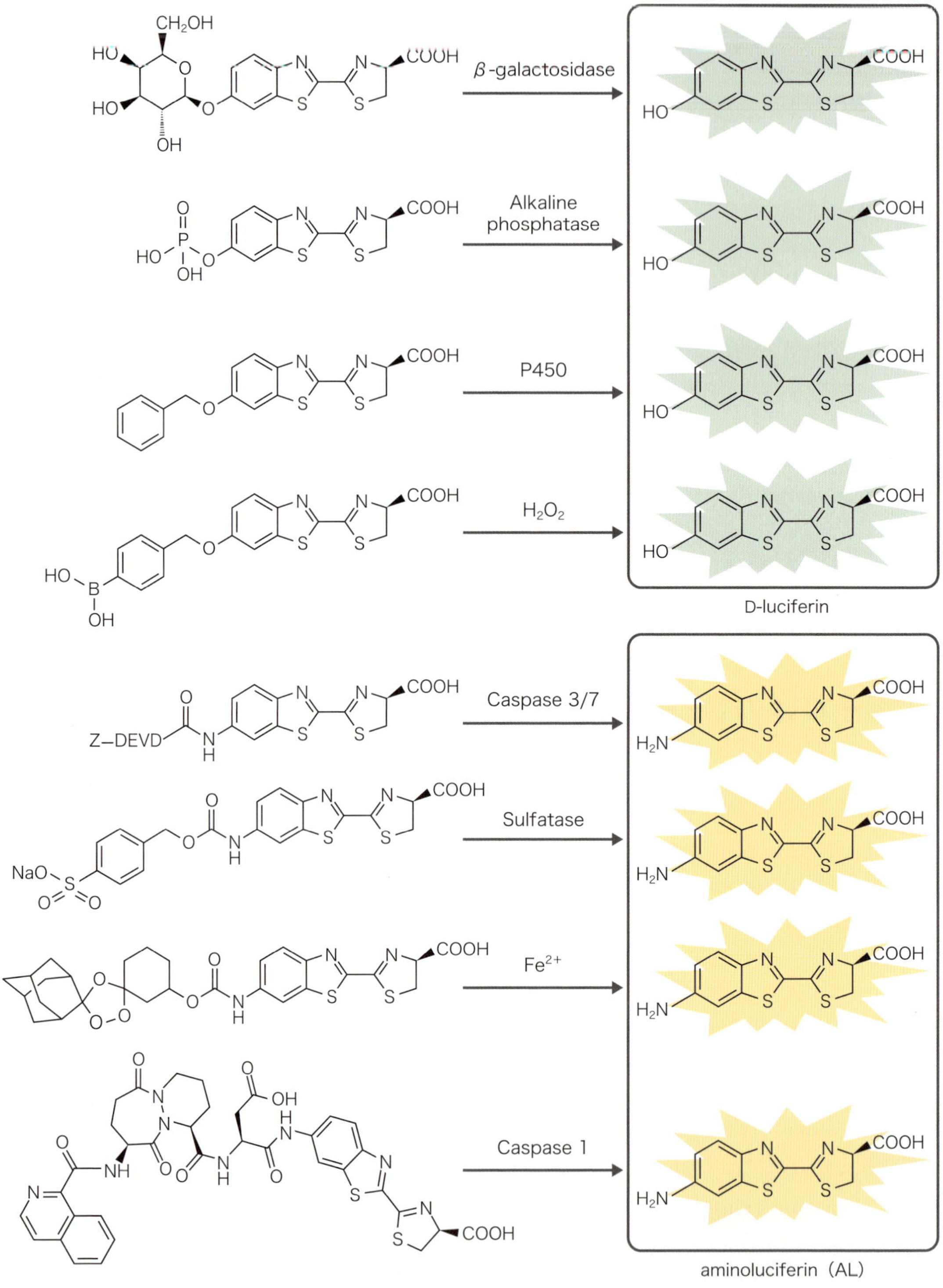

β-galactosidase

Alkaline phosphatase

P450

H_2O_2

D-luciferin

Caspase 3/7

Sulfatase

Fe^{2+}

Caspase 1

aminoluciferin（AL）

図1　ケージドルシフェリンタイプの発光プローブの例

それぞれのプローブはターゲット分子との反応により，D-luciferinもしくはaminoluciferin（AL）を生じ，これがルシフェラーゼと出会うことにより発光する（正確にはそれぞれのルシフェリンがルシフェラーゼ内で酸化された化合物が発光する）．

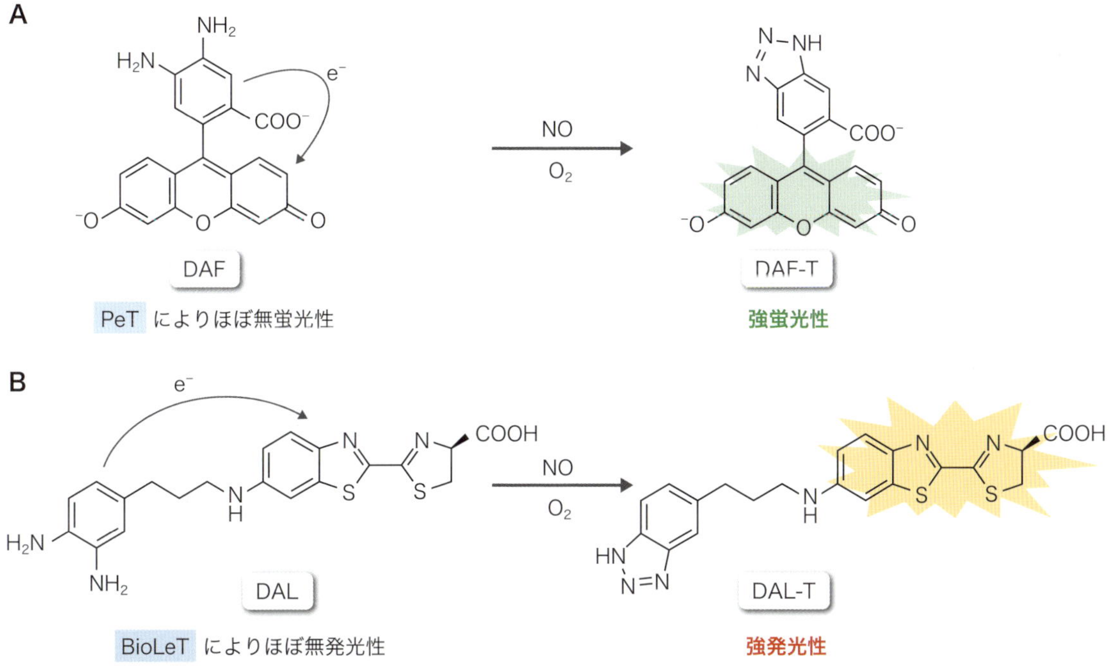

A

DAF

PeT によりほぼ無蛍光性

DAF-T

強蛍光性

B

DAL

BioLeT によりほぼ無発光性

DAL-T

強発光性

図2　電子移動のOFF/ONを作動原理とした蛍光/発光プローブ

A) 光誘起電子移動（PeT）を制御原理として用いたNO検出蛍光プローブ．NOと反応する前は，電子供与能の高いジアミノベンゼン部位が蛍光団に結合しているため，蛍光団が光励起されても，PeTが起きほとんど蛍光を発しない．一方，ジアミノベンゼン部位がNOと反応してトリアゾール環を形成すると，この部分の電子供与能が下がり，PeTが起こらなくなるため，蛍光団は強蛍光性となる．**B)** BioLuminescent enzyme-induced electron Transfer（BioLeT）を制御原理として用いたNO検出発光プローブ．ルシフェリン-ルシフェラーゼ反応によって励起された発光団に対して，**A**と同様に電子移動（BioLeT）が起こることで，NOと反応前のプローブはほとんど発光を示さないが，NOと反応するとジアミノベンゼン部位の電子供与能が下がるためにBioLeTが起きなくなり，強発光性の基質となる．

することが可能であった[8]．

BioLeTを用いることで，他の分子，例えば高い反応性をもつ活性酸素種（highly reactive oxygen species：hROS）を検出するプローブを創出することも可能である．ALにヒドロキシエチル基を介してアニリンを結合した化合物，APLはBioLeTによって強力に消光されるが，hROSと反応することでHE-ALを生成し，強発光性となることから，hROSプローブとして機能する（図3A）[10]．これらの結果は，BioLeTを用いることで，D-luciferinやALをアンケージする以外の活性をもつさまざまな分子を検出可能な発光プローブを創出しうることを示している．

基質の細胞内外の局在変化を利用した発光プローブ

前項では，蛍光団と発光基質の類似点に注目して，電子移動の精密制御による新しい発光プローブの制御原理を紹介したが，逆に発光基質のみがもつ，“ルシフェラーゼと出会わないと光らない”という特性を利用して，OFF/ON制御を行うことも可能である．すなわち，検出対象の分子との反応前はルシフェラーゼと出会わないために発光しないが，反応後にはルシフェラーゼと出会うことが可能になり，発光する，というデザインである．先に紹介したAPLは，*in vivo*で外から加えた次亜塩素酸などを検出することは可能であっ

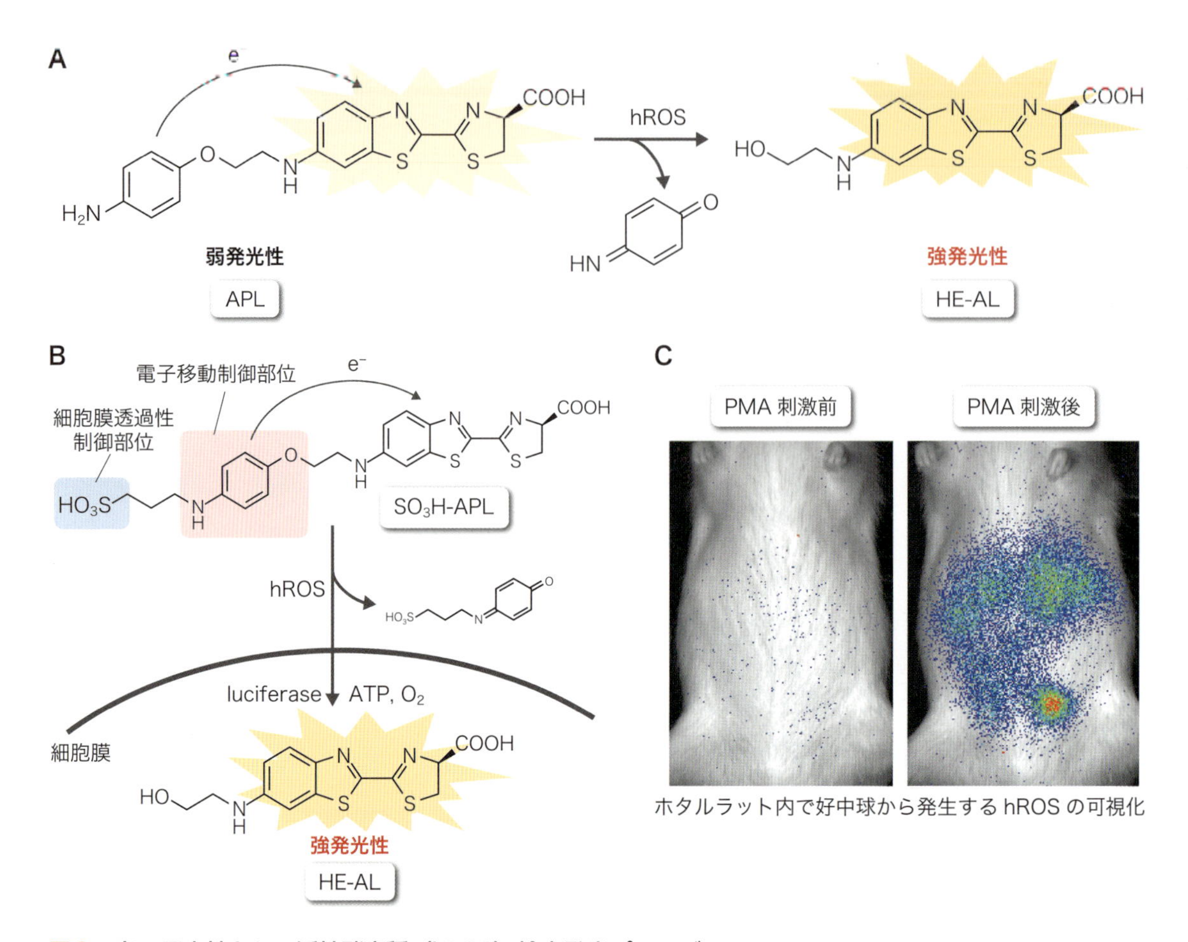

図3　高い反応性をもつ活性酵素種（hROS）検出発光プローブ

A) BioLeTを制御原理として用いたhROS検出発光プローブ，APL．hROSとの反応前のプローブはBioLeTによって消光されるが，hROSと反応すると電子供与体部分が外れ，強発光性のHE-ALを生成する．**B)** BioLeTと細胞膜透過性の二重制御を用いたhROS検出発光プローブ，SO_3H-APL．プローブがhROSと反応する前は，BioLeTと細胞膜非透過性の二重スイッチにより発光がきわめて低いレベルまで抑制されているが，hROSと反応するとスイッチ部位が脱離し，BioLeTによる消光が解除されると同時に，発光に必要なルシフェラーゼとATPが存在する細胞内に基質が移動可能になることで，発光を生じる．これにより，ごく少量のhROSを検出することが可能となる．**C)** SO_3H-APLを用いた，ホタルラット内で好中球から発生するhROSの可視化．好中球誘引物質であるザイモザンを腹腔内に投与した後，プローブを腹腔内にロードし，さらにPMAの投与によって好中球を刺激することで，好中球から発生するhROSをラットが生きたままの状態で開腹することなく検出することが可能である．

たが，そのバックグラウンド発光により，生理的なレベルのhROSを*in vivo*で高感度に検出することは困難であった．そこでわれわれは，APLのアミノ基の先からスルホン酸部位を伸長し，この基質の細胞膜透過性を大幅に低下させたSO_3H-APLを開発した（図3B）[10]．

“ホタルラット”において，ルシフェラーゼは細胞内に発現するため，通常この基質はほとんどルシフェラーゼと出会わない．また，わずかに細胞内に入り込んだ基質も，BioLeTによって消光されるため，バックグラウンドの発光レベルはきわめて低いものとなる．この基質がhROSと反応すると，強発光性かつ細胞膜透過性のHE-ALが生成し，大幅な発光上昇が起こる，というデザインである．この設計により，われわれは，ホタルラット腹腔内で好中球がPMA（プロテインキナーゼCを活性化する薬剤）刺激によって産生するhROSを高感度に検出することに成功した（図3C）．このように，新たな発光制御原理の複合利用により，生理的に意味のある量の微量の生体分子を検出することも可能になりつつある．

おわりに

このように，本稿では，さまざまな制御原理を用いた発光プローブについて紹介してきた．これまで，発光プローブが検出可能な生体分子のバリエーションは，蛍光プローブに比べて乏しかったが，今回紹介したような新たな化学の進展によって，検出可能な分子は着実に増えてきている．今後，新たな発光プローブを用いて生体内における観測対象分子の役割の理解が大いに進んでいくことが期待される．

◆ 文献

1）Van de Bittner GC, et al：J Am Chem Soc, 135：1783-1795, 2013
2）Van de Bittner GC, et al：Proc Natl Acad Sci U S A, 107：21316-21321, 2010
3）Cohen AS, et al：J Am Chem Soc, 132：8563-8565, 2010
4）Kindermann M, et al：Chem Biol, 17：999-1007, 2010
5）Rush JS, et al：Chembiochem, 11：2096-2099, 2010
6）Aron AT, et al：Proc Natl Acad Sci U S A, 114：12669-12674, 2017
7）Nagano T：Yakugaku Zasshi, 126：901-913, 2006
8）Takakura H, et al：J Am Chem Soc, 137：4010-4013, 2015
9）Hakamata Y, et al：Transplantation, 81：1179-1184, 2006
10）Kojima R, et al：Angew Chem Int Ed Engl, 54：14768-14771, 2015

分割NanoLucを用いた相互作用検出系による低分子の免疫測定

大室有紀，上田　宏

タンパク質間相互作用検出系において，相互作用タンパク質ペアへのプローブの融合が相互作用時の立体障害，あるいは発現時のフォールディング異常の原因となることがある．本稿では，非常に明るい発光タンパク質NanoLucに由来する，各11アミノ酸からなる2つのプローブを利用した，応用範囲の広いタンパク質断片相補系（Protein-fragment complementation assay：PCA）と，その免疫測定への応用を紹介する．

はじめに

タンパク質間相互作用検出系は，創薬・診断・検査・生物学など，広い分野における必須技術である．細胞内タンパク質間相互作用検出系は，細胞内環境下における相互作用を検出できる点で有用である．一方，試験管内タンパク質間相互作用検出系は，細胞内成分による相互作用阻害，または促進といった影響を受けることなく，相互作用タンパク質の親和性を測定できることが利点である．

タンパク質間相互作用検出系において，相互作用タンパク質ペアに融合させるプローブの大きさにより，相互作用における立体障害の原因となる場合や，発現時にフォールディング異常を引き起こす場合がある．そのため，プローブには，サイズが小さいことが望まれる．そこで，GFPを3つに分断し，相互作用タンパク質ペアに融合させる2プローブを各20アミノ酸という小さいサイズにした相互作用検出系が開発された[1]．また最近，Dixonらのグループとわれわれは，非常に明るい発光タンパク質NanoLuc[2]を3つに分割し，相互作用タンパク質ペアに融合させる2プローブの大きさを各11アミノ酸と最小のサイズにすることに成功した（本稿では「NanoLuc3分子テクノロジー」とよぶ）[3) 4)]．さらにわれわれは，プローブの配列を最適化することで，シグナルを肉眼でとらえられるほど明るくすることに成功した．本稿では，このNanoLuc3分子テクノロジーについて紹介する．

タンパク質間相互作用検出系の従来法とNanoLuc3分子テクノロジーの原理

試験管内だけでなく，細胞内でも使用できるタンパク質間相互作用検出系として，Förster resonance energy transfer（FRET）・Bioluminescence resonance energy transfer（BRET）を利用した検出系，および，Protein-fragment complementation assay（PCA）が一般的である．FRET・BRETを利用した検出系では，プローブとして蛍光タンパク質，あるいは

Yuki Ohmuro, Hiroshi Ueda（東京工業大学科学技術創成研究院化学生命科学研究所）

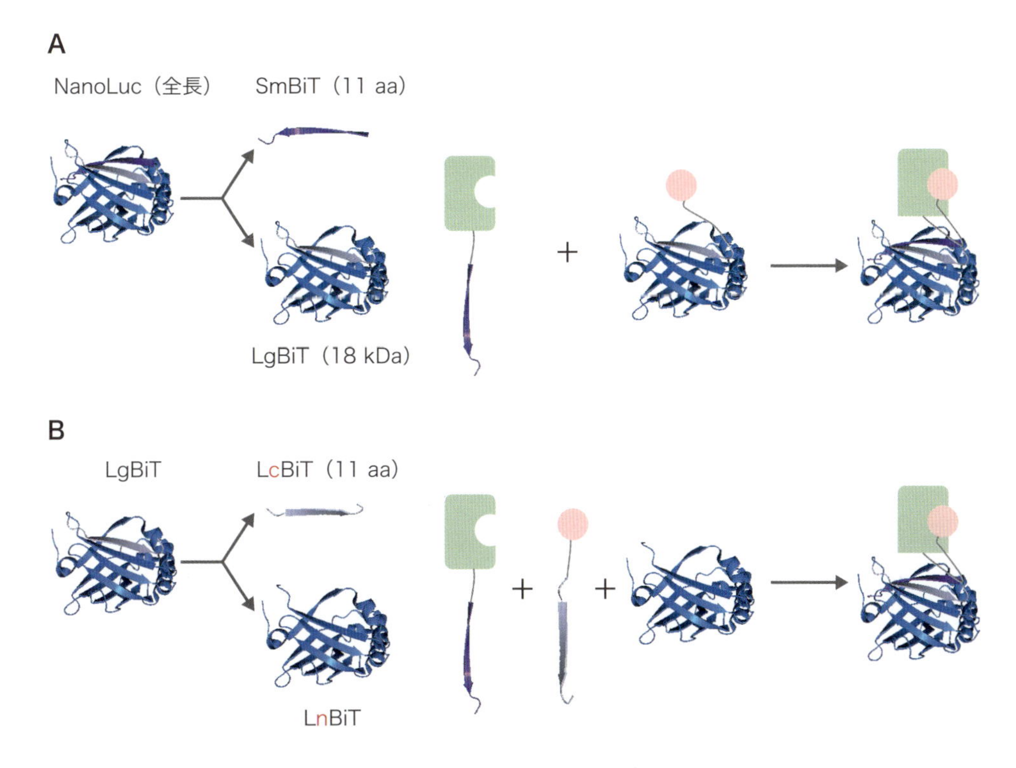

図1　NanoLucを分割してプローブとして利用するタンパク質間相互作用検出系
A) NanoLucを利用したPCA（NanoBiT）．**B)** NanoLuc3分子テクノロジーの原理．

発光タンパク質を相互作用タンパク質ペアと融合させる．FRETの場合は相互作用タンパク質ペアに蛍光タンパク質（または蛍光色素），例えばCFPとYFPを付加する．相互作用時，CFPとYFPが近接するために，CFPからYFPにエネルギー移動が起き，CFPの蛍光強度が低下し，YFPの蛍光強度が上昇するのを測定する．BRETの場合は，相互作用タンパク質ペアに発光タンパク質と蛍光タンパク質（または蛍光色素）をそれぞれ融合させる．相互作用時に，発光タンパク質と蛍光タンパク質（または蛍光色素）が近接することにより，発光タンパク質中で反応した基質（発光物質）から蛍光タンパク質（または蛍光色素）に無放射的なエネルギー移動が起き，発光タンパク質本来の発光強度が下がり，蛍光タンパク質（または蛍光色素）由来の発光強度が上昇するのを測定する．

一方，通常のPCAの原理は，蛍光タンパク質，あるいは発光タンパク質を2分割して，各断片を相互作用タンパク質ペアと融合させ，相互作用時に2断片が近接することで，元の全長の蛍光タンパク質，または発光タンパク質の構造が再構成され，それらの活性が検出できるというものである．なかでも最近プロメガ社により開発された発光タンパク質NanoLucの発光は非常に明るく，安定している．NanoLucを利用した代表的なPCAとしてNanoBiT※1が知られている．ここでは，NanoLucをC末端11残基からなるSmBiTと残り18 kDaからなるLgBiTに2分割して，相互作用タンパク質ペアにおのおの融合させる（図1A）[5]．これ

※1　NanoBiT
プロメガ社により開発された，NanoLucのPCA系（Nanoluc Binary interaction Technology）．変異導入により安定化したLgBiTと，LgBiTとの親和性を最適化したSmBiTからなる．細胞内での相互作用検出で多くの実績があり，決して本稿がそれを否定するものではない．

に対し，NanoLuc3分子テクノロジーでは，LgBiTをβストランド1個からなるC末端11残基のLcBiTと残りのN末端部分のLnBiTに分割し，LcBiT・SmBiT（各11アミノ酸）を相互作用タンパク質ペアにそれぞれ融合させ，ここにLnBiTを添加する．相互作用時に，LcBiTとSmBiTが近接することで，LnBiTとともに全長NanoLucの構造が再構成されやすくなるので，そのときの発光値を測定する（図1B）．その際SmBiTの配列を改変し，LcBiT・LnBiTへの親和性を変更することで，発光強度を調整することもできる．

実験例

免疫測定法の1つ，オープンサンドイッチ免疫測定法（OS法）は，小さな抗原（分子量＜1,000）を非競合的に高感度に検出する方法である[6]．その原理は，抗体の抗原結合部位V_H・V_Lを抗体から単離すると，V_H-V_L間の親和性は低いが，抗原が存在すると，その親和性が著しく高まり，V_H-抗原-V_Lの三者複合体が形成されるというものである（図2A）．ここでは，Osteocalcin，別名Bone Gla protein（BGP）を認識する抗体と，BGPのC末端7アミノ酸残基からなる合成抗原ペプチド（BGP-C7，LifeTein社）を用いた．

まずわれわれは，NanoBiTを利用して抗原検出を行うため，V_H・V_LにLgBiT・SmBiTをおのおの融合させたタンパク質を，抗体ドメイン内のSS結合形成のため野生株より酸化的な細胞質をもつ大腸菌SHuffle T7 express lysY（ニュー・イングランド・バイオラボ社）の細胞質画分に発現させ，各タンパク質に付加したHisタグを用いて金属アフィニティカラム精製を行った．V_H-LgBiT・V_L-SmBiTを混合し，抗原BGP-C7と

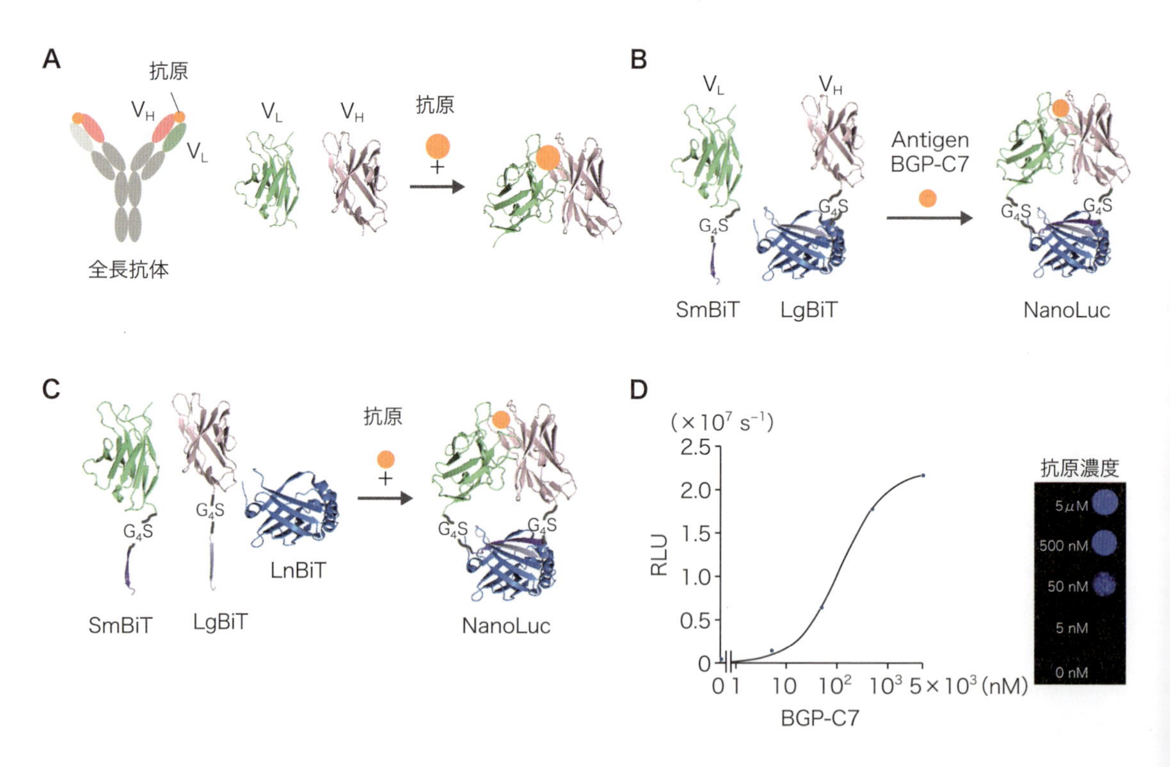

図2　オープンサンドイッチ免疫測定法（OS法）への応用例

A) OS法の原理．**B)** NanoBiTのOS法への応用．**C)** NanoLuc3分子テクノロジーのOS法への応用．**D)** SmBiT最適化後の測定結果．文献4をもとに作成．

NanoLucの基質であるFurimazine（プロメガ社）を添加することで，BGP-C7に依存的なV_H-V_L間の相互作用の検出を試みたが（図2B），BGP-C7の添加によっても，発光値の上昇はみられなかった．

次にわれわれは，LgBiTをV_Hに融合させたことによるフォールディングの異常，あるいは立体障害が生じた可能性を考え，V_HにLcBiTを融合させたタンパク質を作製した．各50 nMのV_H-LnBiT，V_L-SmBiTに合成遺伝子を用いて発現精製した50～150 nMのLnBiT，各濃度のBGP-C7およびFurimazine基質を添加した結果（図2C），抗原濃度依存的な発光値が測定された．しかし，同濃度の野生型NanoLucの発光強度に比べ，ここで得られた最大発光強度は0.3％以下であった．この1つの原因として，2分子間相互作用検出のためにわざとLgBiTへの親和性を低くしたSmBiTを用いていることが考えられた．そこでわれわれは，Dixonらにより開発されたLgBiTへの親和性が高い（K_d：0.7 nM）SmBiT改変配列（SmBiT86，HiBiT※2ともよばれる）[5]を利用することで，シグナル/バックグラウンド比をほぼ保ったまま，その最大発光強度を300倍近く上昇させ，肉眼でとらえられるほど明るい発光を得ることに成功した（図2D）．また，その発光シグナルは1時間以上，安定であった[4]．

※2 HiBiT

同じくプロメガ社により開発された，LgBiTと高い親和性で結合するSmBiT配列誘導体．これをタグとして細胞内外のタンパク質に付加することで，LgBiTによる高感度な検出が可能となる．ウエスタンブロットへの応用も可能であり，そのための検出キットは比較的安価に市販されている．

おわりに

われわれは以前，ホタル由来ルシフェラーゼの触媒する2種類の反応（アデニル化と酸化的発光）を分割した2種類の変異体を用いた相互作用検出系firefly luciferase intermediate-based protein interaction assay（FlimPIA）を開発した[7]．しかし，プローブが大きいためか，特に抗体断片を相互作用タンパク質として用いた場合に十分強いシグナルが得られない場合があった．

今回Dixonらとわれわれは，NanoLuc3分子テクノロジーをそれぞれ細胞表面タンパク質と低分子の高感度な免疫測定に利用することに成功した．NanoLuc3分子テクノロジーは，そのプローブの小ささから，抗体以外にも正常にフォールディングさせることが難しい相互作用タンパク質ペアに対して有用であろう．さらに，相互作用に対する立体障害の問題が少なくなるのも実験者にとって大きな利点である．

今回われわれは試験管内タンパク質間相互作用検出にNanoLuc3分子テクノロジーを利用したが，本法は原理的に細胞内タンパク質間相互作用の測定・イメージングにも利用可能と考えられる．本技術が創薬・診断・検査・生物学などの広い分野で使用され，新たな知見が生み出されることを期待したい．

◆ 文献

1）Cabantous S, et al：Sci Rep, 3：2854, 2013
2）Hall MP, et al：ACS Chem Biol, 7：1848-1857, 2012
3）Dixon AS, et al：Sci Rep, 7：8186, 2017
4）Ohmuro-Matsuyama Y & Ueda H：Anal Chem, 90：3001-3004, 2018
5）Dixon AS, et al：ACS Chem Biol, 11：400-408, 2016
6）Ueda H, et al：Nat Biotechnol, 14：1714-1718, 1996
7）Ohmuro-Matsuyama Y, et al：Anal Chem, 85：7935-7940, 2013

5 蛍光／発光バイモーダルプローブ

松田知己，Israt Farhana，永井健治

蛍光タンパク質と発光タンパク質を1つのプローブの中でうまくデザインして共存させた，蛍光／発光バイモーダルプローブの開発が報告されはじめている．これらバイモーダルプローブは単一のプローブで蛍光，発光イメージングの双方の利点をあわせもっているため，それぞれが得意とするイメージングの時空間スケールを横断する応用が期待される．本稿では，蛍光／発光バイモーダルプローブのデザインと新たなイメージングへの展開を概説する．

はじめに：蛍光／発光バイモーダルプローブ開発の背景と目的

遺伝子にコードされたバイオプローブはさまざまな生命現象の時空間イメージングに用いられており，目的のイメージングにより適したプローブを得るためにシグナル強度の高度化，安定性の向上，検出感度の高度化，検出範囲の最適化，シグナル変化率の拡大などのカスタマイズが行われるまでに発展を遂げている．その背景には，蛍光タンパク質を用いたプローブ（蛍光性プローブ）の革命的な進歩があったことは誰しもが認める事実ではある．しかし，蛍光イメージングで必須となる励起光の照射は，時に信号雑音比（S/N比）の低下につながる生物試料からの自家蛍光，長期間観察の妨げとなる細胞光毒性，といったライブイメージングにふさわしくない事象を引き起こす可能性を潜在的に含んでいる．それに対して，発光タンパク質を用いたプローブ（発光性プローブ）は外部光源による励起を一切必要としないため，これらの問題とは無縁のイメージングを行うことができる[1]．しかしながら，発光プローブのシグナル強度が依然として低いことや，共焦点顕微鏡のような光軸方向に空間分解可能なイメージング技術が確立されていないことにより，その時空間分解の性能は依然として蛍光に並ぶに至っていないのが現状である[2) 3)]．この状況で，蛍光性プローブと発光性プローブの両方の利点をあわせもったいわば「一粒で二度おいしい」プローブを開発するための単純で確実な方法は，蛍光および発光の両方で観察することのできる蛍光／発光バイモーダルプローブを開発することである．そのようなプローブを用いて，例えば比較的広範囲で長期間にわたるイメージングを発光モードで，1細胞レベルで短時間に起こる速いイメージングを蛍光モードで取得すれば，同一試料で蛍光性プローブと発光性プローブのそれぞれの利点を享受したイメージングを行うことができる（図1）．近年，このようなバイモーダルプローブが徐々に報告されつつあり，本稿ではそれらの分子デザインと特性について紹介する．

Tomoki Matsuda, Israt Farhana, Takeharu Nagai（大阪大学産業科学研究所）

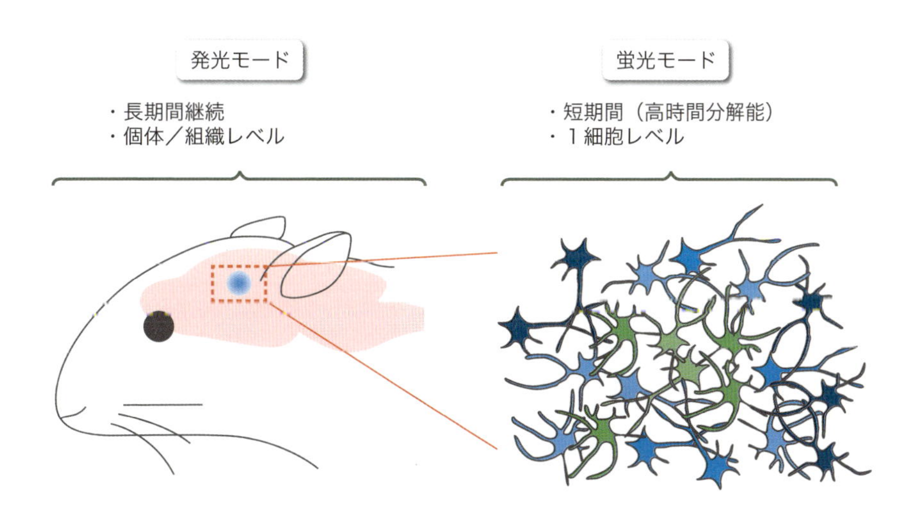

図1　蛍光／発光バイモーダルプローブによる時空間スケールを横断したイメージング

単一の蛍光タンパク質を用いた蛍光／発光バイモーダルプローブ

最近，発光タンパク質NanoLuc（Nluc）[4] と単一の蛍光タンパク質からなる蛍光 Ca^{2+} プローブを融合した，蛍光および発光の両方での検出が可能なバイモーダルプローブが報告された[5]．この蛍光／発光バイモーダルプローブを構築するにあたり，単一の蛍光タンパク質からなる蛍光 Ca^{2+} プローブGCaMP6sをもとに新たなトポロジーをもつプローブが開発された．GCaMP6sはGFPの円順列変異体[※1] cpGFPの両末端に Ca^{2+} 検出にかかわるRS20ペプチドおよびカルモジュリン（CaM）がそれぞれ連結された構成をとっている（図2A）[6]．GCaMP6s内で両末端に離れているRS20とCaMをフレキシブルなGGGSリンカーで連結し，逆にcpGFP領域内でフレキシブルリンカーで繋がれているGFPの本来のN末端–C末端を元どおりに離した構成のトポロジー変異体ncpGCaMP6s〔non-circularly permutated（ncp）GCaMP6s〕がつくられた（図2B）．ncpGCaMP6sの*in vitro*での吸収スペクトル，励起および発光スペクトル，ダイナミックレンジ，pK_a，反応速度といった特性はGCaMP6sと非常に似通っていた．蛍光／発光バイモーダル Ca^{2+} プローブLUCI-GECO1（luciferase-based genetically encoded Ca^{2+} indicator for optical imaging 1）は，このncpGCaMP6sから2残基欠失させたN末端にNlucを2残基リンカー（RK）を介して連結させてつくられ，Nluc（青色発光）からncpGCaMP6s（緑色発光）へのFRET（Förster resonance energy transfer）[※2] により，Ca^{2+} 依存的に緑色発光／青色発光強度レシオが増大する（図2C）．

われわれのグループでも，LUCI-GECO1とは異なるデザインの蛍光／発光バイモーダル Ca^{2+} プローブを開発している．コアとなる蛍光 Ca^{2+} プローブとしてはGCaMP6fそのものを用い，発光タンパク質としてはNlucをもとに開発された構造相補性レポーターNanoBiT[7] の構成サブユニットであるLarge BiT（LgBiT）およびSmall BiT（SmBiT）をそれぞれGCaMP6fのN末端，C末端に融合して新規バイモー

※1　GFPの円順列変異体
タンパク質のアミノ酸配列中の新たな位置にN末端とC末端を設定し，元のC末端とN末端を適当なアミノ酸配列で連結した変異体．

※2　FRET
発光タンパク質がかかわる場合はBRETともいわれるが，FRETは蛍光，発光にとらわれず，共鳴エネルギー移動一般を指す．

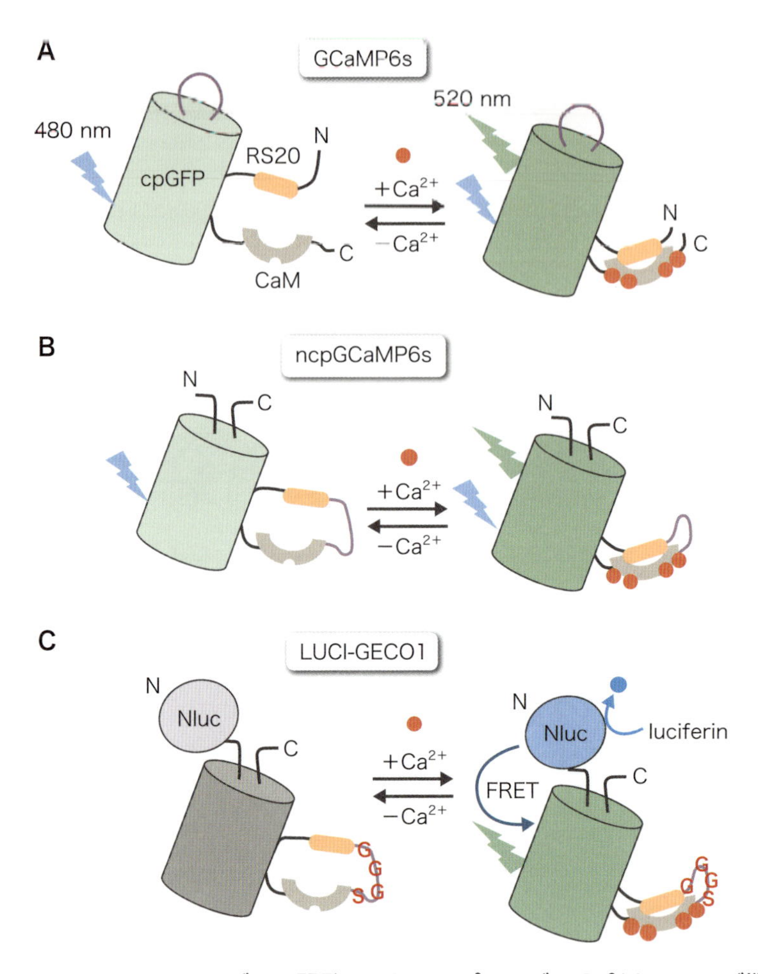

図2　LUCI-GECO1およびその開発にかかわるプローブのCa^{2+}センシング機構

A) GCaMP6s. **B)** ncpGCaMP6s. **C)** LUCI-GECO1（発光モード）.

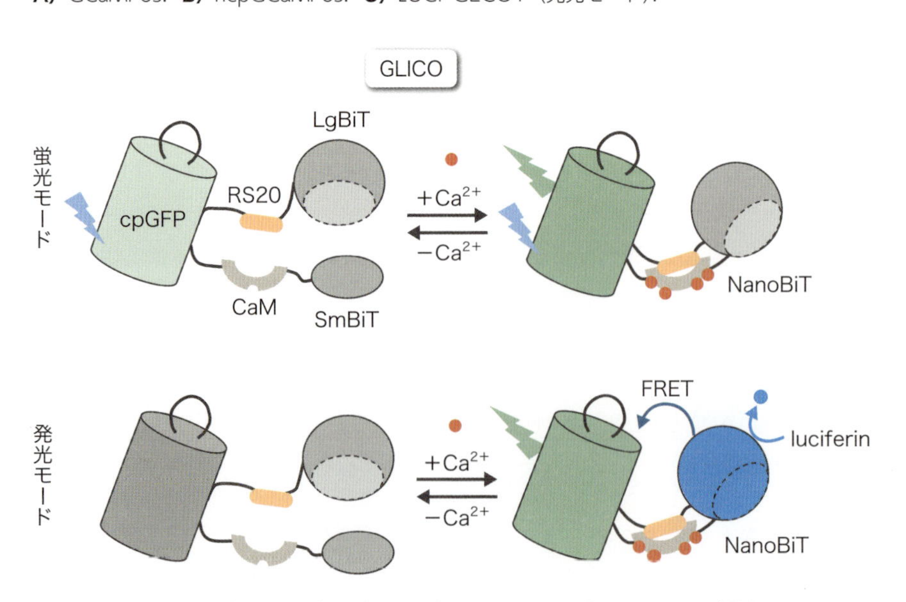

図3　蛍光／発光バイモーダルプローブ GLICOのCa^{2+}センシング機構

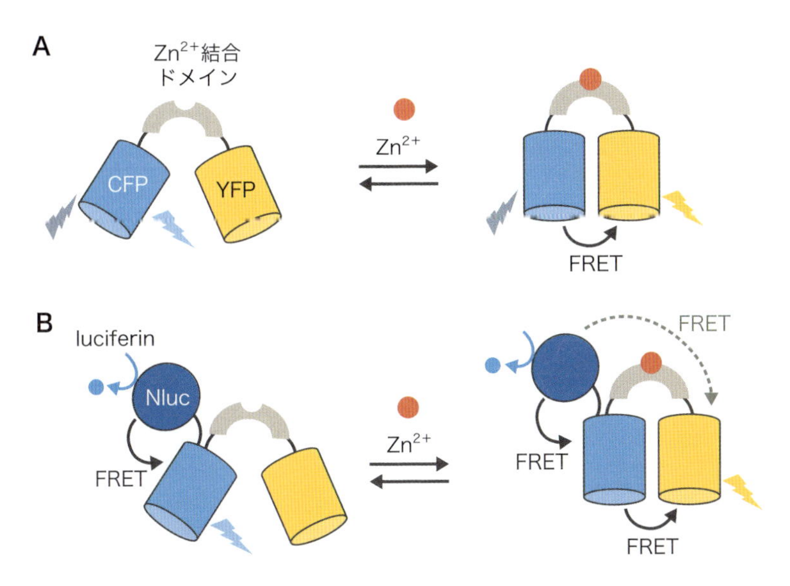

図4　蛍光タンパク質FRETペアを用いた蛍光／発光バイモーダルZn^{2+}プローブのligandセンシング機構

ダルCa^{2+}プローブGLICOを作製した（図3）[8]．このデザインでは蛍光Ca^{2+}プローブ部分には何ら改変を加えておらず容易に入れ替えることができるため，これまでに報告されている多様なCa^{2+}プローブや，これから開発されるであろうハイパフォーマンスなCa^{2+}プローブを利用することでCa^{2+}親和性などのチューニングを容易に検討することができる．

蛍光タンパク質FRETペアを用いた蛍光／発光バイモーダルプローブ

蛍光タンパク質間のFRETは多くの蛍光プローブで用いられており，それを利用した蛍光／発光バイモーダルプローブの開発例も報告されている．

その一例としてFRETドナー，アクセプターとしてシアン蛍光タンパク質CFP，黄色蛍光タンパク質YFPのペアを用いたZn^{2+}プローブ（図4A）があげられる．Zn^{2+}結合により立体構造変化を引き起こすドメインを蛍光タンパク質間に挟んだ蛍光Zn^{2+}プローブ（eCALWY）と両蛍光タンパク質の表面に導入したヒスチジン，チロシン残基の側鎖でZn^{2+}を結合させるプローブ（eZinCh）の双方について，FRETドナーであるCFP側にNlucを連結した蛍光／発光バイモーダルプローブ（それぞれBLCALWYとBLZinCh）が作製された（図4B）[9]．NlucからYFPへの励起エネルギー移動がCFPを介した2段階で起こる経路と直接起こる経路の2つの経路で起こる可能性が考えられるが，その両方を含んでいるBLZinChの方が発光モードで大きな変化率を示した．

もう1つの例としては，Extracellular Signal-regulated Kinase（ERK）活性を検出するためのFRETプローブEKAREVをもとにつくられた蛍光／発光バイモーダルプローブ（hyBRET-ERK）があげられる．この場合でも，ドナーのCFPに発光タンパク質が連結されているが，融合する発光タンパク質としてNlucと比べると分子量が大きく発光量の小さいウミシイタケルシフェラーゼ変異体RLuc8が用いられている[10]．発光モードではRLuc8からYFPへの直接の励起エネルギー移動はほとんど起こっていないが，元となるEKAREVに匹敵するダイナミックレンジをもっている．

FRETプローブをもとにつくられた蛍光／発光バイモーダルプローブは単純なデザインで構成されているが，発光タンパク質を融合させることが検出ドメインの機能やエネルギー移動の効率にどのような影響を及ぼすのかを予期することは容易ではない．

おわりに

蛍光／発光バイモーダルプローブの開発ははじまったばかりで，バイモーダルな性質の有効性をアピールするスマートなイメージング応用例はまだ報告されていない．今後，個体・組織中の比較的広範囲の領域をバックグラウンドシグナルが低く光毒性の少ない発光モードで長期間観察するとともに，何らかの変化がみられた領域を拡大し，蛍光モードで細胞レベルの詳細を知るバイモーダルトランススケールイメージングへの応用が進むと思われる．このような解析法は，例えば，稀にしか存在しない細胞が特異点となって引き起こされる生命システムの劇的な変化を伴う現象（シンギュラリティ現象）にアプローチする有効な研究手法として発展することが期待される．

◆ 文献

1）Badr CE：Methods Mol Biol, 1098：1-18, 2014
2）Saito K, et al：Nat Commun, 3：1262, 2012
3）Yang J, et al：Nat Commun, 7：13268, 2016
4）Hall MP, et al：ACS Chem Biol, 7：1848-1857, 2012
5）Qian Y, et al：Chembiochem, 20：516-520, 2019
6）Chen TW, et al：Nature, 499：295-300, 2013
7）Dixon AS, et al：ACS Chem Biol, 11：400-408, 2016
8）Farhana I, et al：ACS Sens, 4：1825-1834, 2019
9）Aper SJ, et al：ACS Chem Biol, 11：2854-2864, 2016
10）Komatsu N, et al：Sci Rep, 8：8984, 2018

生物発光光遺伝学 BL-OG（Bioluminescence-Optogenetics）

Ken Berglund, Matthew A. Stern, Robert E. Gross

ルシフェラーゼと光駆動性イオンチャネルまたはポンプ（オプシン）を組合わせれば，生物発光を用いてオプシンを活性化できる．そのような融合タンパク質・ルミノプシンを遺伝学的に導入すれば，細胞種特異的に脳内の神経細胞活動を制御することができる．この光・化学遺伝学ハイブリッドプローブには従来の手法と比べてさまざまな利点があり，例えば，生物発光を利用して脳内でのプローブの発現や基質の薬力学を検証できる．

はじめに

近年の光遺伝学※1と化学遺伝学※2の発展には目覚ましいものがある．これら，神経細胞活動の制御に用いられる遺伝学的手法は，神経科学の基礎研究に欠かすことができないだけでなく，臨床応用の可能性も追求されている．光遺伝学では，光駆動性のイオンチャネルやポンプ（オプシン）を神経細胞に発現させ光を用いて活性化することによって神経活動を制御するが，その際光刺激のタイミングや位置を正確に決めることができるので，時間的・空間的な正確性において優れている．一方で，光刺激のためには光ファイバーを外科的に脳内に挿入する必要があり，複数の部位あるいは脳を広範囲に刺激することは難しい．化学遺伝学とは，人工的なリガンドに反応するように開発された受容体タンパク質を用いて，その人工的な活性化によって神経細胞活動を制御する手法である．生体内でのリガンドの拡散・排出という受動的なプロセスを制御することが難しいため，時空間分解能において劣っている一方で，活性化のためのリガンドは末梢から全身投与することができるので，実験的簡便さと非侵襲性において優れているといえる．その際リガンドは脳全体に行きわたるので，複数あるいは広範囲の部位にわたる神経活動の制御も簡単に行える．本稿では，現在主要なこれら遺伝学的手法の両方の特性を組合わせた新たな神経細胞活動の制御法，すなわち生物発光光遺伝学——BL-OG（Bioluminescence-Optogenetics）——に関して，それに用いるルシフェラーゼ・オプシ

※1　**光遺伝学**

藻類・微生物由来の光受容性タンパク質と光刺激を用いて細胞の活動を制御する手法．単一分子が光受容体とイオンチャネル・ポンプを兼ねるため，さまざまな遺伝的手法を用いて簡便に特定の細胞種に導入することができる．

※2　**化学遺伝学**

本来は生体内に存在しない化学物質に反応するように開発された受容体タンパク質を用いて細胞の活動を制御する手法．ムスカリン性代謝型とニコチン性イオンチャネル型のアセチルコリン受容体をもとにしたものが主要である．

Ken Berglund, Matthew A. Stern, Robert E. Gross（Department of Neurosurgery, Emory University School of Medicine, Atlanta, Georgia, the United States of America）

ン融合タンパク質，ルミノプシンとその活用例を紹介する．

BL-OG動作原理

ルミノプシンとは，光を発するルシフェラーゼと光を受容するオプシンを組合わせた融合タンパク質である（図1）．ルミノプシンはルシフェラーゼの基質ルシフェリンの存在下で活性化する．オプシンの活性化に必要な光は，基質酵素反応によって生じる生物発光を通してオプシンの近傍で内的に供給されるので，従来の光遺伝学で通常使用される光ファイバーや外部光源を必要としない．ルシフェリンは哺乳動物などの非発光性生物にとっては異物であり，意図せず脳内で非特異的に作用する心配がない．しかしながら，海洋性ルシフェリン，セレンテラジンは，多剤耐性MDR1糖タンパク質の基質となることが知られており[1]，末梢投与した際に脳血管やグリアから排出されることによって神経細胞に供給される量は制限されうる．ルミノプシンを構成するオプシンは従来の光遺伝学で用いられるものと同一であるため，化学物質による活性化に加え，外部光源を用いて通常の光遺伝学同様活性化することも可能である（図2）．ルミノプシンは，絶え間なく発見，改良される新たなルシフェラーゼとオプシンを組合わせることによる新規開発が容易であり，BL-OGは拡張性に優れているといえる．

ルミノプシン融合タンパク質

理論上，十分な発光量とスペクトルの重なりさえあれば，さまざまなオプシンはあらゆるルシフェラーゼと組合わせることができるはずであるが，現在利用可能なルミノプシン融合タンパク質はいずれも青色発光する海洋性ルシフェラーゼ，すなわちカイアシ類ガウシア由来ルシフェラーゼかウミシイタケ・ルシフェラーゼから構成されており，両者ともにセレンテラジンを基質とする（図1）．神経活動の極性，すなわち興奮と抑制は，電気生理学的に異なる特徴をもつ（異なるイオンを通す）オプシンを組合わせることによって実現される（図1）．

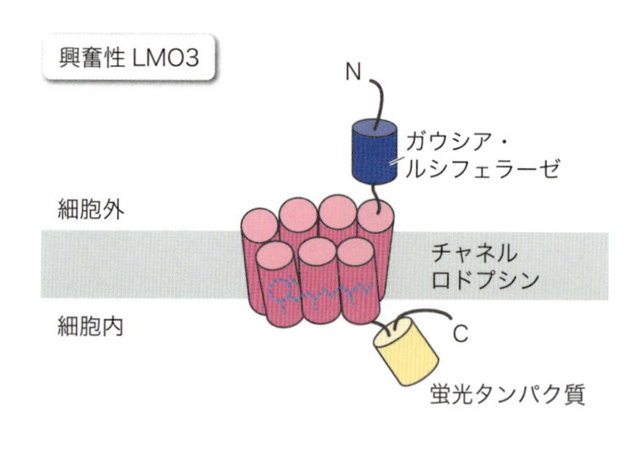

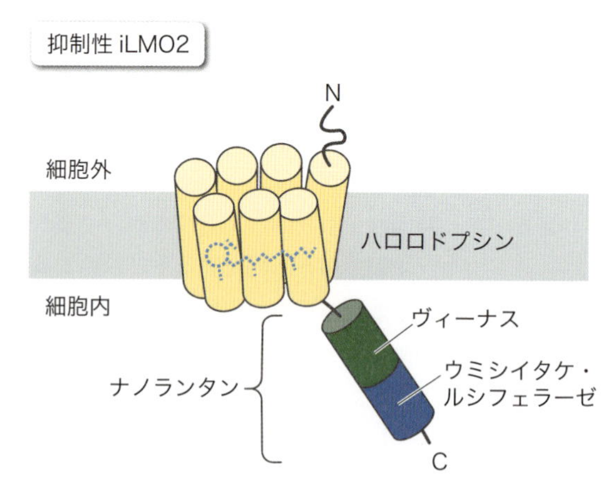

図1　ルミノプシンの分子構造

興奮性ルミノプシンであるLMO3では，幅広い波長光に応答する藻類ボルボックス由来チャネルロドプシン1（吸収極大波長約540 nm）のN末端にSlow-burn変異型ガウシア・ルシフェラーゼ（発光極大波長約480 nm）が，C末端にオワンクラゲ由来黄色蛍光タンパク質（EYFP）が配置されている（左）．抑制性ルミノプシンであるiLMO2では，好塩性古細菌ナトロノモナス由来の光駆動性塩素ポンプ・ハロロドプシン（吸収極大波長約590 nm）のC末端にウミシイタケ・ルシフェラーゼをヴィーナス黄色蛍光タンパク質をもとにしたナノランタン（発光極大波長約530 nm）[10]が配置されている（右）．

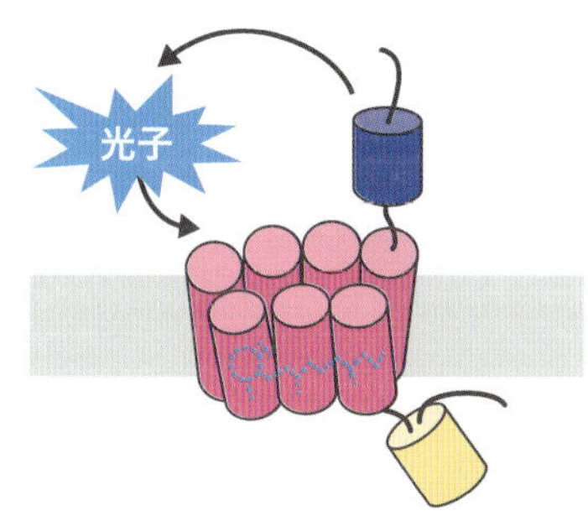

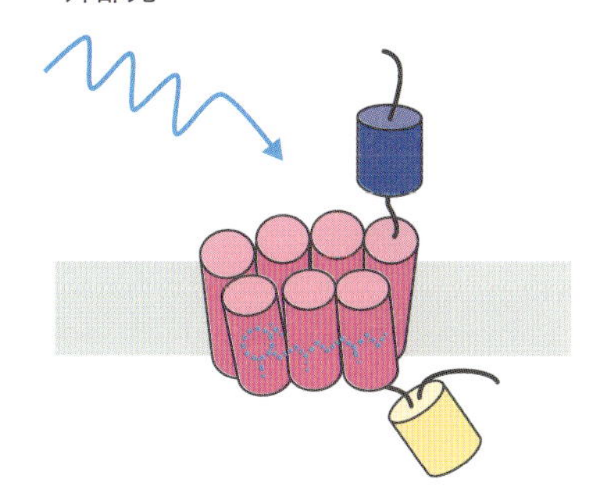

図2　ルミノプシン活性化の２つのモード
セレンテラジンとの反応によって生じる光によって活性化するのは化学遺伝学になぞらえることができる（左）．同一分子は外部からの光を用いて光遺伝学的にも活性化することができる（右）．

従来の光遺伝学で光源として利用されるLEDやレーザーと比べて，生物発光は本質的に微弱な光源であるといえる．2013年のBL-OGに関する最初の文献の発表以来[2)]，ルミノプシン融合タンパク質の作動効率は徐々に改良されてきた．これには2通りのアプローチがあり，すなわち，発光量がより多いルシフェラーゼを用いることと，光感受性がより高いオプシンを用いることである．前者としては，野生型ガウシア・ルシフェラーゼの代わりにSlow-burn変異型[3)]やM23変異型[4)]を用いることがあげられ，後者の例としては，クラミドモナス・チャネルロドプシン2の代わりにボルボックス・チャネルロドプシン1[2)]やステップファンクション・オプシン[5)]を用いることがあげられる．特に，光感受性が格段に高いステップファンクション・オプシン（吸収極大波長約470 nm）を利用したステップファンクション・ルミノプシンでは，生物発光を用いた場合でも，外部光源と比べて50％以上の作動効率を実現しており，このような効率のよいオプシン活性化はルシフェラーゼ部位からオプシン部位への分子内生物発光共鳴エネルギー移動を介して行われていることが示されている[5)]．

BL-OG応用例

ルミノプシンを発現している神経細胞の活動がセレンテラジン特異的に変化することは，*in vitro*や*in vivo*での単一神経細胞からの電気生理学的記録によって示されている．それらに加え，ウイルス・ベクターを用いて大脳基底核黒質の片側だけにルミノプシンを発現させたうえでセレンテラジンを投与すると，ラットやマウスが旋回行動を示すことからも，BL-OGを用いれば覚醒下で動物の行動を制御可能であることがわかる[3) 5) 6)]．

1．動物疾病モデル

痙攣薬を用いたラットのてんかん発作モデルでは，抑制性ルミノプシンiLMO2を海馬あるいは視床前核に発現させ，その活動をセレンテラジン投与によって抑制すると，てんかん発作が和らぐことがわかった[7)]．興味深いことに，海馬と視床前核の両者を同時に抑制すると，抗痙攣効果が増大した．この実験はBL-OGを用いた複数部位での神経活動の操作例である．

マウスを用いた実験から，脊髄損傷からの回復には身体運動が効果的であることが知られている．iLMO2をマウス脊髄運動ニューロンに特異的に発現させ，身

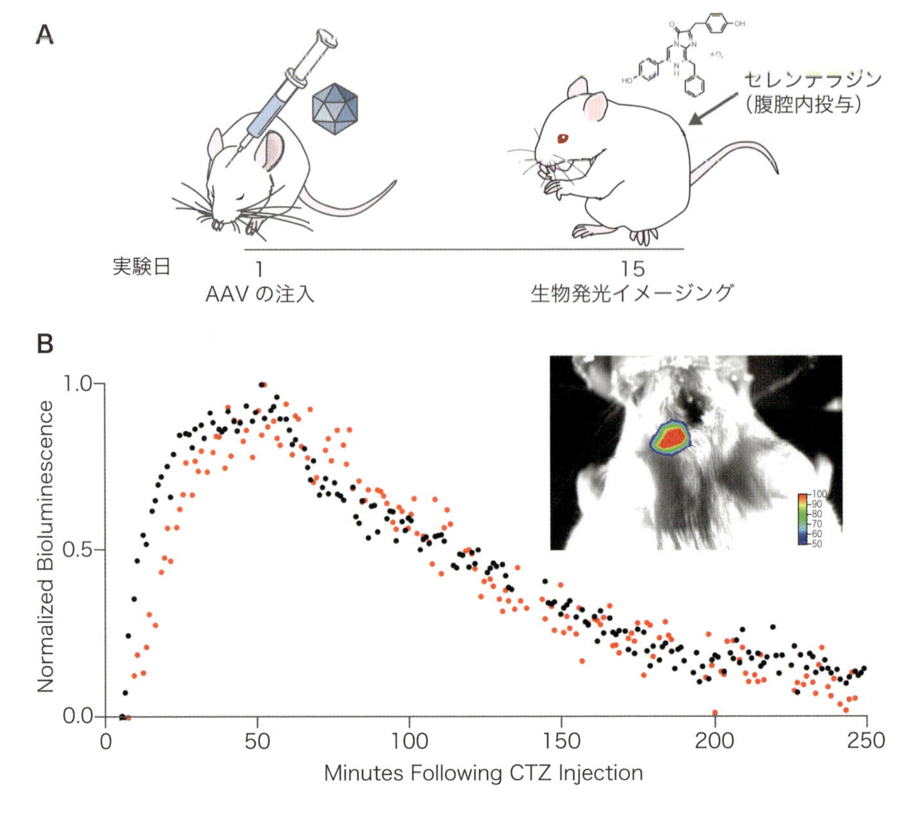

図3　ルミノプシンを用いた*in vivo*生物発光イメージング

ルミノプシン遺伝子を含むAAVベクターをマウス視覚皮質に注入し，遺伝子発現を待ってから生物発光イメージングを行った（**A**）．生物発光はセレンテラジン腹腔内投与後（10 mg/kg），およそ4時間にわたって認められた（**B**）．二度の実験は別の色で示されている．生物発光は視覚皮質が存在する頭部後方で認められた（インセット）．

体運動直前にセレンテラジンを投与することによってその活動を阻害したところ，身体運動による回復作用が抑制された[8]．この実験は，身体運動による脊髄損傷からの回復には，運動ニューロンの活動が必須であることを示している．

マウスの遺伝的パーキンソン病モデルでは，BL-OGと幹細胞を組合わせた実験療法が試みられた．興奮性ルミノプシンLMO3を発現している胚由来幹細胞を線条体に移植しセレンテラジンで慢性的に刺激すると，運動機能が回復することがわかった[9]．移植された細胞は移植先の脳で移動する可能性があるが，そのような場合でもBL-OGを用いれば確実に刺激することが可能であるといえる．

2. *in vivo*生物発光イメージング

ルミノプシンの特徴の1つとして——当たり前ではあるのだが——生物発光することがあげられる．生物発光を用いて，ルミノプシンの発現を確認したり，セレンテラジンでの生体内での動態を非侵襲的に観察することができるのは，従来の光遺伝学や化学遺伝学にはないBL-OGの利点であるといえる．そこで，iLMO2をアデノ随伴ウイルス・ベクター※3を用いてマウス視

※3　アデノ随伴ウイルス（AAV）・ベクター

組換えAAVは免疫反応を起こしにくいこと，濃縮過程を通して高い力価が得られることから，脳内への遺伝子導入手法として理想的であるが，DNAのペイロードが小さいという欠点があり，特に融合タンパク質では制限となりうる．

覚皮質に発現させ，セレンテラジン腹腔内投与後の生物発光の時間的変化をイソフルラン麻酔下で観察した（図3）．その結果，生物発光がピークに達するまでにはおよそ30分ほどかかり，またシグナルは投与後およそ4時間は観察可能であることがわかった．生物発光は二度にわたるセレンテラジン投与でほぼ同じ時間的変化を示しており，再現性が高いこともわかった．ルミノプシンからの生物発光は従来のCCDで観察可能であり，この実験には汎用性（ゲル）イメージャー・富士フイルム社LAS-3000を用いた．

おわりに

本稿では，ルミノプシン融合タンパク質の開発からそれを用いた動物疾病モデルでの応用例まで紹介することによって，BL-OGの有用性，独自性を説明することを試みた．読者にとってこれらの情報が有用であるだけでなく，読者の実験系でもルミノプシンがクリエイティブに使われはじめることを願ってやまない．

◆ 文献

1）Pichler A, et al：Proc Natl Acad Sci U S A, 101：1702-1707, 2004
2）Berglund K, et al：PLoS One, 8：e59759, 2013
3）Berglund K, et al：Proc Natl Acad Sci U S A, 113：E358-E367, 2016
4）Park SY, et al：J Neurosci Res：doi:10.1002/jnr.24152, 2017
5）Berglund K, et al：J Neurosci Res：doi:10.1002/jnr.24424, 2019
6）Tung JK, et al：Sci Rep, 5：14366, 2015
7）Tung JK, et al：Neurobiol Dis, 109：1-10, 2018
8）Jaiswal PB, et al：J Neurosci Res：doi:10.1002/jnr.24109, 2017
9）Zenchak JR, et al：J Neurosci Res：doi:10.1002/jnr.24237, 2018
10）Saito K, et al：Nat Commun, 3：1262, 2012

7 自家発光性細胞株を用いた基質不要のルシフェラーゼアッセイシステム（490 BioTech社）

Steven Ripp
日本語訳：フナコシ株式会社（日本代理店）

従来のホタル（fLuc）またはウミシイタケ（rLuc）を用いたルシフェラーゼ発光システムでは，検出に発光基質ルシフェリンを添加する必要があった．490 BioTech社が開発したAutobioluminescent Human Cell Line（自家発光性細胞株）は，ルシフェリンの添加が不要であるユニークな自家発光システムである[1) 2)]．発光基質の添加による細胞へのストレスを与えることなく，経時的なモニタリングが可能となる．

はじめに

従来のルシフェラーゼ発光システムでは，ホタル（fLuc）またはウミシイタケ（rLuc）ルシフェリンなどの基質を細胞にくり返し添加したり，実験動物へ複数回注射したりする必要があった．また，基質などの外因性物質を細胞・実験動物に添加するためストレスを与えることになるうえ，基質のコストが嵩む，基質を添加してから発光シグナルが得られるまでに時間がかかる，といった問題点があった．

490 BioTech社は，バクテリア由来ルシフェラーゼ（*lux*）遺伝子および発光に必要な補因子など6種類の全遺伝子を，単一ベクターで発現するAutobioluminescent Human Cell Lineの開発に成功した[1) 2)]．

Autobioluminescent Human Cell Lineの自家発光システム（*lux*システム）により，細胞および実験動物に基質を何度も添加／投与する必要がなくなるため，時間やコストが削減でき，細胞または動物の生存期間中であれば，いつでもデータを得ることができる．これによって，細胞の状態や代謝活性の変化をリアルタイムで可視化することが可能となった．

自家発光システム（*lux*）の原理

従来のルシフェラーゼ発光システム（Luc）または蛍光システム（GFP）は，一般的に1種類の遺伝子のみがベクターに組込まれているのに対し，Autobioluminescent Human Cell Lineで用いられている自家発光システム（*lux*）では，単一ベクター（pCMV Lux）に6種類の遺伝子が組込まれている（図1）．

6種類の遺伝子発現により産生される内因性物質（Luciferase：*luxAB*，Transferase：*luxD*，Synthetase/Reductase：*luxCE*）の作用により自家発光システムが構築されている（図2）．

Steven Ripp（490 BioTech Inc.）

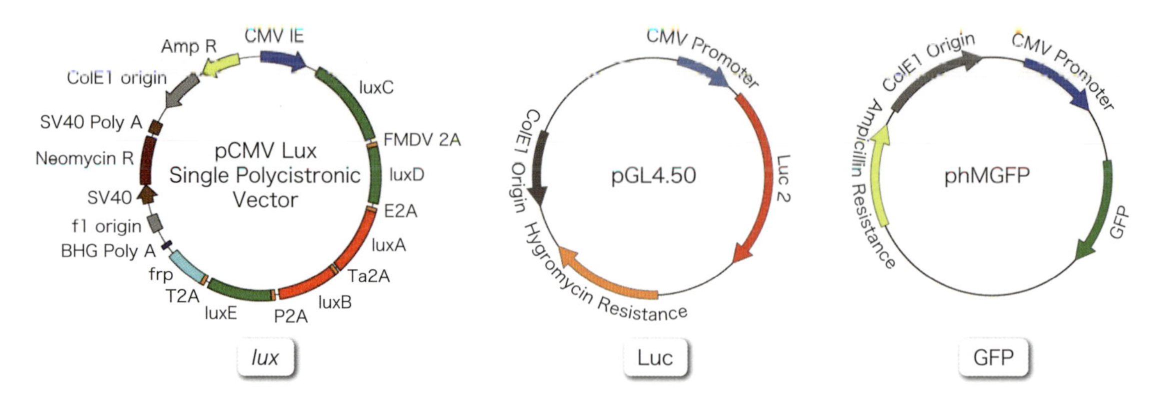

図1　自家発光システム（*lux*）と従来の発光（Luc），蛍光（GFP）タンパク質発現システムの違い

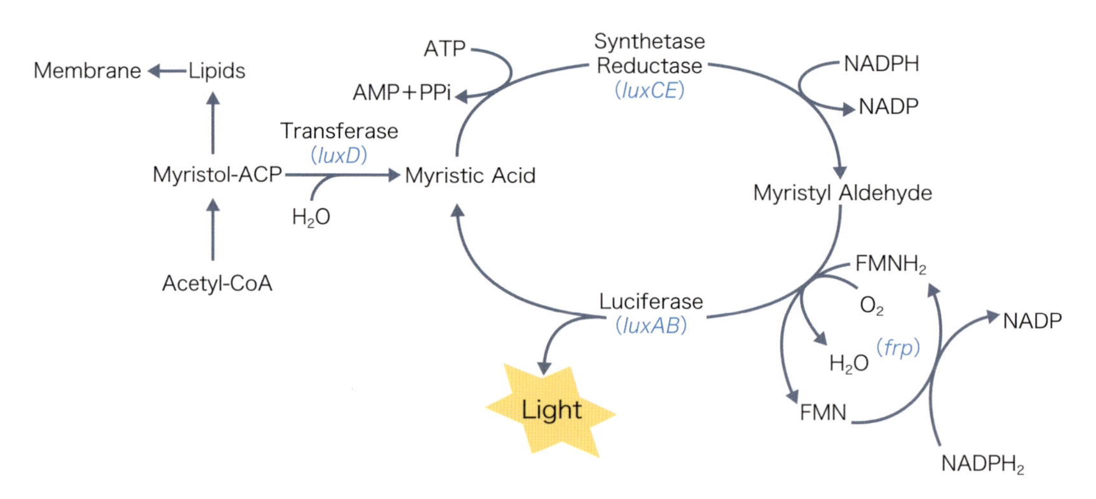

図2　Autobioluminescent Human Cell Line（*lux*システム）の自家発光反応経路

細胞内に組込まれたルシフェラーゼ遺伝子（*luxAB*）およびルシフェラーゼ発光システムに必要な補因子〔Transferase（*luxD*），Synthetase/Reductase（*luxCE*）〕がすべて細胞内で産生されるので，基質を加えることなく発光し続ける．

従来システムとの比較

従来の発光，蛍光システムとは異なり細胞の播種・培養とイメージ解析だけの操作で，操作時間を大幅に短縮できる（図3）．さらに，ルシフェリンのように高価な発光基質の添加が不要のため，アッセイコストの低減が可能である．また，GFPのような蛍光タンパク質システムでみられる自家蛍光によるバックグラウンドへの影響はない．細胞の溶解処理が不要で，簡単に自動化システムに適用できるのも利点である（表1）．

実験例

*in vitro*での実験例として，Autobioluminescent Human Cell Lineにアルデヒド（*n*-decanal）を添加後，細胞毒性の経時的モニタリングを行った例を示す（図4）．

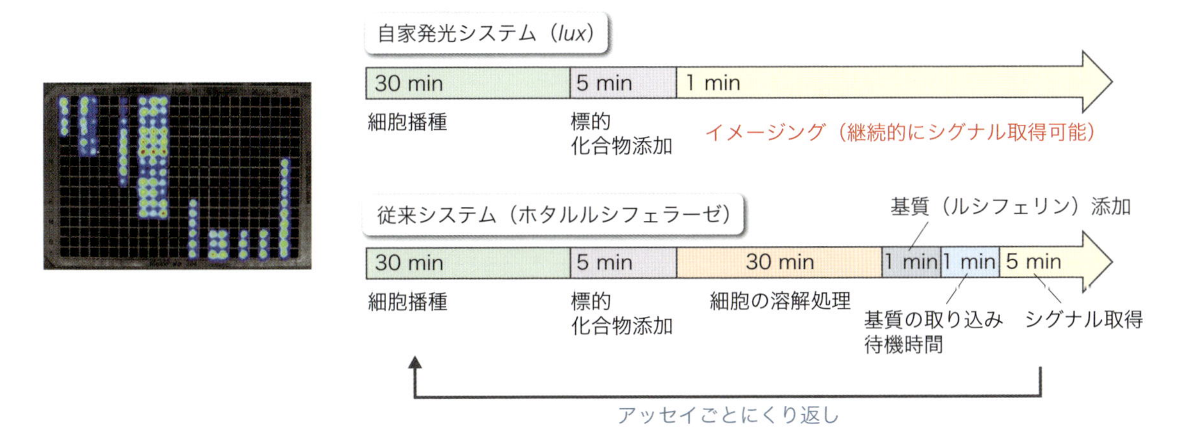

図3　自家発光システム（*lux*）と従来システムとの操作法，時間の比較

表1　自家発光システム（*lux*）と従来の発光・蛍光レポーターアッセイとの比較

発光	シグナルタンパク質	ルシフェラーゼ			緑色蛍光タンパク質
	種類	*lux*（バクテリア由来）	fLuc（ホタル由来）	rLuc（ウミシイタケ由来）	GFP
基質		不要	要	要	不要
コスト		低	高	高	中
リアルタイム連続イメージング		可	不可	不可	不可
操作難易度		低	中／高	中／高	中
細胞株の種類		少	多	中	多
イメージング	バックグラウンド	低	低	低	高
	深部組織	不可	可	可	不可

：メリット（優れている点），　：デメリット（劣っている点），　：中間.

Autobioluminescent Human Cell Lineに組込まれているバクテリア由来のルシフェラーゼ遺伝子（*lux*）カセットシステムは，宿主細胞内で発光に必要な基質や補因子が供給されるため，細胞が健康で代謝が機能している間は発光強度の動的な調節を迅速に行うことができる．逆に，遺伝子操作によって*lux*遺伝子を標的化合物に特異的なプロモーターの制御下に配置することで，標的化合物存在下でのみ発光シグナルを誘導するバイオレポーター遺伝子の開発への利用も期待できる．

次に，*in vivo*での実験例として，*lux*システムを組込んだAutobioluminescent Human Cell Line，またはホタル由来ルシフェラーゼ（Luc）発現細胞をマウスに移植した例を示す（図5）．

マウス体内でシグナルを得るために必要な細胞数は*lux*システムの方が多いが，積分時間を比較すると，逆転の結果となる．また，*lux*システムでは細胞の移植後すぐに発光が確認でき，基質のルシフェリンを外部から注入する必要はなく，発光量は一定で長時間低下しない．

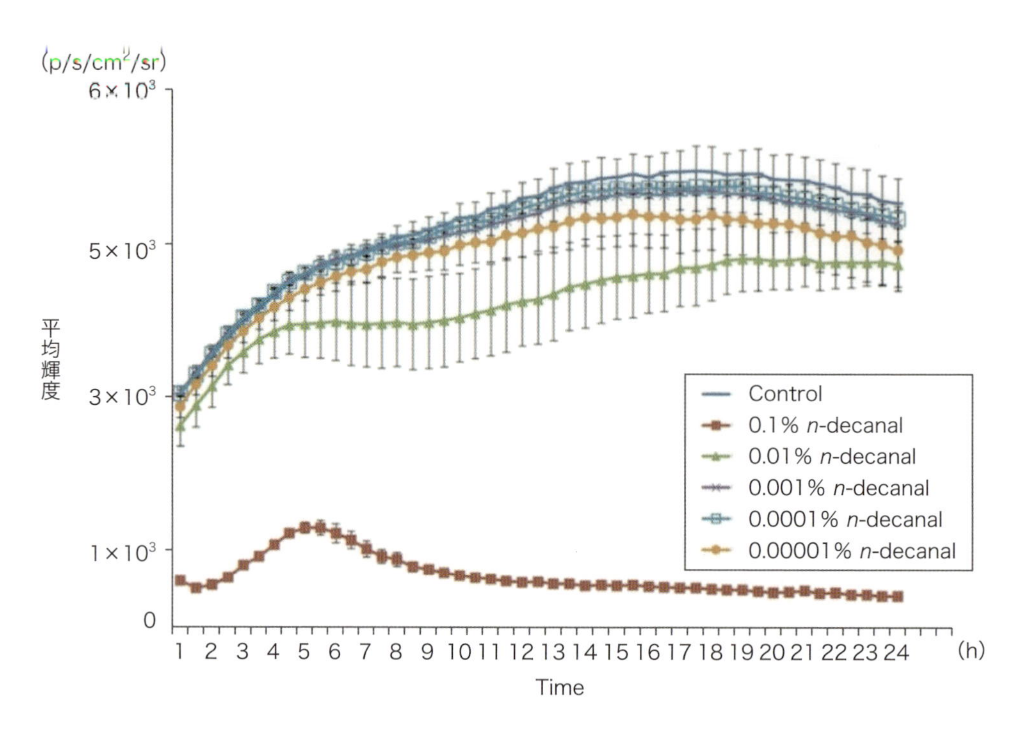

		Time Post Decanal Addition												
		0 min	10 min	20 min	30 min	40 min	50 min	1 h	1.5 h	2 h	2.5 h	3 h	3.5 h	4 h
Decanal	0.00001 %													
	0.0001 %													
	0.001 %													
	0.01 %													
	0.1 %													

図4　アルデヒド（*n*-decanal）添加後の細胞毒性の経時的モニタリング

Autobioluminescent Human Cell Lineをアルデヒド（*n*-decanal）で処理し，経時的に発光シグナルの変化をモニターした．0.01％以上の濃度ではシグナルが低下した（緑色のボックス）が，それ以下の処理濃度では未処理のコントロール細胞と比べて有意差はなかった（赤色のボックス）（p = 0.05）．

製品ラインナップ

490 BioTech社では，*lux*システムを組込んだ各種細胞株の他，発現ベクターを販売している（表2，表3）．使用したい細胞を用意して本ベクターをトランスフェクションにより導入することで，自家発光性細胞株の作製も可能である．

日本国内ではフナコシ株式会社が代理店となっている．詳細については下記のフナコシウェブサイトを参照いただきたい．

https://www.funakoshi.co.jp/contents/65592

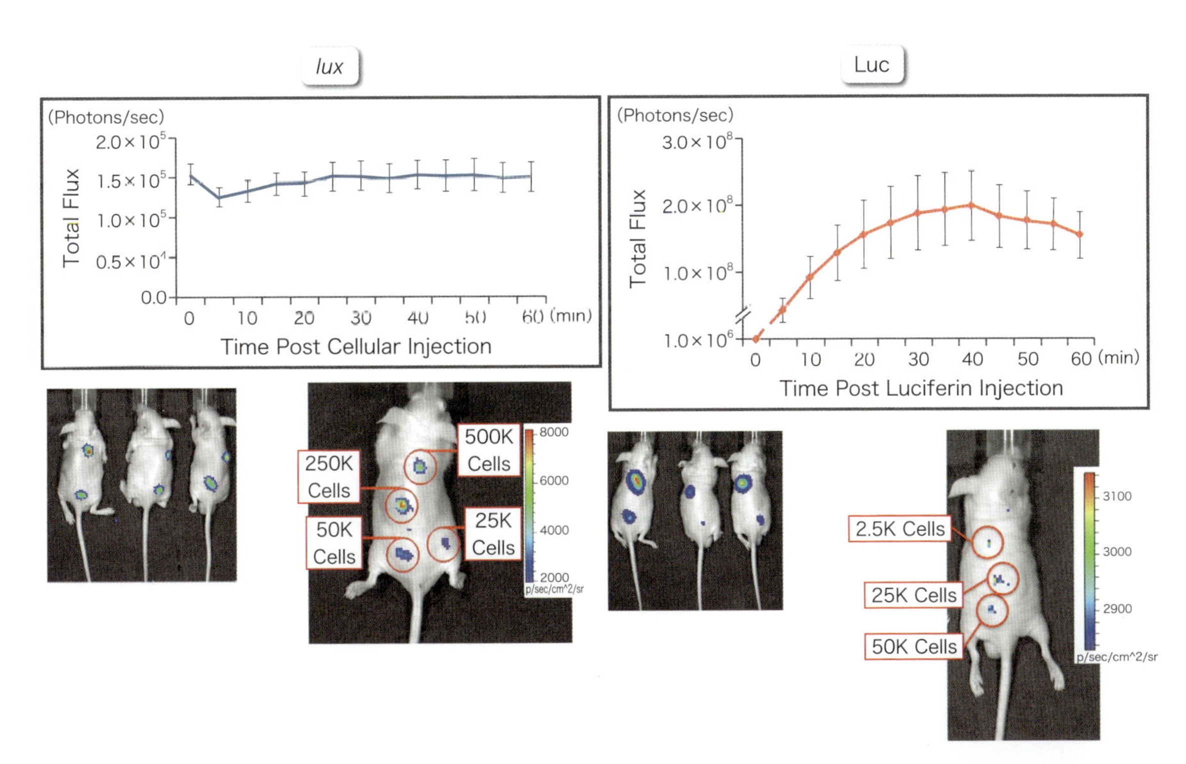

発光システム	バクテリア由来ルシフェラーゼ（*lux*）	ホタル由来ルシフェラーゼ（Luc）
平均輝度	1.5（±0.2）$\times 10^5$ p/s	2.0（±0.2）$\times 10^8$ p/s
平均誤差	1.6（±0.3）$\times 10^4$ p/s	4.0（±0.5）$\times 10^7$ p/s
積分時間	60秒	1秒
インジェクションした細胞数	5×10^6	5×10^5

図5　バクテリア由来ルシフェラーゼ（*lux*）とホタル由来ルシフェラーゼ（Luc）システムを用いた小動物における発光の検出の比較

*lux*システムの細胞は移植後すぐに発光を確認でき，基質を添加しなくても発光量が長時間一定で低下しない．

おわりに：本製品を使った今後の展望・可能性

*lux*システムを組込んだ自家発光性ヒト細胞株(Autobioluminescent Human Cell Line）は，神経生物学における脳のイメージングや再生医療，マイクロ流体力学を応用した生体機能チップの開発などへの発展が期待できる．さらに，ロボティックアッセイにも適用可能なため，ハイスループットな創薬開発にも使用可能である．

また，自家発光イメージング技術は，外部からの基質添加や穿刺を行わずに，げっ歯類やゼブラフィッシュなどのモデル動物の生涯にわたる経年的なリアルタイムイメージングを可能にする新しいシステムの構築にも役立つだろう．

◆ 文献

1）Close DM, et al：PLoS One, 5：e12441, 2010
2）Tingting X, et al：「Handbook of Cell Biosensors」(Thousand G, ed), pp1-13, Springer, 2019

表2　*lux*システムを組込んだ各種細胞株のラインナップ

品名	商品コード	包装	主な適用
Autobioluminescent Human Kidney, **HEK293**	490CL0001	1 mL（約1×10⁶ cells）	・ハイスループットスクリーニング ・代謝活性のモニタリング ・細胞密度の動態のモニタリング
Autobioluminescent Human Liver, **HepG2**	490CL0005		・細胞毒性のスクリーニング ・代謝活性のモニタリング ・新規化合物の開発
Autobioluminescent Human Breast Cancer, **MCF7**	490CL0004		・エストロゲンスクリーニング ・新規化合物のスクリーニング ・バイオアベイラビリティの評価
Autobioluminescent Human Breast Cancer, **T47D**	490CL0003		
Autobioluminescent Human Colorectal Cancer, **HCT116**	490CL0002		・腫瘍形成および治療研究 ・新規化合物の開発 ・ハイスループットスクリーニング

表3　*lux*システム発現ベクターのラインナップ

品名	pCMVlux Vector	pEF1 αlux Vector
商品コード	490VD0001	490VD0002
ベクターマップ	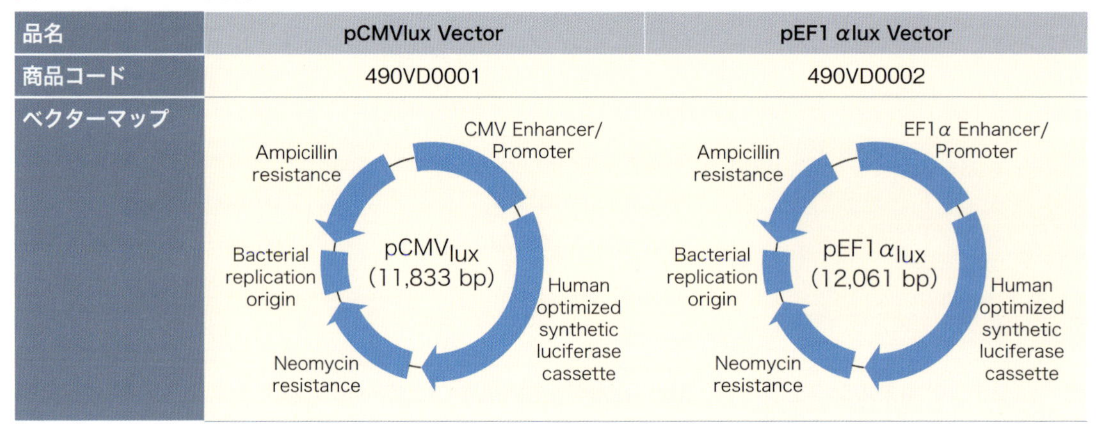	

◆ 参考文献

1）Xu T, et al：Sensors（Basel）, 17：doi:10.3390/s17122827, 2017
2）Tingting X, et al：IntechOpen, 78378, 2018
3）Xu T, et al：Anal Bioanal Chem, 410：1247-1256, 2018
4）Xu T, et al：Toxicol Sci, 168：551-560, 2019

8 発光性菌類で見つかった新しい発光反応システム

大場裕一

発光性菌類（発光キノコを含む）の発光メカニズムは，最近解明されたばかりの新しい反応系であり，今後の応用への可能性が大いに期待される．とりわけ注目すべき点は，ルシフェラーゼ遺伝子とともにルシフェリン生合成酵素とルシフェリン再生酵素がゲノム上にタンデムに並んで見つかったことである．また，菌類が真核生物である点，ルシフェリンの生合成がチロシンから開始できる点も，応用を考えるうえで有用である．

はじめに

発光性菌類の発光現象は，古くから科学者の好奇心を引きつけ，これまでにも数多くの研究がなされてきたが，その実体は長らく不明のままであった．こうしたなかでも特筆するべきは，「蛍光・発光イメージングの父」ともよぶにふさわしい下村脩博士が自宅の裏庭に生えるワサビタケを使って発光メカニズムの研究に取り組み，ノーベル賞受賞後は，その決着をロシア科学アカデミーに託したことであろう．

そして下村博士の期待どおり，2015～2018年にかけて，ロシア科学アカデミーのIlia Yampolsky率いる生物有機化学チームがあっという間にそのすべての謎を解決してしまった[1)～4)]．その怒涛のごとき勢いは，共同研究者としてこれらすべてにかかわった筆者の目から見ても凄まじいものがあり，今にして思えば，下村博士の逝去に間にあわせたかのような展開ぶりであった．

本稿では，こうしてベールを脱いだ発光性菌類の発光メカニズムについて，その応用の可能性に着目しながら概説する．なお，これまでに提案されたいくつかの発光性菌類の発光にかかわるとされる物質や異なる反応メカニズムの諸仮説も，そのすべてがわれわれの研究により否定されたわけではなく，部分的な関与，あるいは種によっては複数の発光反応系が動いているのかもしれないことを念のため付記しておく．これまでの研究史については，近刊『Bioluminescence：Chemical Principles and Methods 3rd Edition』[5)] にレビューされているので，興味のある方はそちらを参照していただきたい．

発光性菌類の発光

発光する菌類（真菌類）は，世界に100種近く知られている．菌糸のときのみ光る種と，子実体（キノコ）になっても発光する種がある（図1）．発光色はいずれも緑色で，その発光スペクトルは450～700 nmに及ぶユニモーダルなブロードカーブで，ピークは520～530 nmに位置する（図1D）．

Yuichi Oba（中部大学応用生物学部）

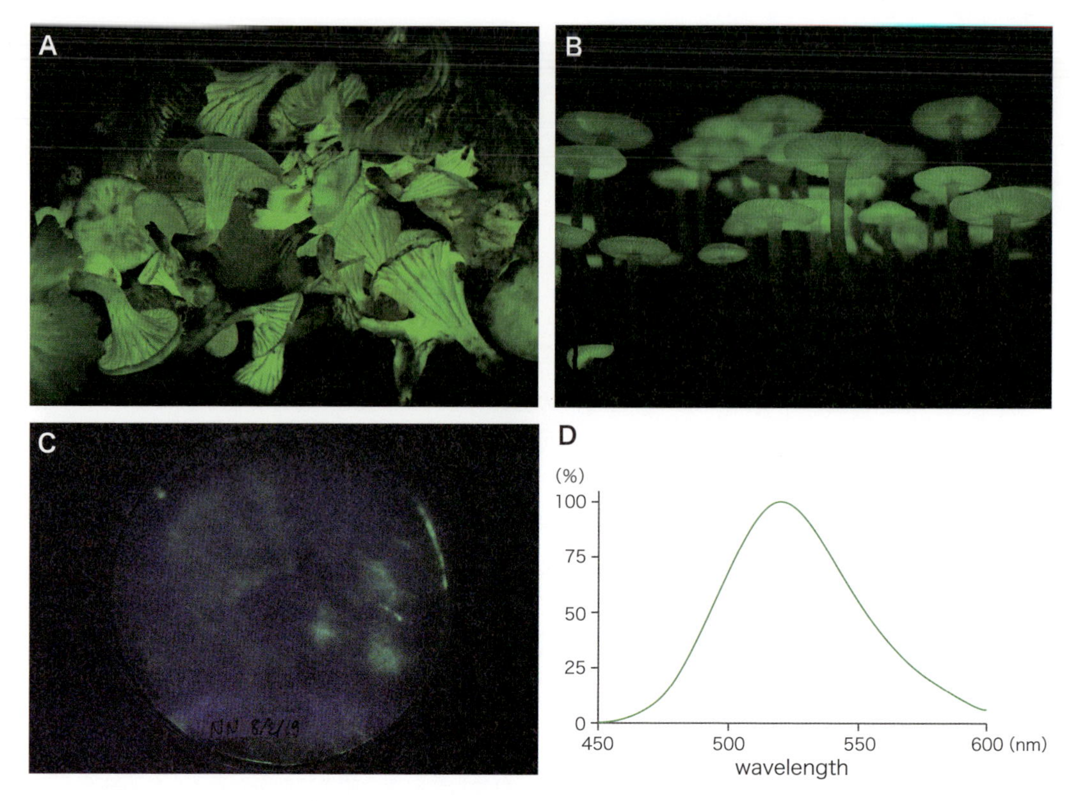

図1　発光メカニズムの解明に使われた発光性菌類
A) ブラジル産*Neonothopanus gardneri*. **B)** 八丈島産ヤコウタケ*Mycena chlorophos*. **C)** ベトナム産*Neonothopanus nambi*（培養菌糸）. 発光メカニズムはすべて共通で，発光色も同じ緑色である. **D)** ヤコウタケの発光スペクトル. 写真提供：Cassius Stevani博士（**A**，**C**）.

発光性菌類の発光様式については，長年の議論があったが，現在は，発光菌類の種を超えて共通のルシフェリンとルシフェラーゼによる酵素基質反応であることが明らかになっている.

発光性菌類のルシフェリン

2015年，発光性菌類のルシフェリンの正体が3-ヒドロキシヒスピジンであることが明らかになった[1]．これは，薬用キノコや一部の植物からすでに単離されていたヒスピジンの3位がヒドロキシル化されたもので，新規化合物であった（図2）．これまでに見つかっているルシフェリン（**レビュー編-2**を参照）にはあまりなかった特徴としては，酸素以外のヘテロ原子を含まず，また不斉炭素をもたない点があげられる．比較的安定で水溶性であり，細胞膜透過性もよい．詳細な毒性試験は行われていないが，実験に使った限りでは細胞毒性は認められていない．なにより，既知物質から1ステップで生合成できる点が，今後の応用を考えるうえで興味深い.

発光反応メカニズム

生物発光の一般原理どおり，菌類においても同様に，ルシフェラーゼの触媒活性によりルシフェリンが酸素分子と反応して酸化される．このとき高エネルギー励

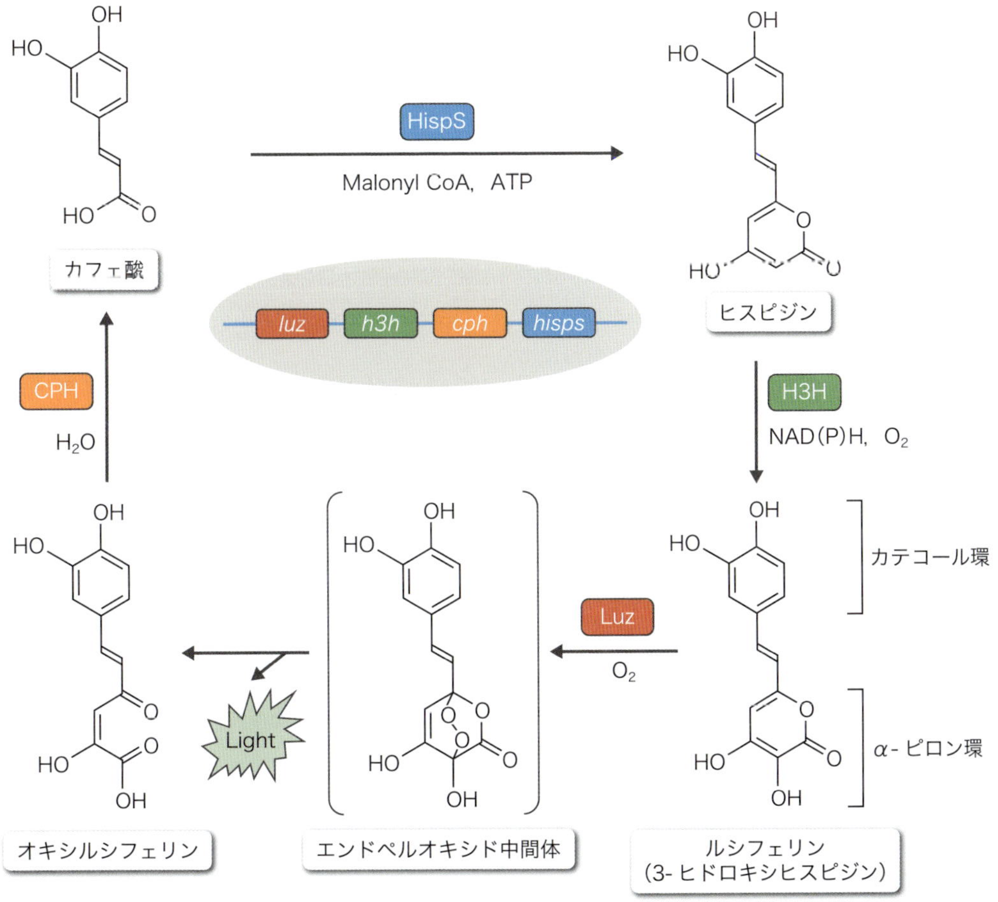

図2 菌類の発光メカニズム
中央に，ゲノム上に4遺伝子がタンデムに並んでいる様子をあらわした．この4遺伝子の産物が発光反応（Luz），オキシルシフェリンの分解（ルシフェリン再生）（CPH），ルシフェリン前駆体（ヒスピジン）の生合成（HispS），ルシフェリン生合成（H3H）を担い，持続的な発光のサイクルが完結する．

起状態のオキシルシフェリンが生成し，これが基底状態に戻るときにエネルギーの一部が光として放出される．この際の反応中間体は3-ヒドロキシヒスピジンのα-ピロン環側にエンドペルオキシドが形成されたものであると考えられた（図2）[2)]．エンドペルオキシド中間体は，ルミノール反応など化学発光では知られているが生物発光では例がなかったため，反応様式としても目新しいといえる．

3-ヒドロキシヒスピジンのカテコール環側は酸化反応に関与しないため，この部分を置換してもルシフェラーゼの基質となりうることがわかっている．このとき重要なのは，置換基の種類によって発光色が変化することである．例えば，このカテコール部分をインドールに置換すると発光色は青色にシフトし，ナフトールに置換すると発光色は橙色に変わる[2)]．3-ヒドロキシヒスピジンのカテコール環を置換すると発光色が変わるということは，発光菌類の発光におけるライトエミッター（光を出す化学物質の本体）が，何か他の物質ではなく3-ヒドロキシヒスピジン（ルシフェリン）そのものに由来するものであることを証拠付けるとともに，応用するうえで発光色を自在に変えられるポテンシャルを示唆するものである．

ルシフェラーゼLuz

ルシフェラーゼは不溶性のタンパク質である．その遺伝子は，古典的なタンパク質精製による方法ではなく，3-ヒドロキシヒスピジンを基質に用いた酵母による発現クローニングによって特定された[3]．

*luz*と名付けられたルシフェラーゼ遺伝子は，28.5 kDaのタンパク質をコードしていた．細胞内局在は不明であるが，N末端に膜貫通ヘリックスをもつ．発光反応の至適pHは約8で，熱には弱く，30℃・10分でほぼ失活する．これまでに知られているタンパク質とは高い相同性がみられない．

*luz*を大腸菌，ピキア酵母*Pichia pastoris*，ゼノパス卵，ヒトHEK293細胞に発現させ，ルシフェリンを投与すると，いずれも緑色の発光が確認された．また，マウスがん細胞CT26に*luz*を発現させマウスに皮下投与した後ルシフェリンを腹腔内投与すると，その発光をイメージング検出することができた．これらのことは，*luz*がさまざまな生物種においてもイメージングツールとして有効であることを意味する．

ルシフェリン生合成酵素 HispS，H3H

発光性菌類の全ゲノムを解析した結果，ルシフェリン生合成酵素遺伝子*hisps*と*h3h*，さらにルシフェリン再生酵素*cph*が，*luz*と同じ座位にタンデムに並んでいることがわかった（図2）．このタンデムな遺伝子クラスターは，さまざまな発光性菌類の種に保存されており（ただし，*cph*をクラスター内に欠いている種や，*hisps*だけクラスター近傍にない種もある），また非発光性の菌類においてはこのクラスターが存在しないか，*luz*に欠損がある．これらのことは，このクラスターが真の発光関連遺伝子であることに加えて，発光性菌類の発光メカニズムが種を超えて共通であることを強く示唆する．

HispSは，ポリケチド合成酵素ファミリーの酵素で，カフェ酸からヒスピジンを生合成する酵素だと考えられる．H3Hは，ヒスピジンを3-ヒドロキシヒスピジン（ルシフェリン）に変換する酵素で，この反応にはNAD(P)Hが必要である．

ルシフェリン再生酵素CPH

ルシフェリンが発光反応に使われると，酸化されてオキシルシフェリンができる．これをカフェ酸へと加水分解するのがCPHだと考えられる（図2）．カフェ酸はヒスピジン生合成経路の最初の基質なので，CPHは「ルシフェリン再生酵素」とみなすことができる[4]．CPHを発現させた機能解析実験はまだ行われていないが，基質フリーのイメージングシステムを確立する際には，CPHを組込むことでプロダクトインヒビションの解除や安定したルシフェリン量の供給などの効果が期待できる．

遺伝子共発現

これらの遺伝子の機能を確かめるために，ルシフェリン生合成遺伝子*hisps*，*h3h*とルシフェラーゼ*luz*に加えて，糸状菌由来の4-ホスホパンテテイントランスフェラーゼの合計4遺伝子をピキア酵母に発現させた．次に，培地にカフェ酸を加えたところ，酵母から発光キノコと同じ緑色の発光が確認された（図3）．なお，4-ホスホパンテテイントランスフェラーゼの追加は酵母におけるポリケチド合成に必要であるらしく，これがない条件では発光は起こらなかった．

カフェ酸は，リグニン合成の中間体として植物すべてに含まれ，またヒスピジンそのものをもつ植物も知られている．したがって，以上の結果は，*luz*，*hisps*，

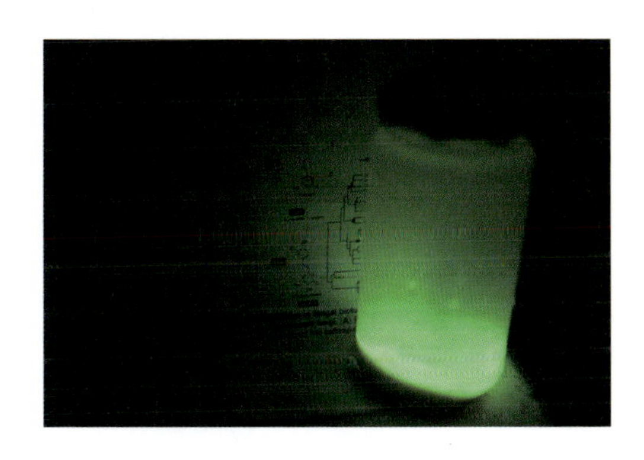

図3　緑色に発光する酵母細胞
近づけると印刷された文字が読めるほど強く光る．

h3h の3つ，もしくはそれ以下の数の遺伝子を植物に導入するだけで，植物を自力発光させることができる可能性を示唆する（ちなみに，陸上植物に発光種は1種も知られていない）．

さらに，前述4遺伝子に加えて，チロシンからカフェ酸を生合成する2つの酵素（チロシンアンモニアリアーゼと4-ヒドロキシフェニル酢酸-3-モノオキシゲナーゼ）をピキア酵母に導入したところ，外部から何も基質を加えなくても発光が確認された．このことは，植物に限らず，菌類の発光システムを使えば，将来的には自力発光する細胞や生物を作出できる可能性を強く示唆する．

おわりに：今後の展望

本稿で紹介したように，発光性菌類は，ひじょうに興味深い発光システムをもっていることがわかったばかりのホットな発光生物である．特に，今後の応用の可能性を考えた場合，あらためて以下の4つの知見は重要である．

①菌類が真核生物であること

発光バクテリアでもルシフェラーゼとルシフェリン生合成酵素の遺伝子が明らかになっているが，これらを真核生物に導入した場合，原核生物の遺伝子との相性が悪いため強い発光が得られない．しかし，菌類のシステムを使えば，この問題は解消できるだろう．

②ルシフェリンの生合成酵素が特定されていること

発光イメージングによく使われるホタルやウミシイタケ（レビュー編-2を参照）などではルシフェリン生合成酵素がいまだ特定されていない．

③ルシフェリン生合成基質がチロシンやカフェ酸などありふれた物質であること

いろいろな生物種に対して基質フリーなイメージング系を確立できる可能性がある．

④ルシフェリン類縁体でも発光活性があり，発光色を変化させられること

今後，さまざまなルシフェリン類縁体を検討し，さらに *luz* に改変を加えることで，より使いやすいツールに仕立てあげられるポテンシャルがある．

以上に紹介したように，発光性菌類の発光メカニズムの研究は，（最終的にはロシアチームの貢献が大きかったものの）下村博士をはじめとした多くの日本の研究者が深くかかわって解決された，われわれの誇れる成果である．すでに海外では，いくつかの研究室と企業がさっそく発光性菌類のシステムを使った応用的研究を開始しているとも聞いている．本稿がきっかけとなり，日本からもこのシステムを使った応用的研究が進むことを願っている．なお，本稿に紹介した遺伝子はすべてGenBankに登録されているが，一部の使用についてはパテントの制約があるので，その点には注意されたい．

◆ 文献

1）Purtov KV, et al：Angew Chem Int Ed Engl, 54：8124-8128, 2015
2）Kaskova ZM, et al：Sci Adv, 3：e1602847, 2017
3）Kotlobay AA, et al：Proc Natl Acad Sci U S A, 115：12728-12732, 2018
4）Oba Y, et al：Photochem Photobiol Sci, 16：1435-1440, 2017
5）「Bioluminescence: Chemical Principles and Methods 3rd Edition」（Shimomura O & Yampolsky IV），World Scientific Pub Co Inc, 2019

INDEX

数字

欧文

A～C

D～F

G～I

K～N

O～P

R～Y

和文

あ行

か行

さ行

INDEX

た行

な行

は行

ま行

や行

ら行

◆ 編者プロフィール ◆

永井健治（ながい　たけはる）

1998年3月東京大学大学院医学系研究科修了〔博士（医学）〕．'98年4月理化学研究所基礎科学特別研究員，2001年12月JSTさきがけ研究員，'05年1月北海道大学電子科学研究所教授を経て，'12年3月より大阪大学産業科学研究所教授．'18年1月同大学先導的学際研究機構超次元ライフイメージング部門長．文部科学省新学術領域「シンギュラリティ生物学」（'18～'23年）領域代表．「穿った見方」がモットー．座右の銘は「自我作古」．

小澤岳昌（おざわ　たけあき）

1998年3月東京大学大学院理学系研究科修了〔博士（理学）〕．'98年4月東京大学大学院理学系研究科化学専攻助手，2002年講師，'05年4月自然科学研究機構分子科学研究所准教授を経て，'07年10月より東京大学大学院理学系研究科化学専攻教授．20年が経過した研究生活は今がまさにターニングポイント．これからの10年・20年先を展望し，生命科学研究に新たな光が差し込むような，革新的な分析技術の創発をめざしている．

実験医学別冊 最強のステップUPシリーズ

発光イメージング実験ガイド

機能イメージングから細胞・組織・個体まで蛍光で観えないものを観る！

2019年10月1日　第1刷発行

編　集	永井健治，小澤岳昌
発行人	一戸裕子
発行所	株式会社　羊　土　社
	〒101-0052
	東京都千代田区神田小川町2-5-1
	TEL　03（5282）1211
	FAX　03（5282）1212
	E-mail　eigyo@yodosha.co.jp
	URL　www.yodosha.co.jp/
印刷所	株式会社加藤文明社
広告取扱	株式会社　エー・イー企画
	TEL　03（3230）2744㈹
	URL　http://www.aeplan.co.jp/

ISBN978-4-7581-2240-5